九型人格②

发现你的人格类型

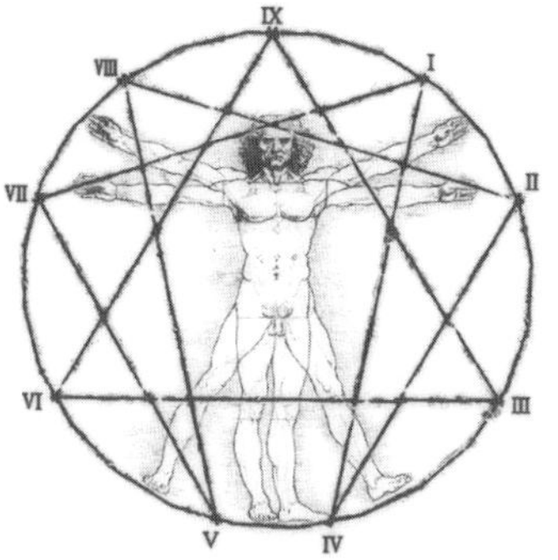

UNDERSTANDING THE ENNEAGRAM

The Practical Guide to Personality Types

〔美〕唐 · 理查德 · 里索　〔美〕拉斯 · 赫德森 著　李耘 余燕 译

南海出版公司

新经典文化股份有限公司
www.readinglife.com
出　品

目　录

前言及致谢

自本书第一版出版至今，九型人格学界已经发生了很大的变化。到现在为止，单在英文出版物中，就已经有 75 本关于九型人格的书了，几乎每个月都会看到此类图书的出版。我作为这一领域的主要发展者之一，大家对九型人格的兴趣急剧高涨当然让我感到自豪，但同时也在一定程度上让我感到忧虑。九型人格是人类了解自我和获得个人成长的极佳工具，如果要让这一理论继续发展，并得到应有的关注，我们就必须不断加深对这一体系的了解。

投身于这一领域的人需要在写作与教学中做到高度严谨，这样才能表达得清晰而准确——并最终获得思想洞见与突破。我们需要把现代心理学的深度和专业性与九型人格的基础——众多深邃的古老智慧结合起来。我们要努力坚持达到最高的知识水平，这样人们才不会觉得这一非常实用、能够改变人们生活的系统太过新潮而脱离现实，太含混或是未经深思熟虑。因此，我担心那些对人类本性进行严肃思考和观察的人会轻视九型人格，这样的担心慢慢淹没了我对九型人格蓬勃发展的骄傲。

对现代九型人格的基本误解之一就是它的根源可否追溯到古代：这一系统中的某些要素确实来源于古希腊（甚至包括这一系统的符号），来源于公元 4 世纪的沙漠教父，来源于 12 世纪的卡巴拉，来源于伊斯兰教的苏菲派。在我们的新时代里，现代九型人格的心理精神类型却是结合了这些古老智慧。因此，我们现在所了解的九型人格是一个新的综合体，是奥斯卡·依察诺、克劳迪奥·纳兰霍以及这一系统的很多现代发展者包括拉斯和我在内的研究成果的综合。尽管九型人格吸取了一些古代的元素，但是我们也必须注意到它从现代哲学中获得的巨大的积极影响。令人遗憾的是，因为它的传播与发展途径错综复杂，因此，虽然九型人格在19世纪70年代才进入美国，但在短短30年的时间中，就已经出现了很多关于它的错误信息。

例如，尽管还有人在不断传播这种错误的观点，但是九型人格中的9种类型并不像大多数人所了解的那样来自苏菲派并且是通过“口耳相传”的方式传授给我们的。有的老师强调性格九柱图内部线条的重要性，有的则没有；有的老师教授学生翼型，以及每种类型内部的9个发展层级，有的则没有；有的老师教授各种本能的变体（即所谓亚类型），有的则没有。因此，无论如何，都没有（也从来没有过）一种全世界统一认可的关于九型人格的解释，而只有对这一非凡的心灵地图了解的不断加深。同样的，九型人格的老师们也都是独特的，他们对九型人格的解释是从自己的观点、背景、见解以及了解水平出发的。拉斯·赫德森和我总是能够在我们已有发现的基础上又进一步深化了解，或者是找到更精确、更有力的途径，在现实生活中应用九型人格。

这本书以及我们之前的作品，尤其是《九型人格》以及《九型人格的智慧》，目的都在于给那些比较认真的读者们一些深入的关于九型人格的资料。本书中收入了拉斯和我在这10年的九型人格培训项目中的一些新发现，同时也更新了第一版中的一些原始材料。本书的最新版让我能够修正第一版中出现的一些小错误，使读者能够得到关于九型人格的最新、最全面、最准确的信息。

当然，对九型人格的进一步解释和界定仍在继续，也许本书并不是最终的版本，也许完成第二版《九型人格》后的更进一步的工作都是在为最终版本做准备。没有人能够说对九型人格的了解已经到了最后的总结阶段，它所包含的所有内容也已经尽数被揭示出来。因为九型人格研究的是人类的本性，这是最神秘也最难以捉摸的存在。总有一些新的东西等待我们去发现，对于我们已发现的东西，也总有一些更好的表述方式。

在这一过程中，我得到了布赖恩·泰勒的巨大支持，他对我的信任远胜于我对自己的信心。布赖恩的支持、幽默感以及非同寻常的阅历，总是一次次地引导我回到正确的方向上——在每次我听取了他的建议后。同时还要感谢丹·纳波利塔诺、托马尔·莱文、鲍勃·塔隆、露易丝·塔隆、简·霍利斯特、安迪烈娅·艾萨克斯、布赖恩·格罗德纳、莫纳·科茨、艾德·雅各布斯、莎拉·阿森巴赫，以及在九型人格研究中心的其他高年级学生和同事，他们让我们的办公室和谐又充满活力。同时还要感谢教我的老师——研究“钻石途径”[①]（Diamond Approach）的 A.H.阿玛斯[②]和阿利亚·杰克逊，没有他们的努力，以及他们充满激励作用的个人榜样的力量，九型人格真正精神内涵的研究对于我，或者是对于别的很多人来说都不可能如此明了，如此引人入胜。

我曾经提到在过去 10 年的教学生涯中，我和拉斯·赫德森一起发现了大量关于九型人格的新内容。拉斯是我所遇到过的最聪明、最勤奋的教学搭档：他是个真正的天才，同时非常正直。在九型人格的研究与教学方面，拉斯同样贡献了许多真知灼见。九型人格曾经就像是充满奇闻逸事的自传，缺少深刻的见解，如同民间娱乐。在把它转变成一个更可靠、更科学的领域的过程中，拉斯也起了很大的作用。同样重要的是，他以其丰富的灵感帮助我们解释了九型人格本身的内涵。

最后，我想要感谢那些推动九型人格在今天的世界中被人了解的人们。尽管这一领域的很多东西是非常表面的，但确实有一种不容怀疑的真正的力量裹挟我们向前，支持我们，激励我们。如果我们真正深刻地了解了九型人格所传达的信息，我们就会明白，我们不仅仅是我们的人格，还意味着更多的东西。正是这“更多的东西”回应了九型人格所传达的信息，希望在当今世界里能够更清楚地把自己展现出来。希望我们能够了解真正的自我，在观察自己和别人的时候都能够看清其本质与真相。如果九型人格能帮我们做到这一点，才真正达到了目的。

唐·理查德·里索

① 阿玛斯认为，心灵本体就像钻石一样有许多切面，通过灵修加以琢磨便会焕发光彩。“钻石途径”就是一套内在的修行方法，帮助人们探索心灵本体的深度和广度。——编者注

② 关于 A.H.阿玛斯的介绍，请参见本书第 243 页注释。——编者注

≈

和唐一样，我在再版的《九型人格》中感谢了很多人，现在又要再一次感谢他们。他们都将继续影响我的生活，帮助我成长，在那些我们记忆中共有的美好时光里。我要特别感谢我的家人——我的父母阿尔·赫德森和霍尼·赫德森，还有我亲爱的姐妹们梅雷迪思·凡·威斯罗和洛丽·莫罗，以及她们的家人。深深地祝福你们。

我也要感谢布赖恩·泰勒、丹·纳波利塔诺、安帕拉·莫利纳和托马尔·莱文。他们中的每一个人都用自己的方式，花了很多时间在“幕后”默默支持我和唐的工作。没有他们的不懈努力，就不可能有这本书。

还要感谢我们霍顿·米弗林出版公司的编辑苏珊娜·塞缪尔以及约翰·拉德兹耶维奇，感谢他们的辛勤工作，以及他们对我们工作的宽容、支持和信任。在这一过程中，他们给予了我们全面的指导，同样也对我们紧迫的工作安排表现出了无比的耐心。还要感谢苏珊·莱彻，我们的朋友和经纪人，为了这本书能够面世，她也做出了许多努力。

我想要再一次感谢我那些优秀的老师们：哈米德·阿里、阿利亚·杰克逊、莫顿·雷托夫斯基、珍妮·海、伦尼·莫兰、克里斯蒂娜·贝尔、斯科特·莱顿、哈米德·卡巴扎德、米歇尔·格鲁伯以及杰里·布鲁斯特。他们每一个人都通过个人的魅力，让我认识到了人类本质的美妙。我也想要感谢先驱奥斯卡·依察诺留给我们的恩惠，他的真知灼见以及丰富的研究成果无疑是这一奇妙的理论系统的基础。如果没有他，也不会有九型人格的教学。同样，我也要感谢克劳迪奥·纳兰霍在人格类型心理学方面开创性的研究成果。我也想要纪念葛杰夫先生的极大贡献，他为很多人开启了门扉——虽然有的人可能还不知道——让他们获得了真正的知识。

我想要把我的爱和感谢都献给努莎·玛尔，在过去几个月的时间里，她给我的生活带来了光明、美好和甜蜜。我们在一起的日子让我的灵魂重新迎来了创造的春天，给我带来了极大的欢乐。她是一个杰出的人，我期待看到她的美丽心灵将如何照亮这个世界。

同往常一样，我要感谢唐一如既往的支持、我们深厚的友情以及他对这一工作的贡献。没有他的智慧与开创性的贡献，我们现在所了解的九型人格的世界将不会存在。在继承了依察诺和纳兰霍极具影响力的观点的同时，他也对各种类型进行了描述，创造了发展层级理论，以及提出了其他让九型人格更加明了、深入及更实用的创造性见解。他对真理、正直和崇高的追求，在很多时候都是我鞭策自己的榜样。葛吉夫曾经教导我们，生命中最好的礼物之一就是一个真正的朋友——一个能够清醒地支持你的朋友——当然，唐就是我真正的朋友。

最后，我要感谢我们所了解的存在的神秘——这是所有的生命体生存的源泉和目的地。我希望我们的工作能让我们记住这一点。

拉斯·赫德森

第一部分　基础和新的发展

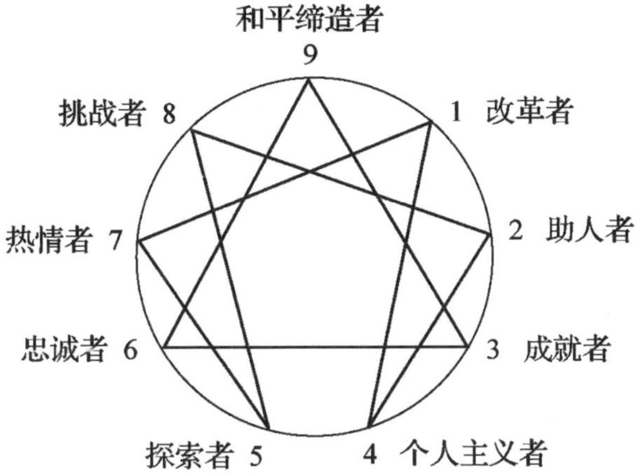

第一章　九型人格实用指南

我们犹如置身于无人看守的牢房之中的囚徒，没有人违反我们的意愿将我们禁闭起来。我们也听说，打开门的钥匙就在这间牢房之中，如果我们能够找到它，便能打开牢门，得到自由。但是我们不知道钥匙藏在了哪儿，就算知道，我们有些人也害怕打开牢笼。出去之后，我们该何去何从？我们应该如何面对这陌生的自由？

这个比喻充满了深意：我们就是自己的囚徒，被恐惧感紧紧地束缚住，限制了自由，因为自身的原因而备受煎熬。没有人阻止我们去寻找解放自己的钥匙，但是我们必须知道要如何去寻找它，并且一旦找到，就要乐于使用。

九型人格帮我们找到了生命之匙，它能够打开一扇扇心门，指引我们走上获取智慧的道路，这智慧能帮助我们逃脱自我设下的牢笼，拥有更充实的人生。九型人格让我们摆脱人格的缺陷，从而能对自我有一个更深的认识，并能把我们从恐惧、冲突、激情、冲动、错位的欲望以及内心的混乱中解脱出来。

但是，在这个过程中，任何一步都不是自动完成的，就算我们清楚自己的人格类型，也不一定知道如何使用这些知识。人们常常提出这样的问题："我已经知道我的人格类型了，应该如何使用它呢？我该往哪儿走呢？"了解九型人格可以在一定程度上帮助我们，但是仅仅了解并不能释放我们的自我。我们需要了解这个充满变化的过程，以及我们在其中的角色。虽然我们不能促成变化，但是如果没有我们的参与，变化也不会发生。这似乎有点儿自相矛盾。那么，我们在自我发展的过程中到底扮演了什么样的角色，九型人格又能给我们提供什么样的帮助呢？

九型人格的作用在于，它是一份珍贵的心灵地图，指出了我们独特的人格结构中的障碍之所在。九型人格的基本理论认为，人格可以分为9种基本结构，或者说9种看法、9种人生观、9种世界观。它们之间有很多相似之处，但却表现出不同的态度、行为、反应、防御、动机和习惯。同时每一型的成长都需要自己的独特处方。

可以说，本书的核心内容就是，通过揭示我们的人格由什么构成，用九型人格理论指出，如果我们想要获得真正的成长和改变就必须具备的东西。每个人的人格各异，不是从一个模子里铸出来的，因此每个人的心理和精神特质也各有不同，它们被完美呈现出来的顺序也不一样。九型人格可以帮助我们了解自己的人格类型，让我们了解自己在成长过程当中是怎样渐渐地被压抑和被封闭的，以及被压抑和被封闭的原因。它让我们全面透彻地了解自己，以及一些重要的人际关系。它所使用的语言并不艰深，也不带任何价值评判，更多的是向我们揭示心灵世界和精神世界的奥秘。这些现实并不遥远陌生，这就是我们生活在其中的真实世界。

除了让我们了解我们日常行为的内在原因，九型人格还详细地向我们展示了人格如何限制了自我的发展，哪里是我们成长的道路，以及如何得到真正的满足。它让我们了解自己的人格结构，并明白我们的愿望实际上就是获得心灵最宝贵财富的重要指南。当我们把自我防御模式、甚至心理痛苦和限制当做精神能力的指导时，我们就能从一个完全不同的角度来观察自己，由此得到同情心、疗伤处方、爱以及转变。

我们坚信，如果能充分理解九型人格，一定会给今天的世界带来巨大的益处，它能够深切地影响我们，真实地展现我们的生活经历，帮助我们寻找人生的轨道，揭示我们共同的人性。它直接与心灵对话，唤醒我们的信仰、希望和爱。很多学生和读者都告诉我们，九型人格帮助他们重新找到了自己的精神力量，有些人甚至重新拾起了他们已抛弃的宗教信仰和传统。

在本书中，我们参考了第四道[①]学派（the Fourth Way school）中诸如葛吉夫的

---

① 这一术语通过葛吉夫的理论而普及，用以揭示一种新的精神学说发展的综合和入门，这种新的发展将之前的 3 种传统方式——僧侣之道、瑜伽之道、苦修之道综合在一起。第四道包括了所有这些内容，而前提条件就是我们生活“在这世界上，但又不在其中”。我们将在下面章节中详细讨论。

实践、阿玛斯的钻石途径、奥斯卡·依察诺以及克劳迪奥·纳兰霍的具有发展性的理论，等等。我们也从主要的宗教派别中吸取了一些有益的知识（如基督教、佛教、伊斯兰教和犹太神秘主义）。我们希望这本书能给不熟悉九型人格的朋友一些有用的介绍，也希望能给已经有所了解的朋友一些有价值的信息，因为本书包括了很多全新的内容。

最重要的是，我们希望本书能够说明九型人格与所有精神心理研究之间的关联，而且理解九型人格是真正的心理学和精神学方面的科学。当然，你也可以不把本书看得太严肃，你可能只是想知道自己或者是别人的人格类型。就算这样，你也能从书中得到新鲜宝贵的见解。但是如果想要充分掌握九型人格并从中获益，就必须把它和真正的精神实践结合起来。如果仅仅是了解，知识就会变成无用的教条，它不但不能把我们解放出来，相反，还会让我们的人格结构更加难以改变。而当九型人格成为精神实践的一部分时，它就能更容易地成为我们发现自我的一个途径，从而改变我们的人格结构，减少我们受到的束缚。

当然，精神实践也并不能保证实现自我超越，不能保证我们可以从自己的人格以及由此而来的折磨中解脱出来。但是它能带给我们更多解脱的可能性。自我的力量如此强大，需要有更大的力量作用于自我才可能改变它，这种力量就是：从精神角度观察我们自己以及我们的人生得来的认识。

≈

九型人格可以用在两个基本方面，其一是认识自我（了解真实的自我），其二是理解他人（因此我们才能创造良好的人际关系）。

到目前为止，九型人格最常用于自我了解，它可以帮助我们了解我们的恐惧和欲望、力量和弱点、防御与焦虑，以及当我们遇到挫折或失意时会有何反应。最重要的是，我们真正的能力是什么，哪方面力量最强，这样我们就可以在此基础上，而不是在幻想和错误的估计之上，构建人生。

如果我们用一种自由开放的精神来研究九型人格，把它当做一种工具，用以发现与自己有关的事情或者是了解自己的人格，我们就能从九型人格中得到更多的益处。当我们在这个系统的帮助下观察自己的时候，能看到我们一次次都做了什么，特别是我们如何逃离自身，以及逃离的原因。尽管我们也会在这个过程中发现很多让我们不快的事情，或者不符合我们自我想象的情况，但是我们不应该因为这些发现而批评自己或谴责自己。当我们研究自己的人格类型的时候，我们会比从前更清晰地认识到，我们的人格是从童年时代就开始在各种因素共同作用下形成的防御机制。我们的人格让我们成为今天这个样子，但是，对于其中的某些特质，我们也许并不像以前那么需要了。因为九型人格向我们展示了有望得到的最健康的特质，它能帮助我们摆脱不合时宜的特质。

要达到这一目标要经历3个阶段。第一，我们需要学着自我观察，以便尽可能客观地了解自己的行为；第二，我们需要更多的自我了解，以明白自己行为的动机；第三，我们要培养更多的认知（awareness）和存在感（presence），以加深或者促进转变的过程。自我观察或者是自我了解带给我们的见解仅仅能把我们带到改变的门前，只有通过认知和存在感才能真正跨过这扇门，完成改变。如果没有充分“展示”的能力，改变带来的效果将是有限的。

九型人格不仅能帮助我们了解和改变自我，还能帮我们通过培养对他人的同情心以及加深对他人想法的理解来了解他人，了解他们的恐惧与渴望、他们的价值观、他们的力量和弱点。总之，我们可以更容易地了解与自己不同的视角。

更深入地了解他人，无疑将让我们更好地欣赏他人身上的优点，也能让我们在面对那些我们不喜欢的特点时更加客观、更富同理心。虽然我们倾向于认为别人和我们基本上是一样的，可是认识到不同人格类型的人在思考、感受和反应方面的差异也是十分有用的。通过了解他人的人格类型，我们可以更客观地观察他人，与他人更紧密地联系起来，同时保持自己的中心，真实地面对自己。通过了解九型人格，我们能够同时很好地做到这看似矛盾的两点——对自己更沉着自信，同时更好地和别人交流。

事实上，我们常常在人际交往过程中应用九型人格，因为了解他人与了解自我是同样重要的，我们在生活中不可能对他人一无所知，我们常常要知道——“他到底为什么这么做?”——在不同的环境之下，他们可能作出怎样的反应，他们的动机是什么，他们是否真诚、实在、善良。也许我们没有意识到，我们每时每刻都在使用“人格理论”，因此，认识这套九型人格理论，让它尽可能地准确，尽可能地扩大它的使用范围，对我们是非常有帮助的。

我们应该了解九型人格的另外一个理由是，它能帮助我们在不自觉的行为让我们犯错之前，认识到我们的不良倾向，从而避免出现这些行为带来的后果。九型人格可以成为我们潜在的危险行为的“预警系统”，可以让我们在出现不良行为之前及时纠正。如果我们的行为没有潜在的危险性，也许我们会想：“为什么我要关注自我？多了解一点自己的人格又有什么不同呢?”

实际上，我们的态度和行为会带来不同的结果，有的甚至会影响我们一生。这让了解自我、认识他人变成了一件十分务实的事情。如果缺乏自我了解，我们的决定可能会带来灾难性的后果。如果不了解自己的动机，不控制自己的行为，我们所做的事可能会伤害自己，或者伤害配偶、子女、亲戚朋友——甚至伤害到那些我们不认识的人。

此外，如果不能清楚地判断他人的人格，我们可能会受到深深的伤害或侮辱。很多婚姻关系以痛苦和离婚收场，原因就在于，人们不了解自己或者是他人。我们常常听到有人说：“早知道我丈夫是这副德性，我绝对不会嫁给他!”或者是：“要是我20年前就了解九型人格，我的生活绝对不会是今天这个样子……”现在我们至少很欣慰，我们已经知道九型人格了，在它的帮助下，我们可以更好地避免因为缺乏自我了解以及作出错误决定所带来的痛苦。有了这些见解，我们便能更好地避免悲剧发生，获得快乐。

≈

每一种伟大的精神传统都用不同的比喻来阐释关于人性的同一发现，探索如何走出人性的困境。在最根本的层面上，九型人格不只是深奥的心理学，同时也是通往精神世界的途径，因为真正的自我认知是通往精神生活的第一步。尽管九型人格源于众多的哲学学派和宗教思想，但它并不是一种宗教。它适用于许多不同的宗教和宗教表述，因为它反映了我们在人性中所发现的基本模式。九型人格能够帮助我们更清楚地了解神与人的关系中关于人的那一部分，从而成为精神生活中不可分割的一部分。

然而，九型人格理论很少涉及宗教所揭示的真理，但对于人类自我意识的形式有较多论述，而人类自我意识的形式正是人与神交流的首要障碍。它告诉我们自我改变的必要性，同时也为此指明了方向。如果运用得当，它就能成为一种很好的工具，帮我们区分表层的我（我们的人格）和深层的我（我们的本体）。这正是九型人格的重点所在。如果你了解这项工作是多么崇高，你就能明白九型人格是多么宝贵的财富，它是我们渴望发现的最为宝贵的东西。

即使从纯心理学的、非神学的角度来看，九型人格也值得我们去了解，因为它能让我们变得更自由、更自在，把我们从原来那被阻塞的、否定的、破坏性的、不自由的、充满恐惧的、矛盾的、受伤的自我中解放出来。九型人格可以帮助我们疗伤，从而让我们以一种具有启发性的积极方式来使用逐渐增多的自由。

一旦我们从自我和内心的挣扎中，从内心的阴暗与恐惧中解脱出来，在我们一步一步走向光明的过程中，我们就能够得到更多的自由，获得新的能力。力量带来力量，仁慈产生仁慈，美德创造美德，每一种新的能力都会衍生更多能力，让我们成为本应成为的理想的自己。

最后，九型人格会像我们亲手创造出来的一样好用，并给我们带来丰厚的回报。只要我们正确地认识它，恰当地使用它，它就会丰富我们的生活。我们确信可以在其中找到无数的真知灼见和丰富的宝藏。

≈

本书是一本实用指南。书中包含了奥斯卡·依察诺以及克劳迪奥·纳兰霍的创见。关于九型人格的基本结构与理论，以及对九种类型的全面描述，已经在《九型人格》中解释过了，因此本书就不再详细论述。

实际上，本书与《九型人格》重复的内容非常少，即使有些内容不得不重复，也经过了全面的修改和扩充。同时本书也与《九型人格》互相对照，因此如果你想更多地了解某一方面的内容，可以参看《九型人格》。此外，本书中的很多内容（比如类型简介、问卷和个人成长建议等）与我们此前出版的书没有任何关联之处，因此不用参考它们你也能完全理解本书的内容。

九型人格的目的

九型人格揭示了我们经历人生的方式，以及赋予人生经历以意义的方式。它的根本前提是，如果我们能够看到规划和阐释我们人生经历的核心类型，看见展示我们人生经历的框架，我们就能在精神和心理上更快地成长。这个核心类型就是我们的人格类型。

当我们认识了自己的人格类型，并且了解了它在我们的身上如何体现出来的时候，以前没有认识到的人格特征就会显现出来，我们也开始慢慢放松。我们突然有了巨大的精神空间可以规划，因为我们能够从更多的角度审视自己。

如果说九型人格理论的要点之一就是告诉我们，我们的人格中有哪些方面最容易让我们摔跟头。它同时突出了两个方面，一是我们能做什么，二是我们的许多反应和行为是如何弄巧成拙或画蛇添足的。我们的人格类型既有积极作用，也有消极作用。不管是赞美它，还是诅咒它，都不能给我们带来任何好处，更不用说用它来评价他人以及他人的人格类型了。

不管我们属于何种类型，也不管我们的自我采用了何种表现形式，我们都面临同一个问题——与我们最深层的本体的疏离。我们也许曾思考过，也许曾四处寻找过，这种隐藏在我们人格结构之下的神秘东西，正是我们最希望得到的。可是，我们很难摒弃人格的影响，去相信我们身上真的有一种更为本体性的东西存在着。很难想象，在“我”身上，真的会有神的闪光。

令人高兴的是，我们的人格结构同时也会告诉我们，在寻找到真实本体时，最大的障碍是什么，这就是为什么九型人格如果能够得到恰当的理解就会成为帮助我们精神和心理成长的有力工具。它指出，我们身上有些阻碍我们活得更充分的东西，这往往是我们意识不到的。它告诉我们，横亘在我们和我们的幸福之间的恰恰是我们对自己的人格产生的作用。

也许，在我们开始转变时，最难接受的是这样一个概念：我们的人格，也就是我们的自我及其结构，其实只是人为形成的。它之所以看起来如此真实，是因为直到现在，它仍是我们全部的真实生活。认同我们的人格，一直是我们生活以及有所收获的方法。只要人格还具有这样的作用，它就是我们有用且极为可贵的朋友。

然而，随着我们对它的了解不断加深，我们会逐渐接受这个难以接受的事实——在很大程度上，我们的人格正是自我保护和对外界反应的集合，深深地植根于过去的经历，尤其是童年时期形成的关于自我和世界的习惯与信念。简单地说，我们的人格是一种来源于过去的技巧，也许它曾经帮助我们顺利地生活到今天，可是现在它已有了局限。我们都在承受着一种错误身份带来的痛苦：我们忘记了自己的真实本体，相信我们就等同于我们的人格。我们必须探究人格的防御机制以及它所保护的脆弱之物，因为我们能借此重新体会自己最深刻的本体性特质——我们的精神核心，并且彻底地了解自己。

每个人降生到世界上的时候，都是纯粹的本体，只是这个本体尚未得到发展。每个人也都有自己的父母（或者其他的监护人），而父母的人格，已经基本上固定了，因为他们在成熟的过程中，不得不在经历缺憾和失败时保护自己。不管父母有多么爱我们，都不会支持我们完全展露出我们人格中的每一面。简单地说，因为他们的本体只发展到一定的程度，所以他们不会意识到，或者不会帮助我们，让我们的本体发展到一个更高的发展层级。从这个角度来看，我们也可以这么说，或许某些障碍可以追溯到很多代以前。

我们的父母无意识地给了我们一种“信息”，让我们把自我隐藏起来。我们渐渐相信，一部分自我是不应该存在的，或者是不应该展示在世人面前的。不管父母的动机有多么好，我们都在一定程度上屈从于这个逐渐隐藏、掩盖我们真实本体的过程。我们需要根据监护人的要求做出无意识的调整，继而形成一种人格。我们开始觉得：“我太糟糕了，我要变得不一样。也许我要更快乐一点儿，或是更安静一点儿，更斯文一点儿。”这些为了生存所做的调整让我们付出了巨大的代价，最高昂的代价也许就是我们开始害怕别人看见我们真正的自己。我们用一生中的大部分时间来隐藏自己，忽视别人，还有最糟糕的，就是不愿意看见真正的自己。

此外，童年的创伤会让我们形成一种特殊的自我解释方式，在我们的一生中，随后碰到的事情会一次次地加深我们对这个世界和自己的成见。比方说，一个小时候挨过打的孩子，可能会认为这个世界非常可怕，并且害怕与别人接近。他们把世界想象得很邪恶，而他们看到的世界也往往就是这个样子。随着我们早期形成的对自我的看法一天天加深，我们的人格也变得越来越“稳定”，我们开始觉得：“这就是我——我就是这个样子的。”我们认同自己的反应和已经习惯了的自我形象及信念。我们不愿知道人格之下掩盖的是什么，因为要了解这个被阻塞和被掩盖的地方，就意味着要把自己过去最痛苦的经历重新经历一遍。再说，这么做还会让我们意识到人格的虚幻——这对我们的自我认知和生存之道都将是一个极大的威胁。

这并不是说人格总是不好的，但是当人格机制发生作用时，就有可能发生最可怕的事情。每一个人都有很多次这样的经历，我们完全凭着自己的冷静沉着制止了一件事情的恶化，避免了灾难的发生，惊险地与之擦身而过。有很多时候，如果那几个字脱口而出，如果我们听任愤怒、讽刺、骄傲冲昏我们的头脑，我们接下来的人生也许会走上另一条路。我们也能想起一些关键性的时刻，我们差点儿放任自己，按自己的人格随心所欲，但是没有。某种东西阻止了我们。

这种东西就是意识。我们会突然意识到，我们正在做的事情有多么愚蠢、多么危险，会给自己带来多么严重的后果，并能够及时地亡羊补牢。事后回想起来，当我们意识到我们只差那么一点点就会失业、与好友绝交、婚姻破裂、与孩子疏远，我们可能会忍不住打个冷战。如果不是自我的一部分及时清醒过来，看清了我们在无意识中做的事情，我们的人生也许会就此改变。我们在这些关键时刻的表现会改变我们的人生轨迹，让生活中的一切完全不同。

意识是本体的一部分。是我们记录自己生命经历的一部分。意识是如此本能的一种能力，以至于我们几乎无法想象，如果没有它生活会怎么样。更通俗地说，意识就是我们注意一件事的能力。不幸的是，我们的注意力常常陷入完全被人格左右的自我认同之中，陷入幻想、焦虑、无力或者是主观的记忆中。当我们的意识认同了人格中的这些方面后，我们就失去了实实在在的体验的当下性。我们注意力的范围变窄了，我们也不再关注那些真正发生在身边的事情。意识收缩为一种狭隘的关注或者是回应，仿佛进入了一种睡眠状态。

但是，当我们开始关注周围真正发生了什么，开始更多地了解正在发生的事情及感觉时，我们会发现一些有趣的现象。仅仅是把注意力重新拉回到眼前的现实这一简单的动作，就能让我们的意识逐渐增加。我们开始注意我们的人格所关心的小范围之外的事情，并重新认识了我们原以为并不存在的本体的一些方面。

如果我们的意识能够更加频繁地时时展现，让我们不会再在病情恶化拖到最后时刻才去看医生，情况会怎么样呢？如果我们的意识足够清醒，不管世界如何变化莫测，我们都能洞察真相，情况又会如何？我们将会感觉到突如其来的念头在脑海中慢慢浮现，就像是正在进站的火车。当破坏性的冲动出现时，我们远远地就能看到它，清醒地作出决定，是不是要搭这列火车。如果我们不会自动地在一无所知的情况下踏上急驶向本不想去的目的地的火车，我们的生活会怎么样？如果我们足够清醒，不再生活在习惯形成的陷阱当中，不再让自己渐渐麻木，不再如行尸走肉般生活，情况又会如何？如果我们有足够的存在感，不再视生活如死刑，只能慢慢忍耐直至死亡解脱我们，生活又会怎样？如果不再痛苦地经历每一个沉闷无聊的时刻，感觉自己总想从这平淡枯燥的生活中逃走，而是把生命中的每一刻当做礼物，无比珍贵、独一无二、不可替代的礼物，生活又会是怎样？

如果我们愿意学一些知识，并且把它们付诸实践，我们就会拥有全新的生活。

首先，我们自己并不等于我们的人格。真实的自我和我们的人格并不是一回事。正是存在感的力量维持了这二者之间的平衡，并且让我们展现出了真实自我的广阔特质。人格具有很强的自发性：它总是一次次地带来同样的问题。但是只有在我们没有意识到的情况下，人格才具有这样的自发性。如果我们增强意识，直接去感受我们的人格机制，它就不会像以前一样自发运作了。

此外，我们因人格中的习惯和反应而浪费的多余精力远远超出了我们的想象。很多人认为，如果不去理会我们的人格模式，我们就会变得愚笨和无能，但事实恰恰相反。学会放手、学会放松，变得更加清醒，具有更强的存在感，释放身体中的巨大能量，我们能做到的事情会让我们自己都觉得难以置信。

第二个重要的知识就是我们永远都不能自发地保持存在感。没有任何公式和技术会让我们自发地一直存在于当下。其实这样一种技术本身是自相矛盾的——就像是在睡觉的时候保持清醒。我们不需要强迫自己，不需要改变自己的生活环境，也不需要用意志力来改变自己。真正持久的解决之道要靠另外的方法来实现，那就是用不断增强的意识来找回自我，从一个更高更广的角度来审视我们的人格，这样，旧的习惯就会慢慢消失。如同奇迹一般，当我们能够体验到一定深度，陈旧的、自我防御的人格结构就会慢慢解体了。

九型人格让我们发现真正的自我，同时也提醒我们，我们拥有与生俱来的高贵与精神潜能。它帮我们区分出人格展示出来的表面的、自发性的我，以及我们本真的深邃宝藏——真实的本体。

这就是精神的核心，真正的精神意味着变得更真实。当我们变得更真实时，就更能感觉到神灵的存在，因为“真正的真实”就是神灵。为了了解“真正的真实”，我们必须了解我们人格中的局限性和破坏性，学会否定它们。当我们逐渐从形形色色的恐惧和习惯中解脱出来时，就会开始发现我们一直想要的精彩。

众所周知，人类学正处于一个里程碑式的时期。在19世纪，当科学、医学、工业技术取得了长足进步的时候，对人类心理的真正研究与有效的治疗方法远远落在了后面。当我们拥有强大的科技实力，以及由此得来的逐渐增强的自我毁灭潜力，我们就处于一个历史支点上——真正的自我认知已经不再是奢望了。我们尚不清楚人类能否和平相处，不知道能否停止掠夺地球的资源，不知道能否不再惧怕与我们宗教风俗不同的人，也不知道恨会不会变成一种比爱更强大的力量。

但是，有一件事情是毋庸置疑的。除非我们能够摆脱自我的自我认同，不再试图消灭与自己不一致或者不符合自我特点的部分，否则我们就不能生存。除非我们能够超越贫困、令人绝望的自己，发现每个人身上所显现出来的本体的神奇，否则我们就不会满足。除非我们学会真正地爱自己，否则我们就会毁掉自己。

在这个人类历史上值得纪念的时刻，有一些力量强大的、至关重要的知识被揭示出来：这就是九型人格系统。它的洞察力能够穿透我们的防御体系，直接向我们展示神秘的内心世界，让我们看到心灵的渴望与毁灭性的冲动。九型人格不只是让我们看到了自己的人性，也让我们了解所有人的人性。在它的帮助之下，我们可以重新找回不同的文化传统中共同传诵的古老真理：我们要彼此相爱，否则只能死亡。

当我们迈进新千年的时候，能送给这个世界什么更好的礼物呢？还有什么更深刻的哲理能让我们在生命中的每一天，甚至每分每秒都能体验到的呢？

九型人格的基础

这一节只是一个简单的介绍，目的在于帮助你基本掌握这套理论，或者加深你对九型人格的印象。（详细内容请参见《九型人格》，第32～53页。）[1]

九型人格有别于其他人格类型学，其中很重要的一点就在于，它是一套活的系统。也就是说，9种类型并不是一成不变的，如图1-1中的线条所示，它们通过一种特别的方式彼此联系。九型人格的可贵之处在于，它阐释了我们在成长中所遇到的主要挑战，同时也指出了我们的潜在力量。它描述了9种独特的人格类型——9种人表达自己的方式，9种观察世界的不同角度，以及人在世界中的9种生存模式。它能够为人们提供自我帮助，或者帮助人们建立亲密的关系，或者用于人际交往中的心理治疗、教学以及商业培训，等等。用途很广，无法一一列举。但是，它最重要的作用就是帮助我们发现真实的自我，发现阻碍我们向世界展现自我的障碍。

以下的简短介绍能帮你认清自己的人格类型。

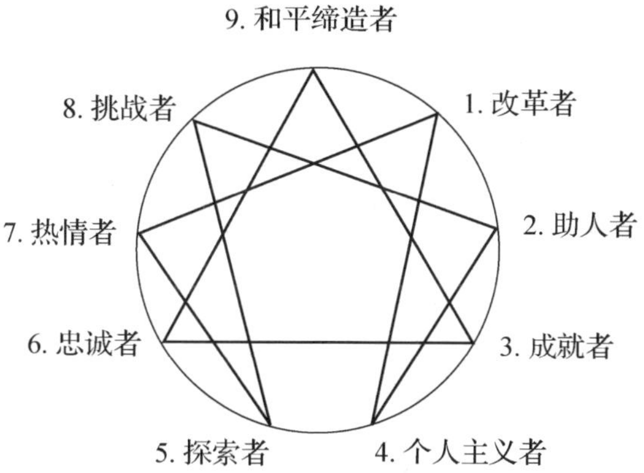

图 1–1　九柱图

第一型：改革者

有原则、果断、有自制力、吹毛求疵

第二型：助人者

慷慨、感情外露、爱取悦人、占有欲强

① 括号中附加的参考说明指的是《九型人格》一书中的相关内容。

第三型：成就者

适应力强、雄心勃勃、有形象意识、自大

第四型：个人主义者

有表现力，浪漫、个人主义、情绪化

第五型：探索者

富有创新精神、理论的公正，具有煽动性

第六型：忠诚者

可靠、有责任感、保守、多疑

第七型：热情者

天真率直、多才多艺、精力分散、易走极端

第八型：挑战者

自信、果断、有支配欲、敌对性

第九型：和平缔造者

接受能力强、令人愉快、闲散、固执

这是我们给出的9种名称，有的学者用的名称不同。我们选择的名称更多地反映了每种类型中较为“健康”的特质。与此相反，在阿里卡（Arica）学派的表述中，各个类型是根据其“自我固着”（ego fixation）来命名的，例如，其中一种被称为“自我怨恨型”。（更多相关信息请参考利利、哈特或维纳格的论述①。）

我们这样命名每一种人格类型也是希望能引起大家注意，这是每一类型中最重要的特点。从另一个角度来说，每一个类型最大的弱点与它最大的优点是紧密相关的（当然不会完全相同）。你可能会在每一种类型之中都看到一点儿自己的特点，但是只有一种类型最能代表你。这就是你的基本人格类型。

了解了人格类型就了解了基本的模式，这种认识是非常有用的。但是我们必须记住，每一个类型都只是一个简要的概括，没有一个人完全符合对他所属类型

① 参考书目中出现过的著作在文中提到时仅用作者的姓表示，必要时我们也会给出参考书的页码范围。

的描述。这个简单的描述必须要在具体和概括之间保持平衡，既要具体到能够表达清楚每一类型的不同特点，又要概括到让每一个人都能在所属类型中找到自己的影子。所以，我们的原则就是：类型只是一个概括性的模式，每个人在他的类型中都是独一无二的。

让我们用一个类比解释一下。当我们说一个东西是“红色的”时，大家都明白什么意思，而我们了解了人格类型以后，当我们说一个人是“第五型”，我们也就明白这个人是怎么样的。在两种情况下，“红色的”和“第五型”都只给我们一个概括性的概念。在每一种情况下，都有几百种可能的个体。例如深红色、砖红色、猩红色、栗红色、紫红色，等等，这些都是红色的不同变体，但是当有人说某个东西是红色的时，我们仍然能够很清楚地明白他的意思。虽然我们并不能准确地知道这个人说的是哪种红色，我们也能非常清楚地把一个红色的东西同一个黑色或者黄色的东西区分开。红色当然不是黑色，黄色也当然不是红色，就像第五型不是第八型，第八型也不是第一型一样。不同类型差别很大，分得非常清楚。更进一步说，我们能够区别不同的类型，也能区别同一类型中不同的人。我可能是一种深蓝色，而你是蓝绿色，我们仍然属于同一色系，因而拥有诸多共同点。但同时我们也有差别，我和你仍然是独一无二的个体。当我们了解了九型人格之后，就会知道，当我们说到不同类型时，我们指的是笼统的模式。

从这个角度来说，不同人格类型的差别如七色彩虹般清晰，但又远比它复杂。我们每个人都是独立而又独特的个体，但一个小小的举动就能表现出我们的相似之处。实际上，我们也能发现地球上的每一个人都与其他人有一些相同点。毕竟人类的本性有着共同的生物学基础。我们都有血有肉，是男性或者女性，都使用语言，并且能够表达抽象的概念。我们都有父母或者像父母一样的人，并且我们都必须学着与自己、世界以及其他人和谐相处。虽然文化差异对我们有很大的影响，但是人人都拥有一定的理解能力。

九型人格并不认为每个人都是绝对独特的。独特的仅仅是我们生活中经历的事情：在人类历史上，没有任何两个人在完全相同的瞬间出生，有同样的父母，出生在同一文化传统中的同一家庭，遗传了同样的才能，接受完全一致的教育，受到分毫不差的影响。让我们独一无二的是独一无二的历史。但是我们必定与其他人拥有一些共同的人格特质，这样我们才会属于某一种人格类型。我们是独特的，但并非完全与众不同。如果每个人都与其他人没有任何共同之处，也就是说，每个人都是一个完全独特的个体，这个世界也许就不会存在了。如果人与人没有相似之处，文学、语言、艺术、商业、交际……一切社会以及文化都将不复存在。

从心理学的角度来说，如果每个人都是不一样的，那他们所患的神经官能症也是独一无二的，也就找不出任何可以帮助他们的普遍性的理论或者技术。如果我们看看患一般人格障碍的人的症状是多么相似，就会更加明白人类的相似性（尤其是对于属于同种人格类型的人来说）。抑郁症患者的症状很相似，他们的想法和所说的话也都差不多。狂躁症患者也有同样的症状。幻想症患者也差不多，甚至于他们的表现和对周围世界的反应都非常相似。

尽管如此，确定一个人的人格类型仍然是一件很困难的事情。刚开始接触九型人格的人通常都会遇到3个同样的问题。第一，人们总是会选自己希望成为的类型，而不是自己真正的类型。试着客观地面对自己和自己的主要目的当然是非常困难的，但是，客观正是我们希望通过了解九型人格而获得的终极品质。（想要确定自己的人格类型请参见第五章。）

第二，人们常常根据一种特点判定自己的人格类型。比方说，有人也许会说："第二型友好，我很友好，所以我是第二型的。"虽然第二型人有友好的特点，但是第九型和第四型同样拥有这一特点，有时候第一型、第三型、第五型甚至所有人都可能很友好。根据一种特点决定你的类型几乎是不可能的。你必须了解自己更多的特点，以及这些特点背后的动机。一旦你确定了自己真正的人格类型，就会发现它对你特点的描述比其他任何一种都要恰如其分。当然，除了一些我们熟悉得如同旧衣服一样的特点以外，还会有一些你以前从未发现的特点。（关于如何区分相似类型的不同特点，请参考第六章。）

第三，人们总是在人格特点描述中挑挑选选，如同吃自助餐。但人格类型并不是随意组合的，因此我们不能这么做。组成不同人格类型的特点并不是胡乱地被人的本性绑在一起的。恰恰相反，它们互相依存，如同彩虹的7种色彩一样，每一种颜色从其他颜色中生发出来。它们能表达我们最根本的欲望与恐惧、基本需要和价值观，以及待人处世的方法。虽然其中会有一些我们不熟悉的或者是与我们相悖的特点，但它们仍然是一个整体。

九型人格的9种人格类型并不是任意的。它们三三成组，每组有3种类型，每一组构成一个三元组。（每个三元组与一个中心，或者是人类能力的一个侧面有关——思维中心、情感中心、本能中心，相应地也被称为大脑、心脏及腹部中心。）每一个三元组中的3种类型都有很多相似之处，其中最重要的是，它们都以这三元组的中心特质为其人格结构的基础。例如，第二型、第三型和第四型都属于情感三元组，它们的优点和不足都与心有关。这3种类型最关注的是找到一种价值或者认同感，以及表达心中其他真实的特质。第五型、第六型、第七型都属于思维三元组，与脑有关。他们的优点和不足都在于能否找到一种内在的指引或支柱，这正是思维中心的传统功能。这几种类型都有点优柔寡断、缺乏改变或者前进的动力。最后，第一型、第八型、第九型都属于本能三元组。他们的优点和不足在于与自身的本能力量——也就是生命力——保持平衡的能力。在九型人格中，我们能够更清楚地理解这3个三元组。

每一个三元组中的3种类型都有一种内在的结构，建立在辩证关系上（详细内容请参见《九型人格》，第33～34页）。在每一个三元组中都有一种类型过度地表现了这个三元组的特点，一种类型表现不足，还有一种类型则几乎不表现。（这是每个三元组的基本形态，呈现为一个等边三角形。）

如果按三元组分析人格类型，从情感三元组的第二型开始，我们能更清楚地看到这种辩证关系。第二型过度地表达了自己的感情，热情洋溢，友善过头，只说别人的好话，而不表露自己的真实目的或者潜在动机。第三型是情感三元组中的基本类型，因为第三型人最远离自己的感情，他们关注任务或者表现的同时，在无意识中受到情感的影响，他们的欲望大都得到重视和接受。第四型与第二型辩证相反，具有痛苦的自我意识，掩藏自己的感情，通过艺术形式或者艺术创造来表达感情，或者从不将情感表露出来。这3种类型都在认同和敌意方面存在相同的问题，但是表达方式不同，原因也不同（详细内容请参见《九型人格》，第37～39页）。

在思维三元组中，第五型思考得过多，是其中最理性、精神最紧张的。他们生活在想象甚至是幻想之中，总是不切实际。第六型是思维三元组的基本类型。他们几乎感觉不到一个开放的思考中心所能够提供的内心指引。第六型常常思考，甚至想得太多了。他们总是急于搞清楚一件事情，然后又总爱事后诸葛亮，批评自己，因此他们不能感受到内心的指引。第六型常常相信别人的说法，只是为了使自己放心，或者让自己看起来更果断。第七型则是想得不够，这并不是说他们不聪明，恰恰相反，很多第七型都聪明伶俐、反应敏捷。问题在于他们思维太活跃，想到什么就做什么，很少三思而后行，这让他们常常同时做好几件事情，过分活跃、永远停不下来。这3种类型的普遍问题是焦虑和缺乏安全感，但是表现方式不同，原因也不同。

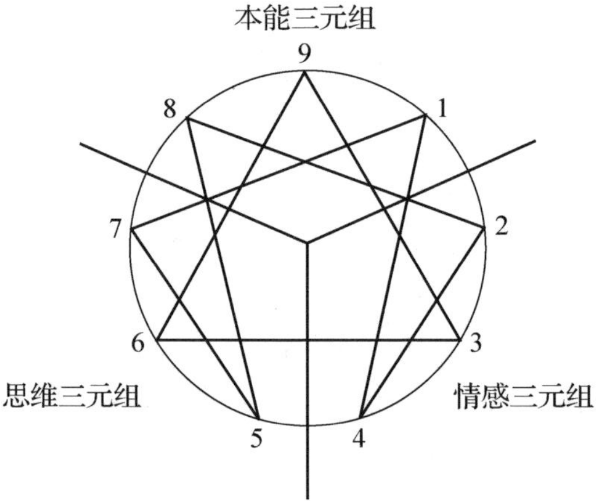

图 1–2　九型人格中的三元组

最后是本能三元组，第八型过多表现了他们的本能。他们不断地表现自己的独立与活力，很可能会把自己和别人都累得够呛。他们的表现欲可能会让他们总是想挑战所有的事情，或者是对身边的人充满控制欲。第八型认为自己比其他所有人都更强，也更现实。第九型是本能三元组的基本类型。他们几乎不运用自己的本能——激情、愤怒或是对生活的热情。为了达到内心的宁静以及生活的闲适，他们希望能够超越或是改变本能。由于缺乏对本能的认识，他们常常更认同他人，按别人的方式生活。第九型也试着保持独立性，但并不像第八型那样显示自己的独立，而是通过对别人的漠不关心来表现自己的独立。第一型对自己的本能表现得不够，但是一般会试着控制本能。他们试图不按照自己的本能做事，认为必须要先确保自己是对的才能做一件事情，并且总是不断地拿自己和心中的偶像进行比较。这

3种类型的普遍问题是侵略性和压抑，当然，它们的表现方式不同，原因也不同。

≈

在九型人格中，就像在生活中一样，没有所谓的纯粹的类型。每个人都是一个混合体，由基本类型和一种相邻的类型组合而成，这就是“翼型”或者说辅助型。翼型的重要性仅次于基本类型，给基本类型补充其他心理功能，有时与基本类型一致，有时则与其相对。在九型人格的各个理论层面上，所谓的翼型是最有争议的，有人认为根本没有翼型，有人（包括我们）认为通常有一个翼型，也有人认为有两个，分别在基本类型的两侧。

要了解这个争论的真相就必须从审视人类的本性入手：人到底是怎样的？

一开始我们发现大部分来我们工作室的人都有一个翼型，但是也有一部分人似乎有两种翼型或者完全没有。我们通过对九柱图的上圆与翼型关系的分析来解释这些不同表现。如果你注意观察九柱图，你会发现这个圆圈能够根据9种人格分成9段弧线，因此，每种类型并不是内部线条与圆圈相交的单一的一个点，而是由这个圆上的一系列点构成的。可以说，我们的人格就固定在了这段圆弧的某一点上。例如，如果一个第三型被定位在圆弧上第三型的区域中接近第二型的部分，他就以第三型为基本类型，第二型为翼型。同样，如果被定位在了第三型这段圆弧上比较靠近第四型的位置，这个人就以第三型为基本类型，第四型为翼型。当然，离中心点越远，也就是说越靠近别的点，翼型的影响就越大。但是如果一个人被定位在第三型区域中靠近中点的位置，则有可能有两个翼型或者没有翼型，这个问题取决于你看问题的角度。这个例子说明了在真正与人接触的时候，要构建什么样的路线图和理论结构。

还要记住的是，事实上，我们在心理上与整个九型人格有关。从这个角度来说，我们可以说我们有两个翼型，因为基本类型为第三型，拥有两个翼型的人也可能有一些第四型的特点，也可能拥有九型人格所列举出的人类的所有潜力。

≈

还有一个问题，我们能不能改变自己的九型人格，尤其是在我们的年龄逐渐增加以后。有的人认为自己年轻的时候是一种类型，长大以后因为各种各样的因素又变成了另一种类型。

我们仍然确信，人格不会由一种类型变为另一种。我们从童年就开始发展，在芸芸众生中，每个人都会发展出自己的人格类型，伴随我们一直到老。我们从我们的基本类型开始成长或者退化，它反映了我们在遗传因素、童年经历（尤其是童年期与父母的关系）的影响之下，会变成什么样的人。我们变成哪一种类型就代表我们是什么样的人，这一点不会发生根本的改变。

当然，在现实生活中，人是会改变的。九型人格可以说明各种各样的心理变化。在一天之中，我们的情绪也许就会发生很多次变化，但是这些变化都有可分析的模式。这样的模式可以用九柱图来预测。正如九型人格所示，每个人都在从一种基本的人格类型向整合或解离的方向“转变”。

解离或者说压力的方向（表示此人所受到的压力不断增大，他的基本类型的正常处理机制已经不堪重负）在九柱图中会沿着1–4–2–8–5–7–1及9–6–3–9的顺序变化，整合的方向（表示我们已更加健康，标志着基本类型未来的整合）与解离的方向刚好相反，也就是1–7–5–8–2–4–1及9–3–6–9。比方说，第一型在压力之下会转变为第四型，也就是他在解离方向上的下一个类型，如果他比较放松时，则会转变为第七型，这是他在整合方向上的下一个类型。第九型会在比较放松的状态下转变为第三型，相反则变为第六型。

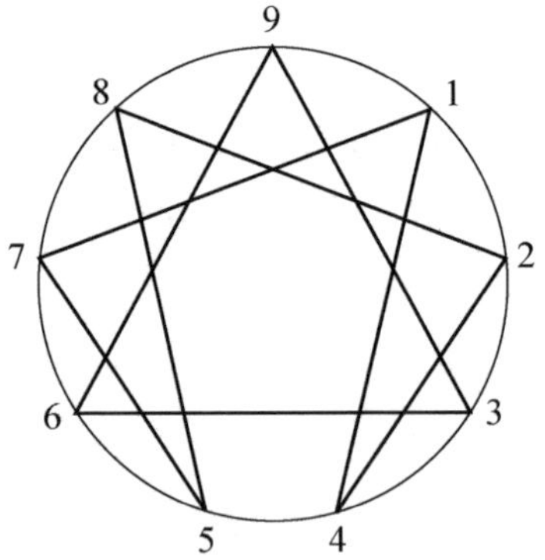

整合方向	解离方向
1-7-5-8-2-4-1	1-4-2-8-5-7-1
9-3-6-9	9-6-3-9

图 1–3　整合方向与解离方向

如果每种转变顺序都能用单独的图示表示会更清楚，但是当你了解了从基本类型延伸出的两条线的含义——一条表示解离方向，一条表示整合方向——之后，就没有那个必要了（详细内容请参见《九型人格》，第47～51页）。箭头也可以省略不用。

因此，只要有4种人格类型就足以透彻地分析每个人的人格了——基本类型、翼型、整合方向的类型及解离方向的类型。我们应该试着了解这4种类型（在不同程度上）如何与其他的人格特质（诸如智力，并不包括在九型人格之内）组合，构成独特的自我。这就是说，在自我认知的过程中，我们不能只考虑基本类型，必须把翼型、整合方向以及解离方向都纳入考虑范围之内。

认识到自身人格的变化也是很重要的。组成人格类型的几百种特质只是一个更大的类型——我们的整体类型——的一部分。每一个类型中的特质都不是随意的：它们以一种非常微妙也非常复杂的方式互相关联着。并且，人们会在组成自己类型的特质的一个连续谱系中不断波动，这个谱系共有9个发展层级，从非常健康的状态到不健康状态，乃至病理学发展层级。

因为人一直在变化，处于不同的发展层级，因此，这些描述并不适用于所有人。当你健康的时候，不健康的特征就不适合用在你身上，然而，你应该可以发现，你的基本类型的所有特质都是你所固有的倾向。

不健康的特质应该会让我们有所警觉。因为它们准确地反映出，如果我们变得不健康和神经质，会发生什么事，我们会变成什么样。同样，我们应该认识到整合方向和解离方向的类型都是对我们行为的准确描述。这个连续体（由9种程度组成）可以用图1-4表示。

当你更深入地了解你的人格类型以及你自己以后，就会发现，在一个更深的层面上，九型人格完整地展现了所有心理上的可能性，并将你在所有类型中潜在的不同侧面显现出来。虽然每个人从幼年起就开始发展自己独特的人格类型，但是随着时间的推移，当你有了更强的包容能力以后，就有可能整合其他类型的健康特质。在整合方向上，我们可能从一个类型转化到下一个类型，顺着九型人格的整合方向，进行一种无穷无尽的螺旋式的整合（详细内容请参见《九型人格》，第53，330～334页）。

第一层级　X
第二层级　X 健康
第三层级　X
— —
第四层级　X
第五层级　X 一般
第六层级　X
— —
第七层级　X
第八层级　X 不健康
第九层级　X

图 1–4　发展层级

九型人格并未把一种狭隘的理论强加在人们身上，相反，它是一种框架，我们可以借以了解使我们得以成为我们自身的微妙动力。每个人都处于不断的变化之中，九型人格的独特结构能够让我们了解这个事实：人的本性总是处于发展之中，永远充满活力。

第二章　传统的九型人格

现在的九型人格理论是众多古代传统智慧的现代结晶，第一个将这些智慧整合起来的人是奥斯卡·依察诺，他出生在玻利维亚，在玻利维亚和秘鲁长大，在他还年轻的时候，接触到了一个心灵修行学派，为了学习，他搬到了布宜诺斯艾利斯。此后，他在亚洲旅行，收集各种知识，然后回到南美，把他学到的所有知识整合为一种系统的方法。

他的理论经过了多年的发展逐渐成熟，之后他开办了阿里卡学院，传授知识。20世纪60年代末到70年代初，他一直在智利。之后搬到了美国，居住至今。1970年，当他还住在南美的时候，包括著名的心理学家及作家克劳迪奥·纳兰霍和约翰·利利在内的一群美国人来到了阿里卡学院，跟随他学习，并直接进行实践。

这群人跟随依察诺学习了数周，了解了他的基本理论系统，并积极地付诸实践。和其他严谨的心灵修行系统一样，阿里卡学院是一个教授心理学、宇宙学、形而上学以及灵性等精神学说的庞大而复杂的综合体，并且结合了一些有助于转变人们意识的实践活动。（我们没有上过这个学院，因此，想了解更多的人可以参考阿里卡的作品。①）

众多参与者都非常重视基于九柱图的教学体系。九柱图的历史非常悠久，起码可以追溯到毕达哥拉斯学派②。后来由乔治·葛吉夫重新介绍给大家。他是一个极具影响力的心灵修行学派的创始人，起初他通过一系列神圣舞蹈和动作来教授这个图形，目的是让学习者对这个图形的意义和表现过程有一个直观的

---

① 我们特别推荐阿里卡研究出版社 1982 年出版的《奥斯卡·依察诺访谈》。它让读者感受到了依察诺的整体哲学思想，并用简单的语言解释了他的研究目的和九型人格（他称为 Enneagons）的作用。

② 依察诺曾称九型人格为毕达哥拉斯学派的第九封印，见古尔德伯格的观点，1993 年。

感受。他没有教授与这个图形相关的人格类型系统。他曾向他的得意弟子们阐释过他称为“关键特征”的学说，即人类自我结构的关键点——构成人的基本特质。葛吉夫逐渐开始生动地描述一个人的重要特征，他常常会使用一些苏菲派的说法，告诉一个人他是何种“笨蛋”。人们可能是圆的笨蛋、方的笨蛋、主观上绝望的笨蛋，以及扭动的笨蛋，等等。但是，葛吉夫从未提过任何与九柱图有关的人格理论。

因为某些原因，一些早期的九型人格理论的狂热者错误地把这一学说归功于葛吉夫或者是苏菲派，因为葛吉夫曾用过一些苏菲派的说法。这造成了人们的普遍误解，认为九型人格是从远古学派口口相传的理论。依察诺确实学习了相当多的传统理论，但是把这些理论和九柱图联系起来却完全是他的创举。因此，虽然九型人格的哲学原理包括了犹太神秘主义、天主教、伊斯兰教、道教、佛教以及古希腊哲学（尤其是苏格拉底、柏拉图和新柏拉图主义者）等向远古探寻的传统，但“传统九型人格”理论最早只能追溯到20世纪60年代，即依察诺第一次传授这一理论的时候。

在《九型人格》中（第20～31页），我们已详细地介绍了九型人格的历史，但是在这里我们更想探讨依察诺发展九型人格的基础①。事实上，依察诺教给他的学生们的是一套108九型人格系统（或者根据他的命名方式，应该是Enneagons）。实际上美国的九型人格发展以前只是建立在其中一些说法的基础之上，而其中又有4个尤为重要，即被称为私欲的九柱图、美德的九柱图、固着的九柱图以及神圣理念的九柱图。

要了解这些九型人格理论的重要性以及它们之间的关系，必须记住，这些理论最重要的目的就是帮助人们解释人的本体与人格或自我之间的关系（详细内容请参见《九型人格》第一章“认识人格类型”）。依察诺曾经这样说：

> 我们需要把一个人的本体和他的人格区分开。在本体中，每一个人都是

---

① 我们并不认为我们所提到的能够代表依察诺的教义，只是希望根据我们过去几十年对这个理论的研究，给大家一些我们对其中某些部分的理解和介绍。

完美的、无畏的，处于整个宇宙的爱当中。这个人的身体器官，如头、胃、心之间没有冲突，与他人之间也没有矛盾。然后他的人格逐渐形成，并开始累积，他开始从客观转向主观，这个人便失去了本体，只剩下人格。①

因此，依察诺把九型人格视为一种检验方法，主要用来检验我们本体真正的核心特质是如何被扭曲、被压缩最后形成自我的状态。在发展九型人格理论的过程中，他吸收了西方的神秘主义与哲学传统——9种神圣形式（Nine Divine Forms）。柏拉图曾经讨论过，称之为神圣形式或者柏拉图立体（Platonic Solids）——存在的本体特征，它是一个整体，不能被分成部分。这一观点在3世纪被新柏拉图主义哲学家们深入发展，普罗提诺曾经特别在自己最重要的著作《九章集》中讨论过。

这一学说从希腊传到小亚细亚，再向南传到叙利亚，最后传到埃及。在那里，它们受到了早期基督教神秘主义者，即沙漠教父的关注。他们的研究重点集中于自我意识中失去的神圣形式。后来经过改变和发展，变成了众所周知的七宗罪（Seven Deadly Sins）：愤怒、傲慢、妒忌、贪婪、饕餮、淫欲和懒惰。原来的9种形式如何在从希腊到埃及长达一个世纪的流传过程中缩减为七宗罪，至今仍然是一个谜。

在深化这一理论的过程中，依察诺还借鉴了一些犹太神秘主义的学说，尤其是古犹太人的哲学卡巴拉（Kabbala）的思想。卡巴拉思想的核心内容是一个被称为生命之树（Tree of Life，在希伯来语中是Etz Hayim）的图表。在他们的教义里，生命之树是一张图，表明了上帝创造这个世界的特殊方式和规则。这张图是由10个球体（希伯来语中的Sefirot）构成，22条线通过一些特别的方式把这些球体连接起来。更值得注意的是，依察诺一定也了解了在卡巴拉的思想中，他们把人类的灵魂视为从这些球体当中升起的“火花”，或者是这棵卡巴拉神秘树所散发出来的东西。［第一个球体，王冠（Keter）属于救世主弥赛亚（Messiah），剩下的9个才代表我们其余的人。］例如，在传统的卡巴拉教义中，圣经中的每位主教都是一棵

① 约翰·布雷多. 1982. 奥斯卡·依察诺访谈. 纽约：阿里卡研究出版社. 9.

树上不同球体的化身[①]。这些教义认为人类的灵魂是不一样的——它们是球体的不同侧面，或者是这个神圣集合散发出的不同的东西。

依察诺的杰出成就在于，他发现了神圣形式和它们相应的变体是如何与九柱图以及3个人类智慧中心——思维、情感、本能——联系起来的。他按照西方神秘传统把人类思想当中更高级的、更本体性的特征称为神圣理念(Holy Ideas)。每一个神圣理念都对应一种美德（Virtues)。美德是人类处于本本状态时心灵最重要的特质。如果人们不再清醒，不再有存在感，远离了本本状态而进入人格类型的昏睡状态，便会失去神圣理念，而执著于一种自我固着，失去美德会让人产生邪情私欲。虽然每个人都有能力拥有全部神圣理念和美德，但只有一组对一个人的灵魂认同是最关键的。失去这一组对人的影响最强烈，因此我们的自我会全心全意地为自己重新创造一组，但这常常是无效的，自我防御式的（参见图2-1)。

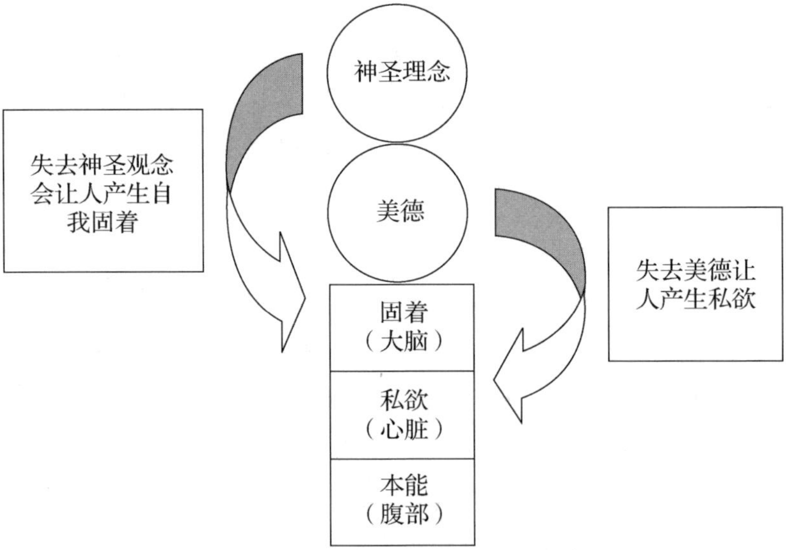

图2-1　高层级的本体性特质与自我扭曲之间的关系

因此，私欲与自我固着表现了我们的精神是如何与自我状态联系起来的。

---

① 参见 Z'ev Ben Shimon Halevi. 1974. 亚当和卡巴拉树. Weiser. 192 页. 他指出了球体和主教的关系。亦可见霍华德·爱迪生. 1998. 九型人格与卡巴拉. 犹太之光出版社.

根据依察诺的理论，我们有9种丧失中心，思想、感觉以及行为被扭曲的方式，因此也就有9种忘记我们与神灵之间的联系的方式。（私欲也可以看做是在受到意识和美德的影响之前，我们身上保留的野蛮的动物本性。）

因为高层级的灵魂特质与其相应的自我扭曲之间的特殊关系，一个人可以通过意识了解其扭曲的模式——其私欲与固着——认识一直被隐藏的本体性特质。当我们回忆或思考更美好的特质时，我们才能重新找回平衡，从而推动人们认识自己的本体。了解一个人的“类型”就是一种引导人们完成这一转变的方式。

美德、私欲、神圣理念和固着

美德是人们处于真正的自我中时所直接感觉到的广阔、不二的本体性特质，是一颗觉醒的心的自然表达。我们不能强迫自己拥有美德，相反，当我们更加放松，感觉到自己的存在，并克服了恐惧和欲望的时候，美德会自然地表现在我们的灵魂里。

> 一个本体的人能够感受到一直蕴藏在身体之中的“美德”，但是主观的个体，也就是自我，是感受不到这些美德的。因此人们就通过私欲来弥补这个损失[①]。

私欲是由于不能接触我们真正的本体而引发的一种感情上的潜在反应。如第一章所述，我们无可避免地失去了存在的基础，以及我们真正的身份——灵魂或者本体。这种失去必然会产生巨大的潜在伤痛、羞耻与悲伤。因此我们的自我被迫以一种特殊的感情方式来处理这一损失。这在短时间内是有效的，但最终会误导我们，让我们认为解决问题的办法就是“私欲”。由于这样的私欲是我们固有的本体性美德的变形，因此，重新认识私欲，能帮助我们找回美德[②]。

可以说，每一种类型的美德，都可以看做矫正私欲的一种手段，同时也是这一类型的人格中的关键优点。当我们渐渐找回美德时，私欲也会慢慢被转化。九型人格的一个极其重要的用途就是帮助我们找回美德，并转化我们的私欲。

---

① 约翰·布雷多. 1992. 奥斯卡·依察诺访谈. 纽约：阿里卡研究出版社. 19.

② 想要了解更多关于私欲的讨论，参见克劳迪奥·纳兰霍. 1994. 人格和神经官能症. Gateways.

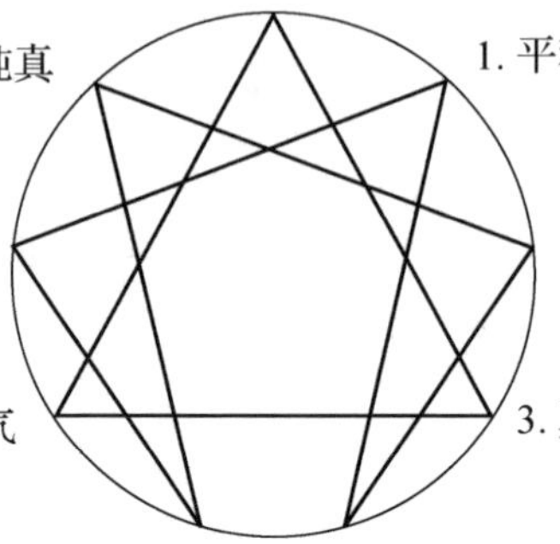

图2–2 奥斯卡·依察诺的美德九柱图

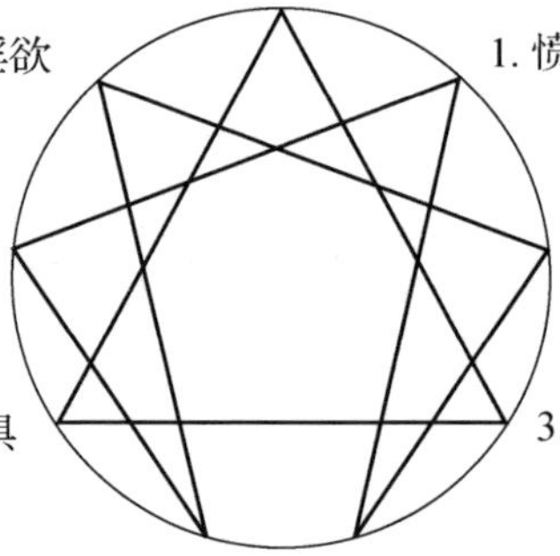

图2–3 奥斯卡·依察诺的私欲九柱图

神圣理念表现了人们关于本体的独一无二的看法—— 一种认识人、分辨人的存在的整体的特殊方式。当一个人处于清醒的状态时，神圣理念会在平静澄澈的心灵中自然显现。失去神圣理念，会让自我对自己或者现实产生一种错觉，即自我固着。通过自我固着，人类试着恢复神圣理念的自由和平衡。但是从自我的二元观点来说，这是办不到的。因此，理解神圣理念也是矫正自我固着的一种手段。当我们看清自己所属的类型所产生的错觉时，就能找回真实的自我。①

① 关于神圣理念的全面讨论，见 A.H.阿玛斯. 统一体的各个侧面. 1998. 钻石丛书出版社.

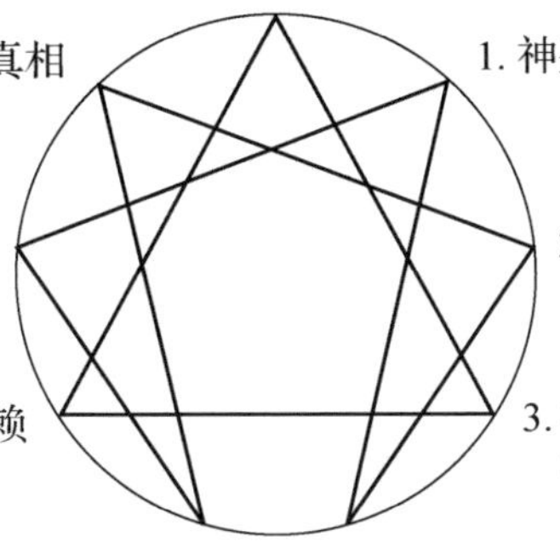

图2–4　奥斯卡·依察诺的神圣理念九柱图

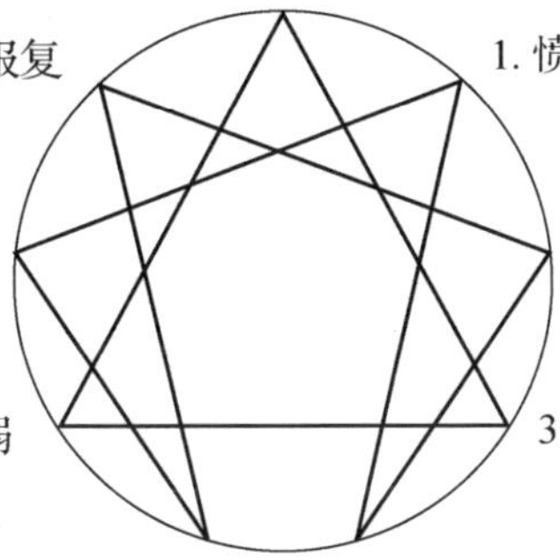

图2–5　奥斯卡·依察诺的自我固着九柱图

我们在下面分别对9种人格类型的美德、私欲、神圣理念以及自我固着进行了简要的描述。我们尽可能做到简短清晰，表现出我们对这些特质的理解。在某些情况下，我们以其他的名称称呼这些特质，以帮助大家澄清这些特质的最初名称的内涵。请注意，对神圣理念和美德的描述有些印象主义特色。这是因为，要用几个词来表达对于本体的独一无二的感受是非常困难的。

第二型

私欲：傲慢、自负

美德：谦虚

自我固着：奉承

神圣理念：神圣的意志、神圣的自由

私欲：傲慢、自负

傲慢是由于失去了谦虚的美德而导致的。如果更进一步分析，我们也可以称之为自负，因为自己的善心而骄傲，对自己的优点特别满意，自视为一个友爱而善良的人。傲慢使我们把自己当做别人生活中幸福和美好的重要来源。（“如果没有我，他们该怎么办?”）并且，善会吸引人们的注意，这样，做好事的人的无私就能够得到表扬，谦虚能够得到赞美，自我牺牲能够得到奖励，慷慨能够得到回报……

傲慢的另一个更微妙的原因是不能正视自己的痛处，不愿意考虑自己的痛苦和需要。我们总是说：“那是你们的问题，跟我没关系。我很好，我是来帮助你们的!”但是事实上，我们每一个人，尤其是第二型人，总是怕别人知道，在很多时候我们是多么悲伤和孤独。傲慢不仅仅让我们在别人面前掩饰自己的痛苦，也让我们掩藏了自己的需要，不让别人发现我们需要帮助。傲慢也可以看做是对自己找不到本体的彻底否定——尤其是不承认自己找不到真爱。

美德：谦虚

当我们处于本体的状态时，我们对自我的认同并不需要别人的肯定或者是自我尊重，也不需要自我反思，谦虚是一种客观存在。这不同于我们大多数人都已学会的自我贬低，也不是拒绝人际关系和工作上的满足感。当我们真正清醒的时候，不存在自我认同或者是自我价值的问题。我们本身就很谦恭，并不用学习。

非常健康的第二型人能够无私地爱别人，完全不考虑自己，不期待别人的感谢或者回报，也不需要受到帮助的人的夸奖和赞美。他们尽力无私地帮助别人，纯粹为别人服务，不为自己的成绩自满。当他们看到别人有需要时，就会下意识地上前提供帮助。

自我固着：自夸

当我们感受不到神圣理念的时候，第二型人会试着做一些让自己高兴的事情来补偿自己。他们恭维别人，满足别人的需要，让别人觉得他们非常友好，这样他们就可以得到别人的赞美和表扬了。像所有人一样，第二型人也需要有自信，但由于他们的自我的结构问题，他们的信心建立在得到别人的感激和爱的基础上。他们努力做好事，就是为了得到别人的正面评价（恭维）。因此第二型人千方百计地说好听的话，做好事，这样他们才会对自己有信心，才能相信自己的善良，并且得到别人的承认。（“玛丽安离了我肯定活不下去。”）自夸同时也让他们很好地维持着自己的骄傲。

因此，第二型人的主要特点就是：“付出就是为了回报。”他们付出的同时，也暗暗地希望别人能注意到他们的付出，并肯定他们的付出。他们满足他人的愿望，就是为了满足自己的愿望。

神圣理念：神圣的意志、神圣的自由

第二型人的自我思维模式认为，他们注定要做很多好事。如果没有他们的好心以及不懈努力，世界上便不会有那么多善行。因此，别人需要他们的帮助、夸奖和鼓励等。当我们了解了神圣的意志之后，我们才会明白，其实只有一个意志，这是不可改变的事实，自我认为，它决定着事情发生与否。我们发现所有的事情都掌握在上帝手里，这并不是一种自我安慰，而是显而易见的事实。这样的认识能够把第二型人从难以抑制的想要介入他人私事的冲动中解放出来：他们会意识到介入别人的事情并不是他们的义务，他们不必靠做这些事来获得自我认同。这让他们真正获得了自由，从自我中解放出来，不再需要通过帮助别人来获得自我认同。换句话说，神圣的自由是一种欣喜和自在，当我们认识到自己是神圣意志的一部分时就能感觉到。

第三型

私欲：欺骗、不诚实

美德：真实、真诚

自我固着：虚荣

神圣理念：神圣的律令、神圣的希望

私欲：欺骗、不诚实

欺骗是因为失去了真实的美德而产生的，也可以看做是把表面上的自己当做真正的自己的一种倾向。欺骗需要同时给自己和他人制造出关于自己的假象，掩盖自己已失去了真实的存在感。欺骗是如此普遍，所以第三型人的罪在我们的文化中是较难理解的一种。欺骗并不意味着一个人总是公开地撒谎。在日常生活中，我们常常会说假话，而不是诚实地对待别人。我们对欺骗这个特点思考得越多，就会越多地发现，我们很少诚实地表达自己的感受、想法或者是真正的意图。诚实需要投入与真心。当我们处在一种恍惚的状态时，我们不可能真诚。我们言行举止的标准通常仅仅是自认为对方可以接受而已。

久而久之，我们越来越自发地让自己看起来更符合各种需要：职业需要、社会需要以及个人需要，我们也因此离真正的自我越来越远。我们开始认同一种特殊的自我形象，一种我们认为与真正的自己比起来，更容易被人接受的形象。因此我们必须自欺欺人，掩盖真实的自我与真正的目的。我们的身份靠我们的工作、朋友和性别来确定。身份定义方式如此之多，哪一个才是真正的我？正在读这些文字的人又是谁？

第三型人大都善于把自己包装得更好，而不了解自己的真实想法和身份。大部分第三型人常常因为对自己的假象太过习惯，而不知道自己是谁，生命的意义又是什么。他们拒绝自己的真实身份，让自己相信经过删改和润色的自己才是真正的自己。他们给自己创造了一个自以为会更有价值、更容易被人接受的形象，并逐渐接受它，也期待别人的支持和赞扬。第三型人通常会因为他们的这种自弃而得到表扬，所以只有当他们认识到更深层的自己——内心的真正欲望时，才能实现自我成长。

美德：真实、真诚

当我们展现出真实本性时，我们的言行举止都是完全真实的。我们明白，任何的不真实都会使我们与本体疏远。我们了解内心的欲望，认识到生命中最重要的事情就是全面彻底地展现出自己的本色。不管我们取得了多少成就，都不能获得这样的满足感。一个真实的人找不到任何欺骗他人的理由。如果能够感觉到自己和他人之间真实的深层关系，你会发现，把简单的事情弄得复杂是一件多么荒唐的事。

当健康的第三型人明白，自己的价值并不是建立在取得了多少成就的基础上时，他就会从自己的角色当中解放出来，他们发现，无需为了让别人接受而扮演某一角色，这样他们就能感受到自己的内心。他们感受到自己的真实存在时，并未失去充分展示自己的能力。他们的自我认知建立在对当下生活的直接经历上，而不是在自恋和自我膨胀的基础上。真正地相信自己让第三型人能够简单真诚地爱一个人。他们意识到了真我与真实的可贵，同时也感受到了生活中的人和事物的可贵。

自我固着：虚荣

当我们感受不到真实的自我时，就必须花费精力来建立起自己的形象——并让它变得完美，以弥补我们失去真正的价值及自我认知的损失。因此，虚荣是让我们的人格看起来真实、有价值的一种活动。很明显，如果我们自欺欺人，相信我们的人格就是我们自身，那么让我们的人格变得更杰出、更迷人、更有价值就成了我们必须全力完成的任务。我们开始认为，通过思考或者其他心理活动来揭开自我虚假的面纱，只是浪费时间，甚至把它看做是对自我的一种威胁。

虚荣使我们不断浪费精力来伪装自己。我们为此做了很多努力，以成为自认为更有价值的人，比如说取得事业上的成功，塑造得体的形象，上名牌学校，不断追求自己的目标，让人生履历看起来更完美，或者是获得种种荣誉。我们渐渐地迷失在我们在生活中所扮演的角色中，迫不得已不断美化自己的角色，而不是去了解真实的自我以及真正的价值。

神圣理念：神圣的律令、神圣的希望

神圣理念与纠正自我的虚假感觉有关，让我们认为自我是我们的行动与功能的根源——自我一直在努力完成一些东西。神圣理念必须纠正这一错误看法。从只有一个本体这种观点来看，所有的事情都只是“一”：在某一个时刻只能有一个事实，也只能完成一件事情。现在，如果我们能够感受到此刻的经历，我们就能够感觉到我们所有的经历都是一个整体。只是我们的思想活动给了它不同的定义，把我们的经历分成了不同的类别。

但是如果我们保持清醒，观察我们置身于其中的这个整体，就会发现，它无时无刻不在变动——它在不断呈现。因此，本体并不是静止的，而是动态的，在一个个时刻展开。我们的自我认为我们充满活力，在一个空间背景中与其他运动或者静止的物体相互作用。但从神圣的律令来看却并非如此：它把这个运动、变化着的整体看做一个不断呈现的过程。所有的事情都必然是相关的，没有任何一件事可以独立完成。现实发生的过程如同一场大型舞蹈，那么导演是谁呢？更进一步说，当我们清醒时，我们明白，宇宙的演变是温和的，总是在不断发展与优化。这一看法给了我们足够的信心，让我们能够安顿下来（神圣的希望），也让我们的自我从无止境的计划安排中解脱出来。从一个更深刻、更直接的角度看，我们明白神灵早已做好了安排。

第四型

私欲：妒忌
美德：平静、感情平衡
自我固着：忧郁
神圣理念：神圣的本源

私欲：妒忌

妒忌是因为失去了平静的美德导致的，会让我们产生若有所失的感觉。虽然我们并不知道失去了什么，但是别人看起来总是比我们快乐，比我们的生活优裕。我们并没有去研究这种不快产生的根源，反而陷于妒忌的痛苦中，热衷于拿自己和别人相比较，相信他们拥有我们所没有的东西，比如他们可能拥有更幸福的童年、更慈爱的父母，或者比我们更幸运。不知道为什么别人总显得比我们活跃，人生仿佛更完整。他们好像拥有更好的工作和生活、更美满的婚姻。在妒忌的驱使下，我们还会认为，自己不可能拥有这些生活中的美好东西。（“没有人比我更惨了。”）简单地说，妒忌让我们注意到我们没有的特质，并让我们相信这能让我们更完美，却没有解决根本问题，延续着内在的空虚。

第四型人在自我认知的问题上总是关注自己受过的伤害，或者是自己的内在缺陷，然后在痛苦上形成自己的生活模式。事实上，第四型人的感觉在一定程度上是对的，自我是虚假的，建立在痛苦尤其是缺陷之上。但是，他们并没有循着这个方向走下去，获得转变，而是深陷在情感反应中，益发相信自己的缺陷，在此基础上建立自我认同。因此，他们的自我依靠对内在缺陷的认同感而存在，沉溺于自己的悲惨往事。嫉妒也使我们与他人以及生活疏远。它让我们觉得自己是与任何事情都无关的局外人，而其他人却能很好地融入其中——并因此而对他们产生反感。这给我们带来了感情风暴，以及强烈的反应，让我们感觉不到真正的自我与自身的价值，也感觉不到任何别的东西。

美德：平静、感情平衡

当我们保持在场状态，作为人类，我们会很自然地感受到心灵的辽阔和宽广。我们的经历常常会以一种深刻的方式影响我们，给我们以触动，但是我们不会迷失，也不会受感情的影响。感受自己的真正价值让我们从自我无休止的挫折与欲望中解脱出来——我们非常冷静，也能感受到本体的尊严。镇定给了我们巨大的支持，让我们在面对有可能充满痛苦的经历时，仍然不会迷失自己。我们可以拥抱生活，不会被每一件事搅得心烦意乱。就算是坏事也会变成好事，当我们知道我们的灵魂会把每一个经历都变成宝贵的财富时，我们就会找到内心的平静。

自我固着：忧郁

我们也可以称之为幻想。第四型人总是沉溺在自己的幻想之中，用想象来满足自己强烈的嫉妒。大部分的第四型人都迷恋那些会引发负面感觉的想法，比如渴望、苦乐参半的爱情、失去，以及其他的负面感觉。不幸的是，这些想法会让第四型人看不到客观现实的多样性，只是片面地看待事物，同时也看不到自己的本体。在更极端的情况下，这种情绪让他们一直关注自身的不足以及别人如何让他们失望。这样，第四型人在看待自己的经历时，总是强调自己是牺牲最多的人。（“我不但受到了伤害，而且还是伤得最重的。没有人比我更惨了！”）这样的情绪使他们极度关注自己的感觉，沉溺于过去的痛苦，完全得不到一种自我认同。

神圣理念：神圣的本源

我们的思想与存在的基础被完全阻隔开了，因此思想需要不断的支持与强化，否则，其深层固有的不现实感就会暴露出来。第四型人总试图让自己与众不同，具有独立性，因此他们总是在寻找自己和别人的不同之处。但是，当我们停止这样的寻找之后，才开始明白我们的本体才是自我认知的根本。这并不是一种抽象的概念或是信仰，而是一种直接的体验，体验到基于本体的认同。没有什么办法能让我们成为我们自己，我们也不会这么做。越多地尝试成为一个特别的自己，就会越多地失去本体中无比丰富和可贵的部分。我们不能和任何东西分离开来，因为我们的本体就融于整个现实当中。我们能够了解整个宇宙产生了一种巨大的创造性智慧，而自我只能是这个创造过程的一部分，不能脱离它。我们知道一切的来源也是我们真实的自我认同的核心——它创造并保持了自我。当我们有了这种认知时，只要放松下来，感受自己的同一性，就能得到极大的喜悦。

第五型

私欲：贪婪

美德：超然、无欲

自我固着：吝啬

神圣理念：神圣的全能、神圣的透彻

私欲：贪婪

用贪婪这个词来形容第五型人常常会引起误解。这个词常常和贪心或者是想要拥有全世界的欲望联系在一起。但是，贪婪并不一定是物质上的贪欲。当我们还是一个小孩子的时候，如果我们感受不到自己的本体，在广阔冷漠的世界中，总觉得自己渺小、卑微、无助，贪婪的感觉就会逐渐产生。我们害怕生活，怀疑自己没有能力在这个世界上生存下去，这种感觉在第五型人身上表现得尤为强烈。因此，贪婪让第五型人觉得要么逃避现实，要么与之战斗，只有如此他们才能重建信心，相信自己有足够的能力控制全局。这会使他们拒绝现实，变得超然——觉得自己不是这个世界的一部分而背弃世界。贪婪让我们觉得世界拒绝了我们，因此在解决问题的时候，应该更多地依靠我们的智慧，同时尽可能少地去寻求帮助与资源。

贪婪常常会和第七型的私欲——饕餮混淆起来。饕餮是希望用"外界"的观念和经历来满足虚假的自我的空虚感，贪婪者则总是感觉自己内心贫乏，他们解决这一问题的方式就是抑制自我，从现实中退缩，紧紧抓住所拥有的一切微小事物，因为担心会失去它们。他们的内心中永远有一种空虚感，得不到任何满足，因此他们想要拥有能感觉到的一切东西。他们想要把握住一切资源与知识，觉得只有这样他们才能在社会中立足。

第五型人的贪婪常常被解释成一种收藏癖，不断地学习，不断地阅读，为了能够自信地进入这个世界，他们一直在准备。

美德：无欲

虽然依察诺一开始把它称为“超然”，但是我们更愿意把它称为“无欲”，以便与精神分裂症所带来的感情上的超然区分开来——这种无欲意味着拒绝感情，也没有其他任何需要。无欲和拒绝完全没有关系，相反，它是建立在完全接受现实的基础上的。有一句著名的格言能够很好地描述这一特质：“享受生活，而不受制于生活。”当我们顺从于本体时，我们不需要依附任何东西而存在，不管是内在的还是外在的。

我们尤其不需要依靠无尽的思考，来得到认同和社会定位。我们感到自己置身于广阔的宇宙之中，同时我们的心里也有一个广阔的宇宙。每一件事情都会对我们产生影响，但是我们并不需要把自己的自我认同建立在任何一件事情上，我们的存在不依靠任何事物，不管是我们的想法、我们的情绪、我们的身体，还是我们的观察。在一个深邃无边的宁静状态中，万事万物生生灭灭。

这种无欲让我们对所有的生物都产生了一种深切的同情，因为我们了解了生之短暂。当我们的心态变得平和时，我们很容易对万物产生同情与宽容。（Tout comprendre，c’est tout pardonner.——理解带来宽恕。）

自我固着：吝啬

吝啬在这里可以理解为我们的思想总想试着抓住所有的信息和经历，掌握足够多的知识与能量，以适应现实状况。我们的大脑似乎一直在为将来可能发生的灾难储备资源。第五型人把时间都用在收集信息、技术和资源上，目的就是做好准备。他们要试着给自己创造一个独立空间，在那里他们可以为重新进入社会做好准备。

问题是，这样的自我认知方式让我们与自身的存在分隔开来，也感受不到这个世界。并且，第五型人会陷入一种永远都觉得自己必须具备更多的知识和储备才能真正生活的感觉中，这恰恰会让他们更难开始自己的生活。给予或者是待人慷慨都变成了让他们恐慌的事情。第五型人似乎总在想：“我自己的东西都不够，如果给了别人，我就不剩什么了。我还需要时间学着生存。”但是知识的增多，储备的增加，都不能让他们更有自信地面对自己的生活。他们永远觉得自己没有准备好。

神圣理念：神圣的全能、神圣的透彻

神圣的全能是对本体的知识、智慧的一种直接理解。我们的本体通过我们的身体、我们的感觉和想法来了解世界，从这个角度来看，人类就像是神圣意识的一个感觉器官。世界通过我们来了解它自身。当我们顺从于本体的时候，我们的心灵就会变得澄澈，我们了解了本体中广阔无边的智慧。

我们同样可以看清自我边界与精神种类：我们看清了边界是怎么回事，它只是我们思维的专断发明。现实是一个整体，包含了很多可以识别的特征。我们可以识别颜色、质地、形式以及动作，尽管这些现象都不能单独存在。我们既看到了不断产生、不断变化着的现实，也看到了现实之下隐藏的真相。我们感觉自己仿佛是完全透明的——所有的东西都可以穿透我们，没有什么残留在意识里。不用思考，我们就已经通透而清楚地了解了整个现实。

第六型

私欲：恐惧

美德：勇气

自我固着：懦弱

神圣理念：神圣的信赖

私欲：恐惧

恐惧是在我们觉得自己没有依靠或者是得不到指导的时候产生的感觉。当我们感觉无依无靠的时候，我们很难鼓足勇气，自信地开始做下一步。我们相信过去的遭遇会在将来重演。从某种意义上说，恐惧总建立在想象中的未来的基础上——我们不会为昨天已经结束了的事情感到恐惧，因为我们已经知道了结局。这也揭示出了第二点：恐惧是在不知道会发生什么结果时的一种反应。当我们不

知道自己的命运如何，同时觉得自己没有依靠的时候，恐惧就产生了。

但实际上，我们永远不可能知道未来会发生什么。“未知”是我们作为独立的个体存在的一个基本条件。像第六型人那样，我们可以计划，也可以试着预测，或者为未来做准备，但是到最后，命运的一个小小转折就可能让我们的所有准备在未来面前彻底瓦解。

虽然“未知”是一个基本条件，但没有依靠或者没有指导却不是。这是第六型人所感受的恐惧的真正来源。得不到自己内心的指导让第六型人焦虑不安，不知道如何做决定，不知道怎样才能逃离危险，也不知道怎样继续生活。大多数第六型人的恐惧感并不是建立在现实的基础上，而是建立在将要发生的事情的基础上。这种焦虑不安让第六型人努力想要规划好自己的生活，使之规律化，让未来变得可以预测，从而减少危险。但是这样的举动并不能真正地减少他们的恐惧。

美德：勇气

勇气也可以称为无畏。因为它真正地完全消除了恐惧。当然这完全不是否认恐惧，也不是变得具有攻击性以壮大自己（对抗恐惧症）。真正的勇气是当一个人深深地感受到当下的力量时，从内心中产生的。当我们处于本体状态时，只要有需要，我们的内心中就会自然地涌出无尽的力量与无限的支持。勇气从本体的力量和信念中产生，我们会感觉到支持我们的强大力量似乎是无穷的。我们感到自己体内充满了力量，可以坦然地面对一切未知。此时此刻，我们的状态不仅仅是良好，而是坚定、真实、生气勃勃，内心中充满了神奇的伟大力量。

自我固着：懦弱

用懦弱来描述第六型人也许有点不太合适，因为懦弱可能仅仅是屈服于自己的恐惧。但是如果我们仔细考虑脑海当中的恐惧和焦虑是怎么产生的，也许能理解懦弱更广泛的含义。一般说来，懦弱是对我们了解或者是得到内心指导的能力失去了信心。用九型人格的观点来看，这是由于失去了信仰造成的。因此，我们也可以把这种自我固着称为怀疑。

第六型人（以及我们身上的第六型特质）弥补这一缺陷的方式是做一个生活

中的骑墙派，总是摇摆不定，目的是获得稳定、有保障的生活。但糟糕的是，懦弱让第六型人慢慢地破坏了自己的安全感，因为他们总是对自己的决定充满疑虑，总是在事后批评自己。“谁能支持我？怎样才安全？怎么做才能押中宝？这个人真的是我的朋友吗？我知道他们自称是我的朋友，可是当我有难的时候，他们真的会两肋插刀吗？半年以后我会不会被解雇？如果我做这笔投资，会不会彻底失败？”

神圣理念：神圣的信念

真正的信仰不是相信，也不是试着确定自己的某种信仰是正确的。我们所讨论的信仰是指真正地感觉到自我的存在，并且感觉到它给我们的巨大支持。信仰是了解我们的本体，也就是真正的我，因而必不可少。本体是真实存在的。现实给了我们力量，而我们是它的一部分。我们不需要寻求支持，因为它就在我们身边。从这个角度来看，我们不会担心失去支持，就像我们不会怀疑失去天空。本体是可以感觉到、可以体验到的现实。

因此，信仰给了我们一种不可动摇的信念，相信这个世界上和我们的生活中的真善美。就算是在某些时候，我们做的一些事情从表面上看失败了，可是仍一直有一种力量在支持我们，我们真正的自我不可能受到伤害。信仰给了我们一种内在的自由，我们自然地对生活中发生的事情作出回应，因为我们没有被信仰、怀疑或者一些条条框框绑住。有一种力量在指引我们走向光明。

第七型

私欲：饕餮

美德：节制

自我固着：计划

神圣理念：神圣的智慧、神圣的工作、神圣的计划

私欲：饕餮

饕餮是因为失去节制所导致的。饕餮这种罪恶的本义是拼命想要填满自己，

暴饮暴食，沉溺于口腹之乐。从精神和心理的层面来说，就是相信世界上所有美好的称心如意的东西我们都没有，因而需要努力获得。它来源于我们想要努力抑制的一种内在的空虚。贪欲是对内在空虚的一种否定，我们制造出一种丰富、刺激的假象，来掩盖内心的沮丧和痛苦，从而产生了贪欲。

第七型人相信可以用刺激的经历来填补空虚，因此就有了贪欲。“如果我的生活总是丰富多彩，我就不会感到痛苦和焦虑了。”第七型人不能满足自己的需要，因而不能获得快乐和安全感。“没有人会来满足我的要求，因此我需要走出去自己寻找。”这样的贪欲让他们对生活中各种各样的事情都想尝试，常常涉猎甚广。在这样的时候，第七型人分不清“想要”和“需要”，只要是想要的东西就会试着满足自己，似乎这些都是合情合理的需要。但是尝试得越多，用来填充自己的事物越多（这也是他们的一种食物），第七型人就越不能得到想要的满足感。

美德：节制

当我们顺从于本体时，我们十分清醒，与周围的事物紧密相关。这使我们神清气爽，就像是一个清新的早晨或者是一阵清爽的风。我们看到的是现实世界美丽迷人的一面，感到极度的满足，这种满足与贪欲带来的令人眩晕的刺激截然不同。每一件事情都称心如意，令人欢喜，但是我们仍然保持着热情：我们完全活于当下。我们不需要任何外在的刺激让我们感受到快乐，也不需要什么特别的经历才能获得满足。我们感觉清爽、真诚，每一个举动都会给我们带来一种无可名状的快乐。

节制也会让人充满感激，这是因为生活的奇迹而感受到的深远持久的欢乐。健康的第七型人总是对他们拥有的一切怀着感恩之心。生活是一件充满惊喜的礼物，他们意识到自己得到了更多的恩赐，对此感念不已。对于一个清醒的人来说，每一个经历都会让他充满喜悦。

自我固着：计划

依察诺把这一固着称为自我计划，指第七型人不断给自己制订令人激动的未来计划。当我们失去内心的力量时，我们的自我会试着让我们确信未来是光明的。在这个方面，我们可以参考失去信仰对第六型人的影响。因为我们失去了内心的支撑，我们不相信我们的需要能够得到满足。在得到结果之前，我们会一直不停地制订各种各样的自我满足的计划，却失去了身边的宝贵财富。

也许我们也可以把这种情况称为自我参与。第七型人永远是参与者，永远在激动地等待着下一个时刻。他们一直在考虑未来，总是提前计划接下来的事情，这也导致他们永远不能把注意力集中在当下。这种倾向的表现形式之一就是他们总是在寻求神秘莫测的事物和奇特的经历。第七型人常常觉得生活中会发生惊人的事情，但又害怕会错过。他们害怕自己没有出现在适当的时间，适当的地点。（“也许在那间咖啡馆里，我会遇见一位大师，他会告诉我，我正是他一直在寻觅的弟子，我正是被神选中的那一个……”）当然，这样的幻想无助于解决我们所面对的问题，只要我们还在等待奇迹发生，我们就会不可避免地错过此时此地发生在身边的奇迹。

神圣理念：神圣的智慧、神圣的计划

在这个特殊的时刻，完美地展现出来的神圣的计划就是神圣的智慧。当我们处于本体状态时，就能真正感觉到神的计划，并且一切正在按这个计划进行。我们也清楚地看到我们的欲望驾驭着现实向希望的方向前进：我们知道在这一刻，我们的灵魂有美妙的经历。

我们开始明白，参与到这个神奇的现实之中的是神圣的工作，它能让我们获得最大的满足。我们没有办法从某一次特定经历中得到满足，是我们的意识与存在从我们的经历当中获得了满足感。当我们知道我们是神圣计划的一部分时，内心会充满喜悦。我们不需要去计划或者寻找自己的方向、自己的路，这趟人生旅途本身就会给我们带来欢喜。我们不需要知道自己的目的地，但当我们越接近它的时候，心灵就能得到更多的启迪。

第八型

私欲：欲望、淫欲

美德：纯真

自我固着：报复

神圣理念：神圣的真相

私欲：欲望、淫欲

这里的欲望并不是指它的本义——性欲，更好的理解是：对刺激上瘾。当人们不再天真的时候，就会狂热地追求刺激。当处在放松开放的状态时，我们能够感觉到自然的生命力，直接体验到自由与真实。但是当我们陷入强烈的欲望之中，我们就会尝试通过与别人或是世界之间激烈的交流来感知我们的存在。我们不愿讨论，与其讨论，我们宁可进行一场争辩。处于激动状态让我们错误地认为我们强大而又真实，但是在这种状态下第八型人永远不能放松，也感觉不到自己的存在，因为他们一直需要战斗。

充满欲望的第八型人不喜欢平淡的生活，尤其不喜欢别人对他冷淡。“如果你想做，那就去做吧。”第八型人的不安全感越强，就越需要激烈的、过度的刺激、挣扎以及控制。掌控自己生活的欲望可能转化为对周遭环境和他人的控制欲。但是讽刺的是，我们却屈从于自己强烈的欲望，失去了控制。我们的欲望对象，无论好坏，都占据并控制着我们。

美德：纯真

很多人会把纯真和小孩子联系起来，纯真确实与我们在小孩子身上看见的那种纯粹奇妙的状态有一定的关系。纯真是做一个完整的、纯粹的人，也就是做我们自己。当我们身处当下、头脑清醒的时候，我们决不伪饰、决不矫揉造作。我们对生活以及对他人的态度都是真诚的、直接的、发自内心的。我们完全处于无意识状态，因为我们在和自然做深层的交流。宇宙与我们如此亲近，仿佛正是为我们而创造的。

纯真让第八型人心胸宽广，因此他们对世界及他人总是怀着深深的善意。从他们的温柔、自律、忍耐、仁慈，以及对他人的保护中，我们都能看到他们的宽容。

自我固着：报复

报复是因为失去了神圣的真相所产生的一种反应。像第四型人一样，第八型人也觉得自己似乎失去了什么，有一些东西正在离他而去。像第四型人一样，第八型也作出了反应，却没有去思考出现这种现象的深层原因。第八型人总觉得应该有人对灾难负责，继而采取行动。他们感到自己被阻隔、被伤害、被上帝拒之门外——仅仅因为莫须有的罪名就被逐出伊甸园。他们对此非常愤怒。第八型人下意识地认为世界在跟他作对，因此他们必须为保卫自己的生存空间而战斗。有了这样的想法，他们便会把所有的事情都看做是折磨，都是需要克服的。万事皆难，想要满足自己的需要就必须强迫自己。

当然，报复也常常是针对他人的。第八型人想要寻求公正，但他们的公正常常意味着报复。（“人若犯我，我必犯人。”“以眼还眼，以牙还牙。”）在流行文化中，我们不难看到报复的欲望是如何耗尽一个人的力量，更令人不安的是，这在每天的媒体报道中常常能发现。

神圣理念：神圣的真相

真相也许是所有观念中最简单的一个，但是如果你没有体会过什么是真相，就很难把握住它。真相简单得就像九九归一。只有一个现实，在一个时间，一个地点，只能发生一件事情。所有的不同程度的存在，无穷的变化，光明与黑暗，表面与内在，存在与虚幻，都是深不可测的现实，也是真相的一部分。所有的事物都呈现出它们本身，都是现实不可分割的一部分。

感知到真相之后，我们再也不会把自己或者是别的东西看做客体，看做是在一个大背景中运动的一个物体。在此刻，客体与背景、舞蹈者与他的舞蹈、星星与它所在的苍穹都是同一的，一个终极的真相、终极的现实。这种经历强烈、迅速，无法用一个概念来描述，我们的每一个细胞都感觉到了这个真相。而当我们了解了它以后，所有的分离、陌生、恐惧与欲望都无影无踪了。我们觉得自己就是这个整体的一部分，没有别的可能。由此产生的，便是自由与内心的安宁。

第九型

私欲：懒惰

美德：行动力

自我固着：懒散

神圣理念：神圣的爱

私欲：懒惰

如果失去了行动力这一美德，就会产生懒惰。懒惰是不希望自己受到生活的太多影响，不愿意挑战生活，不愿意花太多精力充实自己的生活，也不愿意精神饱满地面对生活。懒惰会让人无精打采，这是第九型人一般都不太关注个人发展的原因。抵抗现实的影响耗费了太多的精力，因此没有足够的精力认识自己、关注自己。最后，懒惰让人对生活感觉麻木，不愿成为一个独立的人，在生活中找到自己的正确位置。它让我们渴望待在一个让自己感觉安全、放松并且宁静的地方，不被任何事情打扰，希望不要有任何事情扰乱内心的平静。有一些第九型人喜欢说自己是“随波逐流的人”，但是事实上他们希望水流能够带走他们身边的琐事，而把他留在原地，安静地不被打扰。

有些讽刺的是，很多第九型人实际上对心理或者精神世界非常感兴趣，因为他们或多或少地记得伴随着自我意识达到统一的幸福感觉。问题是，懒惰让第九型人只能憧憬那种统一，幻想它，或者依靠某种与崇尚统一性有关的哲学生活。但是所有这些做法显然并不能让他们真正地感受到自己的本体。懒惰让我们看到公正无私的审判，苦苦思索高深的哲学，练习瑜伽，我们仔细地思考我们的精神体会，却不触碰自我中心的缺失——这正是可以让我们的本体重新显露出来的空间。

美德：行动力

行动力并不是指一个人的体力很好，活泼好动。它指的是充分接受现实的活力。活在当下就意味着一个人会被不断地影响和改变。现实中的每一件事情都在不断地发展变化，我们的灵魂也同样如此。自我认知并不是一种轻松愉快的事，我们也并不是一成不变的，它在很大程度上包括放弃我们熟悉的认知，接受本体的不断变化。虽然我们都相信我们能够变得更好，能够在改变的同时保留令人感到安慰和熟悉的部分。但是一个身处当下、头脑清醒的人会发现，自我每时每刻都在不断地修正和改变。

因此，行动力让我们能够充满活力地面对生活。我们试着帮助他人，以达到平静和谐的状态，并且感受生命的活力。具有行动力的第九型人积极地努力为自己和他人创造一个和谐美好的环境。拥有行动力，让我们能够充分地充满活力地享受生活中的每一刻。

自我固着：懒散

失去了神圣的爱这种神圣理念让第九型人陷入懒散。懒散也是一种关照方式，使得我们避免与内在发生深层次的接触。我们也许了解环境和他人，却不了解自己的内在发生了什么。尽管我们在一定程度上能呈现自身，但是懒散让我们的呈现毫无实质内容。当我们在懒散之中越陷越深的时候，当然也会渐渐失去对别的事物的认识。

因为缺少爱，我们似乎失去了自我，没有一个中心。而懒散又让我们退缩，掩盖了我们的伤口，并且制造了“安全”的假象。我们也许会寻求宗教的安慰，以获得“安全”，或者是转移注意力，寻求别的目标。懒散让我们无法把注意力集中在自己这个中心上，因而体会不到失去本体上的爱所带来的痛苦，也就不会觉得失去了灵魂。

因此第九型人是最孤僻的，遇到可能会威胁到他们与神圣的爱之间的联系时，他们会迅速地逃避。在想象当中，第九型人创造了只有在当下、在与实际接触的过程中才能感觉到的仁爱与完整的假象。这种内心的平静可以让他们与不断处于变化之中的现实对抗。因此第九型人的懒散似乎永远不能改变。从表面上看，第九型人非常好相处、适应力很强、性格随和。他们非常友善，不介意按照别人的安排做事。但是从根本上说，第九型人不愿意被迫改变，不愿意成为另一种人，也不愿意做让自己感觉不舒服的事情。

神圣理念：神圣的爱

神圣的爱是一种认识，让我们认识到万象归一，而这“一”就是最终的仁爱和支持。从这个角度，我们可以真切地感觉到一个众所周知的推论的真实性，即世间的一切都是神圣的爱的结晶。当了解到这一点的时候，我们就会放松，安心地依靠我们的存在本身。也许对我们来说，这听起来有点儿神秘莫测，但事实上，我们能够得到神的爱，甚至是这种爱的结晶。这种认知会让我们变得高贵，富有同情心，得到内心永久的安宁。

我们也能了解到爱是如何与行动力联系在一起的。爱本身能够让我们的灵魂充满活力。还有什么比爱更能改变我们呢？还有什么能够比爱更深地改变我们的感觉？爱不是静止的，它是一种充满活力的力量，可以消除所有的藩篱与障碍，不断努力，让我们的意识回到最初的统一状态，与真理同在。有了爱，我们的孤独感消失了，我们知道自己在爱的明亮光芒中诞生，这光芒也创造了世界，是维持我们的世界的动力。

第一型

私欲：愤怒

美德：平和

自我固着：愤恨

神圣理念：神圣的完美

私欲：愤怒

失去心理平和是愤怒这种情绪产生的原因。要理解这一点，首先要明白愤怒本身并不是一种不良情绪。当我们感觉到某些人或者是某些事情可能会影响我们的正直时，愤怒就自然而然地产生了。它很快地出现，持续一会儿，之后便烟消云散了。但是当我们不表露我们的愤怒时，就强行抑制了它，紧张、郁闷、愤恨等种种情绪便会接踵而来。如果一次又一次地累积下来，就会形成一股一直憋在心里的怒火，一直跟随着我们。

人们总是竭力避免表现出自己的气愤，所以也意识不到气愤已经逐渐累积成一股憋闷之气。尽管第一型人非常善于自我控制，但也很难彻底抑制住怒火。这股怒火迟早都会爆发，并且大部分都爆发得不合时宜，以致常常会对一个人的人际关系造成很坏的影响。

这种生活中的愤怒常常和一个人对现实的抗拒感有关系。怒火使人们长期对自己和现实生活感到不满。它让我们觉得现实不应该是这个样子的。（“我不喜欢这样。情况能变得更好。我们应该用另外一种办法来做这件事。”）第一型人通常并不认为自己很愤怒，他们觉得能够克制自我，并且永远都在努力追求真相。

美德：平和

如果我们身处当下、头脑清醒，自然就会接受只有一个现实没有别的表现方式的观点，我们也许会因为感动而开始行动，也许会帮助那些需要帮助的人，我们开始接受我们置身于其中的环境。这样的接受让我们能够更有效地和世界交流，对人世更富同情心。我们并不觉得自己与他人隔离开来，也并不拿自己和他人进行比较，这样的区分与比较都显得毫无意义。我们很坦诚，容易接受新思想，相信所有我们需要的智慧都会及时出现。

平和并不仅仅表现在对他人的包容上，我们对自己也是坦然而富有包容性的，完全接受我们本身的状态。我们的身体、我们的感觉、整个自己都让我们觉得舒服而自在。我们彻底放松下来，让生命的能量在我们的身体里流动，我们不再抗拒它，也不再试着控制它，在平和的状态下，我们不会殚精竭虑，苦苦追求。我们非常安定沉稳，自然地经历我们的人生，镇定而又平和，不为人生的波折而苦恼。

自我固着：愤恨

愤恨和评判都是因为失去了神圣的完美。第一型人对神圣的完美似乎只有模糊不清的记忆：他们回想着那种知道现实是按照神的旨意安排因而会完美呈现的感觉。但是在很小的时候，他们就已经失去了这种感觉，并且开始对生活感到愤怒。从最深的层面来讲，他们对生活的反应是：“为什么所有的事情都乱成一团糟？生活不完全是这个样子的！生活不应该是这个样子的！”于是他们的自我开始试着重新创造完美的状态，但这实际上只是他们本体的一部分。

这使第一型人确信他们自己及他们所生活的世界都有这样那样的缺点，他们也确信自己有办法让世界重新回到完美的轨道。愤恨让他们力图达到完美，但是当他们找不到自己想要的完美时，就会对自己表现出来的不完美更加恼火——

这就是他们的怒火的来源。

想要摆脱这个窘境，就必须了解自我怎样把自己判定为完美和有待完美的不同部分，这破坏了自我的统一。只有保持统一，通过与自我的完全接触，我们才能够感受到完美。

神圣理念：神圣的完美

不管什么时候，只要我们充分地在当下展现我们的本体，这一刻就是完美的。我们也许是在欣赏落日，也许是在付账单，也许在和我们的另一半说话，也许在参加朋友的葬礼——不管当时发生了什么，都是完美的。当我们身处当下、头脑清醒，看清了现实的时候，我们的经历本身就具有一种内在的正确性。我们感受到了现实的完美，透彻地了解了神的计划如何与现实结合得天衣无缝。我们不能做任何删改。

在我们的脑海里，我们能想到一切恐怖的事情，不管是过去的还是现在的，并且问："这有什么完美的？这样的悲剧能有什么好的？"从某种角度来看，发生在地球上的大规模物种灭绝是一场巨大的灾难。但是科学家告诉我们，如果没有发生这些灾难，人类就没有生存的空间。就算我们可能活在那个时代，为恐龙的灭绝抱不平，也仍然无法预测它们的消失到底会带来什么样的结果。当然，神圣的完美并不是让我们忽视苦难，或者是漠视他人的痛苦。正如我们所见，处于本体状态的我们能够给他人同情、智慧以及力量。但是神圣的完美告诉我们，从自我的狭隘角度不可能看到全局。只有在此刻，我们才能感受到此刻的美好与完整——就是现在。因为我们只能存在于现在，这样的认识就已经足够了。

第三章　9种人格类型

这一章将向大家介绍9种人格类型的基本情况，内容与《九型人格》中的介绍有所不同。这里只选取重点部分，并且加上了一些新的人格特征，只探讨几种类型特征的主题，并不具体分析。本章包含了一些全新的内容，已经熟悉了《九型人格》一书的读者可以通过本章对各种类型的本体特性加深了解，对九型人格不太熟悉的朋友可以把本章看做是对9种人格类型的简明介绍。

描述每种类型时，我们会先简单介绍这一类型的主要特征，实际上就是某一类型的“核心特征”，集合了这一类型的相关特征，分为健康的、一般状态下的以及不健康的3个层级。九型人格是一种类型学，确定哪些特征是核心特征，对确定某一类型来说至关重要。以前的类型描述的一个大问题就是，常常错误地把某一类型的特征归为另一类型中。如果对9种人格类型的发展层级没有足够的了解，归类的方法和理由都是很难掌握的。这里的介绍并不详尽，只列出了每种类型的核心特征。我们希望本章以及下一章能够让读者清楚各个类型的基本特征。

之后，将介绍有关某一类型的整合方向和解离方向的基本框架。《九型人格》中对这部分内容的解释更为详尽复杂，但是对于只需了解关于整合与解离的基本内容的读者来说，简单的介绍就已经足够了。另外，本书对每种类型的安全点给出了简要介绍，所谓安全点，即是在一般情况下朝整合方向发展的运动。我们发现，人们只有在和自己信得过的人在一起、觉得自己很安全的时候，才能表现出向整合方向发展的行为。我们只是不愿意在陌生人、一般状态下认识的人面前，或者是在我们还不确定一段关系是否安全的时候，表现出这样的行为。

在《九型人格》一书中，我们概述了每种类型的童年模式。而在本书中，我们会再做一些简短的介绍，描述每个孩子和他们父母的潜在关系，当然其中也不乏一些新的看法（如果想了解更多关于童年模式的内容，请参考《九型人格》一书）。

本书也涉及了每一类型的童年模式的形成。从上个世纪开始，关于童年类型的学说得到了很大的发展，但仍保留了最初的基本要素。唐·理查德·里索回顾了自己对这些模式的最初想法：

> 在研究九型人格的过程中，我一直非常注意“三乘三”模式在九型人格中的应用。在亲子关系形成的最初阶段，最重要的就是母亲与孩子的关系和父亲与孩子的关系。据我所知，还没有人发现孩子可以和作为一个整体的父母双亲形成联系。因此，父母和孩子的关系应该包括父子关系、母子关系以及孩子与双亲的关系。显而易见，第三类在目前必定是一个重大突破。
>
> 孩子与父母之间可以形成正向的和负向的关系，除此以外，我进一步发现，他们之间还可能有一种“矛盾”关系，它在孩子很小的时候就已存在。因此又产生了另外的一组 3 种关系。于是，3 类 3 种关系的排列组合就产生了 9 种童年模式，对应着九型人格。

接下来就需要观察这9种理论类型在现实生活中是否存在：这9种人格类型的起源是否与人们真实的成长经历相符？这并没有什么科学的根据，发生在唐·理查德·里索的工作伙伴和接受过唐·理查德·里索咨询的人身上的趣事是这一理论产生的基础。比如说，第六型人的特点与他们的父亲有密切的关系，第三型人的特点和母亲有关，等等。我们已经在《九型人格》一书中做过阐释，本章将给出简短的概括。

在过去很长一段时间里，我们一直在与我们的伙伴及合作者一起研究这一理论，因此我们现在可以从多个方面对此理论进行完善。首先，我们认识到，有的人一开始并不能认识到自己的童年模式，因为这个模式是在3岁以前发展形成的。在他此后的人生中，比如青春期，他会发展出别的关系。但正如现代心理学家所言，一个人的人格在很大程度上是由他的早期经历决定的。

其次，有时童年模式并不一定需要某个特定的人，比如说父亲，而是包括表现出“父亲”特点的所有人。因此我们可以说第六型人在童年早期的经历中体会到很多父亲的作用，包括在面对外部世界时的指导、保护、安排、支持作用等。母亲的作用则包括照顾、看护、培养价值观以及自我认同等。现代心理学家把包括父母的作用在内的整个儿童成长的环境称为“固定环境”。孩子们通常把这些作用与自己的父母联系起来（有时候他们可能失去了双亲中的一个），但事实上，很多人都可能在为某个孩子创造固定环境方面发挥了作用。

第三点是通过我们的学生的进一步观察以及对客体-关系理论（现代自我心理学的一种理论）的研究得出的。我们发现，与父母有密切关系的类型对父母的作用有强烈的依恋，而与父母没有密切关系的类型则对父母的作用感到沮丧，对父母怀有矛盾情感的类型感到自己被父母拒绝了。我们在第十章还会详细探讨这些模式。

虽然目前还没有关于童年模式的正式研究，但是至少这些非正式的研究结果已经得到了确定，并给研究者的工作提供了许多丰富而有创意的假设。更重要的是，每一种类型的童年模式与其他的心理学体系的发现相关。它证明，在九型人格的发展中，不同的理论是相互关联的，这一点无疑令人鼓舞。

关于童年模式，还有几点需要说明。第一，人的遗传基因以及胎儿时期形成的人格是每一种人格类型中最重要的部分。虽然童年模式并不能决定我们的人格，但是某一特定类型中的绝大部分人都会不断地重复其童年模式，原因尚不清楚。童年模式非常重要，因为它们对我们成年以后的人际关系有相当大的影响。我们似乎总是在一次次地重复童年模式。

我们并不建议你单一地用童年模式来确定自己的人格类型：它们只是众多理论中的一种，不应该过分倚重。并且由于童年模式建立的时间太早，很多人已经不记得他们和父母的真实关系状况了。由于种种原因，回忆常常被扭曲。比如，我们曾指出第七型人与他们的母亲或者是养育者有负面的关系，虽然后来第七型人与母亲成为了朋友，但早期的不愉快经历仍然深深地留在他们的记忆中。再加上“否定”这一防御机制常常使一般状态下的和不健康的第七型人难以面对童年的困境。在一般情况下，需要经过长期的治疗，事实的真相才会浮现出来，因此我们不难理解，对于把否定当做防御机制的人来说，承认有关自己的事情是非常困难的。因此，由于童年记忆的年代过于久远，或者是由于内心的抗拒，我们对童年模式的最初反应并不一定能真实地反映过去的经历。

童年模式的一个很重要的含义是，它激发了我们的基本动机、自我意识，并且在某种程度上，影响了我们整个人生的方向，或者说我们的“人生底稿”。我们在日常生活中有意识的动机源自于一种无意识的基本恐惧与基本欲望，而这两者正是从我们的童年经历中产生的，尤其是对父母所提供的固定环境不足的反应。这一灵感来自卡伦·霍尼著作中关于“基本焦虑”的概念。唐·理查德·里索在此基础上，进一步发现每种类型都有自己独特的潜在的基本恐惧和基本欲望，而且这种同时具有正面和负面动机的根源也带来了随后的从属动机和行为，这些从属动机及行为构成了每种类型的各个发展层级。

基本恐惧和基本欲望产生了每一种类型的每一层级中的从属或派生的恐惧和欲望。因此我们有了很多这样的从属动机。这些动机很值得留意，因为我们不能仅仅靠特征来了解一个人的类型：我们必须把可见特征下的所有相关动机综合起来。一直以来，九型人格的研究者和读者都有一个困扰已久的问题，就是很难区分不同类型做出的相同行为中的不同动机，不管是用九型人格的理论来看，还是用别的观点来观察，都是如此。如果不了解每种类型的深层动机，区分不同类别就十分困难：他们的行为看起来是非常随意的，似乎没有什么动机，难于归类，也难以理解。

本章的另一个重点是解释每一种类型是如何看待自己的——也就是其健康的自我意识。每种类型的人都对自我有不同的认识，并且对每一个人而言，维持稳固的自我意识都是潜意识中的目标。它构成了了解自我和他人的很重要的一部分。健康的自我意识是从我们的基本恐惧、基本欲望，以及我们的认知功能、防御机制当中产生的。（在第四章中我们会更详细地讨论自我意识。）

我们在这里只讨论了健康的自我意识，但事实上我们的自我意识是会变化的，它会随发展的程度而变。我们的许多内心冲突都是由于我们有意识地保持的自我意识与实际行为态度所表现出来的自我意识不一致造成的——正如人际关系中的很多冲突都是因为我们的自我认知与别人对我们的认知之间存在差距造成的。有时候我们会自我膨胀，有时候则又太过悲观，无论在何种情况下，如果我们想要拥有更加健康完整的人格，都必须更现实一点。当我们不够现实的时候，就会产生焦虑，并触动我们的防御机制，与更多的从属恐惧和欲望发生相互作用。总而言之，如何对待我们的自我意识（以及其他相关因素）不但对了解我们的九型人格很重要，对如何实现真正的自我也有重大意义。

除了每种类型特有的健康的自我意识以外，我们也给出了每种类型潜藏的抱怨，这是遇到了挫折或者是没有实现的自我，在一个人开始向不健康的人格层级方向发展时尤其会表现出来。潜藏的抱怨是人们对他人的很多态度产生的深层原因，因此也是很多类型的人的人际关系矛盾的潜在根源。了解自己和他人的潜藏的抱怨也是自我认知以及改变自己的关键点之一。

根据克劳迪奥·纳兰霍的理论，传统的九型人格为每一种类型列出一个防御机制。我们的研究却发现，每种类型至少有3种关键的防御机制——事实上，还可能会有更多。同时，虽然9种类型的人都有一些共同的防御机制，但他们所使用的特定防御机制仍然给他们提供了不同的模式。两个相似的类型常常有一到两种共同的防御机制，这可以为他们的相似之处以及不同点提供新的解释方法。

防御机制让我们得以深入了解一个人的行为与动机，了解一个人如何保护自己的自我意识、人际关系，以及其他的重要事情。防御机制还可以帮助我们理解，为什么某一类型的人会具有某些特征，这些特征并非反复无常，因为人格的内在结构不是随意的。人格特征是独特的动机与防御模式的产物。

人格诱惑在每一类型的一般状态——也就是第四层级——开始时产生。人格诱惑是一种思考方式或行为方式（或者二者的结合），它使一个人的心理顽疾与人格模式结合得越来越紧密。当一个人禁不起自己的人格诱惑时，他的态度和行为就会逐渐陷入困境，如同陷入流沙一般，失去了在健康状态中所拥有的自由与意识。因此，人格诱惑可以看做是潜在的危险行为的早期预警信号，使人们有足够的时间与心理承受力去避免发生危险。

每一类型的可取之处都是当一个人退化到一个不太健康的层级，如第六层级，并且有继续向不健康方向发展的危险时，仍然保留在一个人身上的核心力量。它是一种积极特质，可以在一个人身处困境时帮助他脱险。一个人的神经状况并不能决定他会不会变得神经质，而可取之处就如同航海中的锚，不仅可以避免这个人继续向不健康状态恶化下去，还可以让他逐渐变得更健康。如果身处险境的人能够意识到自己的可取之处，就可以挽救自己，避免向不利的方向转变。

每一类型的结构模式可以清楚地表现这一类人的内心矛盾与人际冲突的心理模式。如果我们要从整体上理解一个类型，那么了解更宏观的模式也是非常必要的。因此，我们有必要更加清楚地了解每一类型的内在矛盾与外在冲突。

认知错误是一种对自我或现实的臆想，它会让每一类型更深地陷入自我固着，远离存在的直接性。这种看待事物的方式常常是不自觉的，但却可以解释很多人的态度及行为。

最后，必然结果描述了某一特定类型的人的自我固着所带来的不可避免的后果，以及他们如何自我毁灭。当一个人的态度与行为变得越来越自我，就逐渐失去了满足自己基本欲望的能力，同时基本恐惧不断扩大。这一部分内容清楚地给出了每一类型“自我实现的预言”，即每一类型的悲剧因素——人们如何失去了他们想得到的所有东西，同时让自己的恐惧都变成现实。当一个人开始屈从于自己的人格诱惑，并且无法用自己的可取之处来帮助自己摆脱困境的时候，这一过程就慢慢开始了。

我们会从第二型的扩展描述与其他新特质说起，依次探讨每一类型。第二型是情感三元组中的第一个类型。我们常常从第二型开始讨论，因为这样可以从不同的三元组来观察每一个类型，同时更好地理解九型人格内部以及其他类型中更宏观的模式。

第二型：助人者

热情、慷慨、爱取悦人、占有欲强的人

健康的：健康的第二型人富有同情心，乐于助人，对他人充满感情。他们会设身处地地为别人着想，关心照顾他人，真诚而又热心，总是赞赏和鼓励别人，善于发现别人身上的优点，却看不到自己的优点。他们重视为他人服务，极其慷慨，乐善好施，爱帮助人。“仁慈的撒马利亚人。”他们富于爱心并且考虑周到，因此他们给予别人的帮助常常是别人真正需要的，就算这样的帮助会给自己带来

麻烦也照做不误。健康的第二型人界限分明，通常能很好地满足自己的需要。在最佳状况下：他们极为公正无私，永远为他人着想，不为自己着想，给予别人无条件的爱，不要求回报，因为他们在自己身上找到了自己所寻求的爱；非常乐于照顾自己和他人，品格高尚，努力不懈，富于仁爱而且非常谦逊。

一般状态下的：一般状态下的第二型人为了拉近自己与他人的关系，开始取悦别人，对人过分热情，总是以情绪为主导，对每一件事都充满“善意”。为了让他人接受，他们会使出很多诱惑手段：赞美、“爱抚”、拍马屁。他们常常谈论“和别人的关系”。他们的需要越来越多，但又不愿意承认。他们常常与别人过分亲密，好管闲事：他们需要确认别人需要他们，因此犹豫不决，陷在爱的名义中无法自拔。他们会为了满足他人的需求牺牲自我：为别人的事情把自己弄得筋疲力尽，给自己创造各种亟待满足的需要。他们希望别人依赖他们，告诉他们所有的事情，向他们寻求肯定和忠告。他们对那些自认为已经“投资”过的人充满了占有欲。在不断地自我膨胀、自我满足的过程中，他们开始把自己看做是不可或缺的人（同时不断夸大自己为别人做的事情），认为别人曾经得到过自己的帮助而亏欠自己。他们以恩人自居，骄傲自大、傲慢专横。他们希望别人不断地感激自己，有的人还会变成抑郁症患者，或者扮演烈士的角色，因为他们为了帮助别人而承受了很多痛苦。

不健康的：感觉不到别人需要自己、得不到别人的赞扬会让不健康的第二型人变得抱怨连连，愤懑不平。他们开始自欺欺人，具有攻击性，以自我为中心，逐渐变得喜欢操纵别人，自私自利。因为害怕失去身边的人，他们会暗中破坏他人的自信心，利用别人的软弱和罪恶感。他们暴饮暴食、滥用药物以获得“充实感”，得到别人的同情。他们假以爱的名义不断骚扰甚至跟踪别人，甚至贬低和诋毁别人，变得跋扈专横，觉得自己理应享有想得到的东西：过去付出的善行应该得到回报，给予金钱回报就是表示感谢的一种方式，特殊的帮助也是理所当然的。他们觉得自己付出了极大牺牲，而别人都忘恩负义，因此总能为自己的所作所为找到合适的借口。被压抑的愤怒就是他们身体和心理失调的表现。（“转化反应”）

三元组中存在的问题：在情感三元组里，对别人过多的同情心让第二型人觉得自己必须把别人的需要放在首位，因此不太善于照顾自己。他们给予别人照顾、爱心、温暖、鼓励，希望得到别人的正面回馈，并依赖于这些回馈。认同感让他们总是对别人抱有正面的看法，并且把自己看做是他人生活中好事的主要来源。情感三元组中的3种类型都有自恋创伤，以及人生观、价值观的问题。我们也看到了当他们的自我认同遭到质疑或者被伤害时会出现认同的问题（自我表现的可靠性）以及敌意（自恋性暴怒）。

解离方向：一般状态下的第二型人很难恰当表达自己的需求，认为这样做是非常自私的。他们试着为他人做好事来满足他人的需要，并希望对方能够以关心他们作为回报。当没有得到回报，或者压力逐渐增大的时候，他们会像处于一般状态的第八型人一样，十分看重自我与自己的需求。他们可能会发脾气，或者非常露骨地暗示别人自己不容忽视，不能把自己的帮助当做理所当然。像第八型人一样，他们会变得好争论、好斗，甚至挑起事端。别人也许会因为他们的好斗而感到惊讶。在极度的压力之下，他们甚至会要求别人臣服于自己，以控制别人。

不健康的第二型人在感觉别人忘恩负义时，会变得愤懑不平。像不健康的第八型人一样，他们甚至可能攻击那些没有像预期的那样对待他们的人。极度不健康的第二型人会出现身体上的暴力倾向，甚至有谋杀的念头，他们的对象常常是最亲的人，是他们认为自己付出了最多感情、最为关怀的人。

整合方向：当第二型人向第四型发展时，他们开始了解自己所有的真实感觉，开始了解真正的自己。他们在感情上变得诚实了，就像接受对自己的正面看法一样，完全承认自己的侵略性以及复杂的动机。他们因为自己真正的价值而无条件地爱自己，也意识到自己无需做到十全十美也能得到别人的爱。他们可以做真正的自己，更多地展现自己，他们的人际关系也会因此而变得更加真诚、更加人性化，形成互惠的、令人满意的关系。

安全点：一般状态下的第二型人会表现出第四型人的一些行为，但是仅仅是在跟自己的好朋友或者其他关系亲密的人在一起的时候才会如此。这时，你才能真正地看到他们是多么孤单，多么凄苦。他们可能会变得喜怒无常，十分情绪化，只考虑自己，并且总是自怜自爱。这些都是他们在关系一般的人面前不会显露出来的。

童年模式：对父亲或者是父亲的形象的认同存在矛盾。主要因素在于，在童年时期，第二型人通过为他人服务或者是取悦家人来试着融入家庭，换取家人的爱和赞赏。在更深（通常是潜意识）的层面上，他们觉得自己不被家庭的家长，即控制、管理家庭的人所喜爱。这个角色大多数时候是由父亲扮演的。为了消除这种不受重视的感觉，他们会在父母与其他兄弟姐妹面前扮演“小爸爸”或者是“小妈妈”的角色。当他们成年以后，仍然不能从这样的角色里走出来。

基本恐惧：害怕得不到别人的爱，不为人们所需要而孤单一人。

基本欲望：感受到自己被爱。

从属动机：第二型人希望告诉别人自己的感觉，帮助别人，并因此得到别人的赞赏，他们希望自己能对别人产生很大影响，与别人形成亲密的关系，成为别人生活中不可或缺的人，控制别人，让自己对别人的要求看起来都很正当。

寻求目标：亲密的关系。第二型人不仅仅希望与他人亲近，他们更希望能够跟别人发展出一种真正的亲密关系，这样的关系是别人真正喜欢的，他们也能从中感受到自己真正被需要。总之，他们希望能够通过别人需要自己来证明自己的价值。但是如果第二型人的不断向不健康层级发展，那么他们对亲密关系的强烈愿望常常会使别人离开他们。

健康的自我意识：“我是一个心中有爱、关心他人的人。”

潜藏的抱怨：“我总是在付出爱，可是别人爱我并没有我爱他们那么多。”“别人认为我做的事情是理所当然的，他们并不感激我。”

关键防御机制：认知、反向作用、否定。

人格诱惑：相信自己无欲无求，并且认为自己总是一片好心。一般状态下的第二型人认为自己对别人完全是善意的，并且付出了自己所有的爱，自认为并非别有用心，也没有自私自利的想法。他们意识不到自己的需要，必须巧妙地通过别人来满足自己的需要。

可取之处：尽管第二型人骄傲，以自我为中心，但是他们对他人真诚的同情心使他们不至于恶化到公然操纵或者是强迫别人的程度。他们认同别人的良好能力能够成为帮助他们恢复健康的言行举止的催化剂。

个人成长建议：见第十章。

结构模式：关键问题是间接性。第二型人的个人需要和欲望不是直接表达出来的，而是通过为他人服务表现出来。他们觉得自己不能直接去寻求自己想要的东西，必须要别人给他们，这样才能给他们一个讯号让他们感觉到自己是真正地被爱、被需要。他们的需要必须是别人通过他给的“暗示”以及其他提示中得出来的，这样他想要的奖励似乎就是别人自动地作为爱的信号送给他的。换句话说，不健康的第二型人不会公开表达自己的需要。不为人知的需要、隐秘的要求，以及潜在的动机常常会导致紧张和矛盾，他们充满爱的、富于同情心的正面感觉与他们对他人潜在的愤怒和不满相互矛盾。这两种截然不同的感觉的对象常常是同一个人。对于不健康的第二型人而言，这些内心冲突会通过面向他人的攻击性行为表现出来（例如专横、强制性行为），有时候也表现为对自我的攻击（自我牺牲或者是受虐狂）。虽然他们有意识地克制着自己的内心冲突，但是攻击性冲动仍然在不知不觉中对他们的人际关系造成了不良影响。因此，这种结构模式是一种人际关系以及内心的紧张，常常引起不可察觉的痛苦与身体上的疾病。

认知错误：认为自己的价值建立在别人对自己的正面回馈的基础之上。只有在别人通过某些形式对他们作出回应之后，他们才能感觉到自己被爱着，感觉到自己的价值。

必然结果：和每一个在连续层级中退化的人一样，不健康的第二型人逐渐丢掉了自己的基本欲望（被爱），而且基本恐惧不断加深（害怕得不到别人的爱，不被别人需要而孤单一人）。他们越是专横、自我中心，就越是容易让别人远离他们。这些行为让别人对他们渐渐避而远之。（讽刺的是，别人的反应会让第二型人发现自己实际上有多么可爱，多么自满，而不是表现出自欺欺人。如果第二型人不断地陷入人际关系矛盾，大部分都是因为他们的骄傲和自欺欺人。）

第二型人最应该牢记的是，只有诚实地面对自己的需要和自己的局限，才能真正实现自己对别人的爱和支持。他们需要在关注他人的需要和认清自己的需要当中找到一个平衡点。并且，应该学着像照顾他人那样照顾自己。事实上，问题不是他们太慷慨了，而是他们总是暗中希望自己的善行能够得到别人的赞扬和相应的回报。别人并不总能按照他们的想法给予他们回应，他们越觉得自己得不到别人的帮助，就越是期望别人作出充满爱的回应。他们一旦开始将注意力放在自己身上，或者是期待别人表扬他们做过的所有事情，就走上了错误的方向，注定要承受失望与痛苦。

第三型：成就者

适应力强、表现杰出、充满干劲、重视形象的人

健康的：健康的第三型人自信满满，觉得生活称心如意，自尊心极强，对自己和自己的价值观充满信心。他们精力旺盛、充满活力，常常很有魅力，吸引他人，很受欢迎。他们有提高自己的强烈意图，努力让自己做到最好：常常在某一

方面表现杰出，十分值得钦佩，形象完美，拥有许多令人羡慕的特质。其他人希望能像他们一样，效仿他们的成就。他们能力很强，注意力集中，为了达到目标不懈努力——他们不断地改变自己以应对挑战。他们可以成为出色的沟通者、策划者和推动者，知道如何让一件事情看起来可以接受，甚至是充满诱惑力。在最佳状况下：他们能够爱自己，以自己的内心为导向，真诚可信，同时也真诚地看待生活中的每件事；完全接受自己的所有特点，并不给自己设定更高的要求，要求自己实现更大的成就，以使自己更有价值；生活有节制，有自己的生活“中心”，对待他人温和得体；与人交流真诚爽直，能够深深地打动别人，鼓舞别人。

一般状态下的：一般状态下的第三型人强迫自己取得一定成就——他们所有活动的目的都逐渐变成了成功。他们慢慢地由人变成了成功机器。他们关注自己的表现，希望自己的成就得到认可。他们不管做什么都一定要是最好的。他们因为不断地拿自己和自己的成就与他人比较而变得焦虑。他们重视个人地位和声望。他们想要进入上流社会，想要更高的职位，成为“赢家”对他们而言很重要。当受到质疑或者挑战时，他们会运用自己的魅力和外交手段。他们是实用主义者，目的极强、效率极高，但在冷静光鲜的外表下，工于心计、薄情寡义。他们重视形象，在乎别人对自己的看法，关心自己的名誉，想要树立一个受欢迎的形象。他们只挑对的说，根据别人的期待来调整自己的言行举止。当他们变得越来越功利时，就逐渐失去了自己，转而依赖于圆滑的“专业性”、行话以及自己的风格。他们害怕别人“看穿”自己，这样会暴露他们的个人问题。当一般状态下的第三型人越来越觉得自己没有价值时，他们希望能够强迫别人承认自己的成就。他们不断地表现自己，夸大自己的能力与成就。他们变得越来越自恋，对未来野心勃勃。他们目中无人、喜欢出风头，总是一副“快看我”的姿态。为了避免自己脆弱的自尊受到打击，他们也会摆出傲慢和轻蔑的态度。

不健康的：由于害怕失败和屈辱，不健康的第三型人不顾一切地想让自己和别人相信自己仍然是佼佼者。他们不想处理自己日益混乱的感情，用若无其事的外表掩盖起来。“我什么事儿都没有。”这样的意图常常会导致后果严重的抑郁症。如果他们不愿意寻求帮助来摆脱恶化的趋势，就只能靠不断地自欺欺人来保持自己的幻象。他们会做很多不道德的事情，制造虚假的简历或者是剽窃抄袭他人。一旦陷入这个模式，他们就会变成机会主义者，总想利用别人，垂涎他人的成功，为了成功不择手段。他们撒谎，为了掩盖自己的错误而变得诡计多端。在极端的情况下，他们会变得很危险，恶毒地背叛、伤害那些击败了他们的人。最后，他们对别人充满了嫉妒，因而不断报复、打击那些了解他们真面目的人，残酷地毁掉一切会让他们想到自己的缺点和失败的东西。他们有神经错乱的倾向，并有谋杀的可能性。

三元组中存在的问题：作为情感三元组中的基础人格类型，第三型人对自己的真实感觉了解得最少。为了满足他人的期望，他们压抑了自己内心的伤痛与耻辱。他们的感觉被一格一格地区分开来（放进了不同的盒子里），形成了片面注重能力、成就、表现及结果的人格。他们对自己和他人都没有详细的自我认同，当他们的身份遭到质疑或者受到威胁的时候，甚至会产生敌意。

解离方向：一般状态下的第三型人会力图保证自己所做的一切都又快又好，不愿意降低自己的速度，以免被他人赶超。但是当第三型人把自己逼到一个极限的时候，压力会使他们表现出第九型人的一般特征。这时候，他们会把自己从工作中解放出来，只是像机器一样机械地工作，不再那么专心和投入。他们会放低姿态，以免和他人发生冲突，但是一旦发生矛盾，他们又会变得很顽固，几乎无法交流。如果他们的压力得不到释放，他们就会逐渐变得委靡不振，毫无生气，对工作失去兴趣——在这样的状态中，他们似乎只剩下了一具躯壳。

不健康的第三型人基本上或早或晚都会发现无论怎么努力，都不能达到自己不切实际的期望。他们会变得消沉、迟钝，其他人甚至很难把他们和之前不断进取的形象联系起来。他们对一切事情都失去了兴趣。如果承认了自己所犯的错误，由此而来的焦虑会让他们彻底变得不像自己。他们并没有彻底感受到压力和罪恶感带来的冲击，只是像“断电”一样突然失去了所有的感觉。当非常不健康的第三型人表现出第九型人的特质时，他们甚至会失去“恨”的感觉，因此完全麻木，变得一片空白，失去了个性，成为行尸走肉。

整合方向：当健康的第三型向第六型靠拢时，他们会把自己的时间和精力等都奉献给别人，这么做可以使他们更充分地实现自我价值，从而肯定自己。似乎有点矛盾的是，他们给别人的爱反而给自己创造了更多价值。因为有了一种相互的人际关系，经过整合的第三型人开始变得更真实——更真诚，也更成熟。他们不再处处与人竞争，而是更乐于合作；不再假装条件优越，开始平等待人；不再欺压别人，而是为他人的幸福牺牲自己。经过整合的第三型人并非只是为了得到自我认知而与他人合作，还在这样的合作中得到了极大的满足与成就感。在为了他人、为了事业、为了更高的目标所付出的牺牲中，他们得到了一直寻求的价值。

安全点：一般状态下的第三型人会表现出第六型人的一般特征，不过只有在与好朋友或者是其他关系亲密的人在一起时才会表现出来。这时，你才能真正地看到第三型人有多么怀疑自己，多么悲观。他们可能会喋喋不休地诉说工作中的不满、挫折与自己的恐惧。这些都是他们在关系一般的人面前不会显露出来的。

童年模式：第三型人对母亲或者是母亲的形象有正面认同。关键原因在于，第三型人从童年时期起，就开始相信只有表现好，或者是取得成就，才能得到爱，得到别人的重视。在一个更深（通常是潜意识）的层面上，他们常常依恋家庭当中负责照顾大家、在感情上维系家庭的人，这个角色大多数时候都是由母亲扮演的。为了得到自己喜欢的所有东西，他们会试着做一切能让照顾他们的人感到高兴的事。因此他们常常不自觉地去用自己的成就弥补家庭中不光彩的东西，努力成为家庭英雄。当他们成年以后，仍然不能从这样的角色里走出来。

基本恐惧：感觉自己无足轻重。

基本欲望：觉得自己很有价值。

从属动机：第三型人想要不断提高、完善自己。他们希望自己能够充满竞争力，出类拔萃，实现自己的价值，得到大家的关注和敬佩，树立完美的形象。他们希望自己能够影响别人，向自己和别人证明自己的梦想可以实现。

寻求目标：接受和肯定。第三型人无法感受到自己的本体性特质，因此必须靠别人给予肯定，他们希望别人肯定他们的人格与教养带来的价值。因为害怕自己毫无价值，他们希望一直有人崇拜、敬佩他们，这样他们才能确信自己是“大人物”。这样的想法加深了他们的自我意识，能够消除他们的基本恐惧——感觉自己无足轻重所带来的不良影响。他们之所以要成为“人类典范”，也是希望别人接受自己，以免别人批评自己或是自己的成绩。因为表现太杰出，他们常常在无意间引起别人的嫉妒和竞争。

健康的自我意识：我是杰出能干的人。

潜藏的抱怨：我太优秀了，别人都嫉妒我。

主要防御机制：压抑、投射、转移。

人格诱惑：不断逼迫自己成为最棒的。一般状态下的第三型人害怕自己毫无价值，为了战胜这种感觉，他们总希望自己有出类拔萃的地方。他们一方面不能停止追求成功的脚步，一方面又必须向别人展示自己的优越之处。他们开始拿自己和别人比较，看不起别人，同时加倍努力，以保持自己的优越地位。

可取之处：虽然第三型人痴迷于成功，越来越自恋，但他们希望自己有价值这一点让他们不至于做出欺骗等不正当的行为，因为他们非常害怕丢脸。同样，他们希望别人接受自己的健康欲望，这也会让他们保持正直。他们可以因此远离明里暗里的竞争，恢复更平和、健康的行为。

个人成长建议：见第十章。

结构模式：关键问题是适应力。第三型人通过顺应别人的要求、满足他人的期望、根据别人的意见调整自己等方法来获得自我认同，建立人际关系。在非常完美、独立的外表下，一般状态下的和不健康的第三型人都悄悄地寻求别人的认同，他们不断调整自己，以确保别人接受他们，并获得尽可能多的关注与肯定。第三型人的内心十分脆弱，甚至可以说是空虚，但他们用自己一流的社交能力与应变力掩盖了这一点。从外表上看，他们的人际形象根据他们的交流对象以及社会对他们的期望的变化而不断改变。

认知错误：认为自我价值来自自己的“表演”或者是外在表现——在财富、社会地位、专业成就等方面有多么的成功。

必然结果：自我膨胀的必然会令第三型人逐渐失去了自己的基本欲望(觉得自己很有价值)，同时不断加深自己的基本恐惧（觉得自己无足轻重）。之所以有这样的结果，是因为自我本身就是没有价值的。他们需要得到不断的关注以及外界的支持来支撑起自己的重要性。不管他们取得了多少成就，获得了多少的尊敬，他们仍然有一个关键问题，他们与自己的本体分离了，因此感觉不到真正的价值与认同。他们投入越多的精力来实现自己的想法，让自己感觉自己很重要，就不可避免地越来越远离真正的自我，由此而来的，就是自我抛弃带来的空虚和失落。

第三型人需要记住，要得到别人的尊敬，就必须要真诚。这意味着展现真实的自我，发自内心地与人交流。事实上，真诚是人类的一项巨大成就，不管对哪种类型的人来说，都是如此。真诚在带来诸多好处的同时，也会让第三型人实现自己的基本欲望。人们尊敬那些能够拥有真诚特质的人。第三型人也许会因为其他成就而得到短暂的荣耀及他人的认同，但是如果他们没有按照自己的心去做事，就不能感受到真我。最后，这样的选择只会给他们带来孤独、空虚的胜利以及精神上的疏离。

第四型：个人主义者

过度、夸张、个人主义、情绪多变的人

健康的：健康的第四型人是内省的、自觉的，不断寻找自我，关注内心的感觉与冲动，面对自己和他人都很敏感、直观，富于同情心、机智谨慎、尊重别人。他们很会表现自己，很有个性，非常自我。因为非常容易受到外界的影响，所以他们喜欢独处，用一些时间使潜意识中的本能提升到表层意识中。他们会自我表白，诚实地表达感情，真诚可信，忠于自己。对他们的人际关系和内在生活富有激情：希望体会所有的感觉而不加评判，是心理上的"深海潜水者"。他们喜欢美的东西，希望通过美的方式来表达自己的感受。他们对生活和自己都有一种嘲讽的态度：可以既严肃又风趣，很容易被感动，但感情仍然很坚强。在最佳状态下：他们拥有非凡的创造力，能够用充满创见的艺术方式来阐释个人及宇宙；在个人层面上，他们具有革新精神与自我再生能力，拥有自我创造、救赎的能力，能够将自己的所有经验都转化为有价值的东西。

一般状态下的：一般状态下的第四型人对生活持有一种浪漫的艺术态度，为了培养和强化自己的个人感觉而创造了一种赏心悦目的环境。他们通过幻想、想象与夸张的激情来强化现实。为了保持感性，他们有意与外界保持距离，认为所有的事情都是自己的事，在感情上变得极端敏感与脆弱，认为自己"与众不同"，是个"局外人"。一般状态下的第四型人会回避现实，以保护他们对于自我的看法，花费很多时间来理清自己的感情。他们对一样东西的迷恋来得快去得也快，喜怒无常、难以相处，他们暴躁的脾气让身边的人有种"如履薄冰"的感觉。他们越来越自我中心，情绪化，忸怩，很难自然地做自己或者表露自己。他们感觉自己越来越与众不同，因此也不能像别人那样生活，成了忧郁的梦想家，目中无人、放浪形骸，对质疑他们生活方式的人充满敌意。他们内心的欲望与憎恨交织在一起，妨碍了简单的日常行为。自恋以及对别人的嫉妒让他们用各种方式放纵

自己，沉迷于梦想、幻想以及不切实际的期盼中，变得越来越任性、傲慢、不切实际、无所事事。

不健康的：当他们对自己的想法越来越脱离现实的时候，不健康的第四型人不允许自己的生活中存在任何与自己的幻想不符的人或者事物。他们对几个人的依赖逐渐增强，以保持他们的生活方式。

当梦想（幻想与期望）落空时，他们会因为失败而生自己的气，同时因为他人没有给他们足够的支持而对他人发火。（“所有人都让我失望。”）为了抑制自己的愤怒，不健康的第四型人把自己与他人隔绝开来，并且非常抑郁，产生了自我抑制以及感情麻痹。因为极度的疲劳、精神上的困惑、感情“障碍”以及无法发挥自己的能力，他们深深地觉得自己没用，人生没有意义。他们因为错误的自责、对那些让他们失望的人的不理智的憎恨、自怨自艾、病态的想法而备受折磨，也因为自己的失败以及无法满足的欲望而痛苦万分：每一件事情都会让他们自责。一旦觉得自己毫无价值、没有希望，他们就会陷入绝望的深渊，开始自虐，而且极有可能沉溺于酒精或者是毒品之中，以逃避内心汹涌的自我仇恨。在极端情况下，他们可能会崩溃，因感情而犯罪甚至自杀。

三元组中存在的问题：情感三元组中的障碍让第四型人用想象来刺激、强化自己的情感反应，而这正是他们自我意识的基础。他们认同自己的感情，这一点通过不断反省自己持续变换的情绪状态而得到了强化。因为始终沉溺于自己的情感，尤其是那些负面情绪，他们在人际关系以及现实问题上存在困难。这是情感三元组中的人常见的问题，他们也都有认同和敌意上的问题。第四型人的敌意表现为嫉妒、恶意的挖苦，同时，当他们的自我认知产生问题或受到威胁时，还会把自己与他人隔离开来。

解离方向：一般状态下的第四型人会变得以自我为中心、情绪化、疏远那些在他们的生活中很重要的人。由此带来的压力，尤其是重要的人际关系中的压力会让他们表现出第二型人的特征。他们需要确定自己没有疏远别人——别人也不会因为他们的喜怒无常而离开他们。因此他们希望讨好别人，满足别人的需要，希望所爱的人注意到自己为他们所做的一切。

不健康的第四型人对现实中的自己感到失望，当他们向第二型转变时，可能会出现一种情绪上的崩溃。他们什么都做不好，因此只能迫使别人照顾他们。他们常常与父母或者朋友住在一起，或者是完全依赖自己的配偶，同时还会认为别人不了解他们，或者没有很好地照顾他们，并且抱怨不休。这会导致非常严重的后果，因为退化了的第四型人憎恨自己，甚至可能毁掉他们所依赖的人际关系。为了得到他人的照顾，他们会让自己彻底垮掉。

整合方向：当健康的第四型人通过克服自我意识以及自我中心，向第一型发展时，他们不再为自己变化无常的情绪所控制。他们不再依据主观情感决定一切，可以客观行事；不再自我放纵，而变得自律。他们不再认为自己与众不同，也不再认为自己不需要工作，因此他们在现实世界中为自己找到了一席之地。通过学着平衡自律与洞察力，他们能够把自己丰富的情感展示给他人，并且拥有一种可以依赖的创造力。

安全点：只有在跟密友以及亲近的人在一起的时候，一般状态下的第四型人才能像一般状态下的第一型那样表达自我。他们常常有一种优越感，认为自己能独立完成工作，对他人冷嘲热讽。他们对细节格外挑剔，甚至有完美主义者的倾向。在这种情况下，他们的挫折感与缺乏同情的真实程度就会表现出来。他们会在最亲密的朋友面前表现出对自己以及对生活的不满。

童年模式：第四型人与父母都比较疏远，在某种程度上认为自己被父母抛弃或者是误解了。这主要是因为在人格形成初期缺乏角色模型，以至于他们不得不通过关注自己的感觉或者是想象来创造自我认同。这让他们觉得自己没有得到足够的照顾与支持，并且因此感到沮丧。在成年以后，他们仍然会产生这样的沮丧感。

基本恐惧：缺乏自我认同，没有自我价值。

基本欲望：做自己。

从属动机：第四型人想要表现自己，想要创造出一些美好的东西，以便和他人沟通，让别人赞美他们的特立独行以及他们的成就。他们想要远离人群，这样可以理清自己的情绪，并加以保护。在处理事情之前，他们需要先处理好自己的情绪，放纵自己，以补偿自己在真实世界中所失去的东西。

寻求目标：自我认同。第四型人想要搞清楚自己是谁，不仅如此，他们还需要一种可以依靠的坚强的自我感觉。他们感觉到自己“失去了一些东西”，因此希望能够找到并且进行弥补。第四型人常常寻找那些看起来具有他们所不具备的一切特点的人。他们要寻找一个“救星”，这个人不但要拥有这些特点，而且还要欣赏他们。第四型人也会通过创作来获得一种自我认同，感受自己的价值，他们觉得自己的创作就是自己的替身。

健康的自我意识：我是一个直观的、敏感的人。

潜藏的抱怨：我和别人不同，与他们格格不入。

主要防御机制：投射、转移、分裂、与自己为敌。

人格诱惑：在寻找自我过程中滥用想象力。一般状态下到不健康的第四型人认为，通过躲避在幻想之中，可以发现自己与自己感觉的意义。但实际上，他们只会迷失在想象当中，忘记现实，沉迷于幻想。当置身于幻想世界时，他们可以随意地感觉、改变，因此他们就把时间和精力都浪费在了幻想上。

可取之处：虽然第四型人不断放任自己，与他人疏远，养成了很多坏习惯，但一般状态下的第四型人仍然有足够的自我意识了解自己做了什么。他们对自我的坦诚能够使自己避免继续退化。

个人成长建议：见第十章。

结构模式：关键问题是主观性。为了保持自我意识的活跃，第四型人需要对自己的经历有一种个人的以及感情上的共鸣。因此他们“独自面对每一件事情”，并且不管是好是坏，他们都会凭空捏造一些意义，或者是编造一些动机。经历的个人化可以让他们更深入地审视自己，或者悲观地说，更加情绪化、喜怒无常。基本的表现就是主观感觉与冲动之间的冲突，即表现自我的需要与抑制它的冲突。第四型人的自我压抑源于他们对父母负面的、甚至怀有敌意的看法，因为他们与父母相处的时间不够多，同时也因为对父母的负面看法给他们带来了负罪感。随着第四型人的退化，发展层级螺旋式向下运动，他们不断地自我封闭，给自己负面的心理暗示，直到完全与他人疏离，同时也与自我疏离。最后，如果不能打破这种以自我为中心的模式，他们就会被一种负面情绪打倒，憎恨自己，也憎恨那些让他们失望的人。这种朝向自身和他人的情绪无法通过任何正面的东西得到消解。

认知错误：他们从自己不断变化的感觉和情绪状态，尤其是从负面情绪中寻找自我认同。感觉在不断变化，因此他们的认同也无法确定，减少了许多精神方面的需要。

必然结果：自我膨胀（在幻想与主观情绪中）的必然结果就是，第四型人在慢慢失去基本欲望（自我实现）的同时，基本恐惧不断加深，他们没有清晰的自我认同或者是自我价值感。第四型越是抱着“唯我”的想法寻找自我，就越是脱离现实。他们的自我认同还有待发展，因为对现实世界缺乏参与，他们的自我价值感也受到阻碍。当他们开始从现实世界退缩到幻想世界、避免卷入现实中的活动时，他们应该意识到，自己走上了错误的方向。

只有深深地植根于当下的现实，第四型人才能发现自己，才能使自己的情绪不那么多变。如果他们能更多地参与现实生活，就能变得现实化，超越自我意识。与其沉溺于无意义的白日梦中，不如开始对生活保持积极现实的态度——虽然这似乎有点儿矛盾、有点儿奇怪。但是第四型知道这意味着什么：他们必须停止幻想式的生活，开始真正的生活。

第五型：探索者

有洞察力、富有创新精神、深藏不露、孤僻的人

健康的：健康的第五型人能够用不同寻常的洞察力和理解力来观察每一件事情。他们大都机智灵敏、好奇心强烈，并且具有敏锐的搜寻能力——他们在运用超凡理解力的同时，也能提出恰当的问题。他们能够专心致志地做事，一门心思地投入到吸引他们的事物中去，总是根据自己的兴趣行动，直到发现或者是创造出全新的事物。他们热爱学习，总是渴望掌握新的知识，常常成为某一领域中的专家级人物。他们具有独立思考的能力，富有创新精神及发明能力，有着极其丰富的想象力，能够产生出独创的富有价值的想法，并且大胆地进行创新。他们不但具有高智商与创造力，同时还富有同情心，感情充沛。在最佳状况下：他们会成为无畏的发现者或者探险家，对世界具有广泛透彻的了解；既不脱离现实，也不脱离自己，感觉自己与世界在感情上紧密相连，而不是要与世隔绝；具有远见，思想开放，从全局上把握事件，能够透彻地了解事情真相；可能在某一方面成为先锋，发现前所未有的新事物，也可能成为某一艺术形式的先驱；能够感觉到“灵知”，不需要媒介就能了解精神模型。

一般状态下的：一般状态下的第五型人在做任何一件事情之前，都要先把它概念化——也就是先琢磨一番：构建模型、准备、投入实践、搜寻更多的资源。他们并不活在现实世界当中，而是置身于自己的概念及想象的内在世界。他们勤于学习，掌握各种技术，能够成为某一方面的专家，专注于学术研究，不断提出

新的想法。他们大部分的时间都花在了主要的兴趣爱好上，而对生活的其他方面则显得漫不经心。当他们开始沉迷于复杂的想法或者是想象世界的时候，会变得更加超然。他们不断地思考（如果这件事情发生了会怎样?），专注于自己的观察和解释，开始忽略现实。深陷于细节之中使他们“只见树木，不见森林”，不能完整了解真相。他们喜欢古怪、神秘的事物，尤其是那些包含黑暗与令人不安的因素的事物。虽然他们极其敏感，但却远离现实世界，常常“灵魂出窍”。他们开始对所有会打扰其内心世界或者与其个人观点不符的看法产生抗拒感。如果别人想要介入或者干预他们的内心，出于自我保护，他们会变得非常好争论，甚至粗暴挑衅，观点极端且偏激。他们会对他人冷嘲热讽，认为别人太笨了，不能了解真相。他们那些反对偶像崇拜的极端观点常常包含着一些有价值的见解，但也有很多牵强的片面之词。

不健康的：由于拒绝一切的社会关系，不健康的第五型人会把自己隐藏起来，脱离人群与现实。他们变得越来越神秘、古怪，并且精神不稳定，常常有严重的抑郁情绪，或者是认为四大皆空。他们一方面对人充满敌意、恶言恶语，一方面又害怕受到别人的攻击，因此变得更多疑，神经过于紧张。他们越来越沉溺于（自己的）一些可怕的想法，但是又因此感到恐惧，被自己以及现实所惊吓，不断受到扭曲的真相、恐惧症以及妄想症的折磨。他们觉得人生是苦海，希望能够寻求解脱，第五型人常会自杀或者是精神崩溃。他们精神失常、脾气暴躁、自虐，最终常常会患上精神分裂。

三元组中存在的问题：第五型属于思维三元组，因此第五型人的大脑过于活跃，常常压抑其他的功能，结果他们的身体运用甚少，忽略了精神意识以及人际方面的重要性。他们的思维陷入一个“预备式”——总是在为将要发生的事情做准备。在思维三元组中，我们也注意到与焦虑和安全感有关的特点。第五型人因为担心自己不能很好地与潜在的强大的外在世界相融而焦虑，因而退回到自己的思想当中，认为这里更加安全。

解离方向：一般状态下的第五型人会变得比较孤独，他们把自己与社会分隔开来，以潜心追求他们自信能给自己带来能力与知识的东西。为了这个目的，他们牺牲了舒适的生活、与人接触与联系这些基本需求。这一切不可避免地给第五型人带来了压力，让他们表现出第七型人的特点。在这样的情况下，他们的思维变得更散乱，行为更是冲动。他们会突然冲动地与其他人建立人际关系，以此自娱，但是他们的冲动常常会导致适得其反的效果，反而使他们更孤立，更远离社会。他们同样也会通过疯狂的行为或者是滥用药物来帮助自己摆脱痛苦的感觉。

不健康的第五型人常常极端孤僻，不能很好地融入周围环境，融入社会。当他们表现出第七型人的特征时，就会变得更加冲动，行为反复无常、歇斯底里。过多的思考给他们带来了很多问题，因此他们不再思考，行动不由自主。退化的第五型人会变得心神不定，不顾一切，对所有的问题只采用最表面化的解决方式，而这样的解决对他们来说常常是弊大于利。

整合方向：当健康的第五型人表现出第八型人的特点时，他们会从自身出发，感受自己与生俱来的能力，一切行为都基于对自己的透彻了解。他们的基本训练为自己提供了坚强的知识后盾，因此可以充满信心地做事、领导他人。（他们也意识到，就算自己不能了解所有的事情，他们所了解的也超过了大多数人。）第五型人不再感觉与世界隔绝开来，相反，他们能充分意识到自己与世间万物的联系，投入生活，与他人保持良好的关系。所以，与以一个旁观者的角度观察世界比起来，他们现在觉得自己更有能力，也更有安全感。这使他们可以很好地利用自己的智慧来造福社会。

安全点：一般状态下的第五型人也会表现出一般状态下的第八型人的特点，但仅仅是在和挚友以及关系亲密的人在一起的时候才会如此。他们会变得过分自信、傲慢无礼，在自我防御的同时，试图让别人接受自己的看法。对方的反对及恐惧都会让第五型人大发脾气。在这个时候，他们潜在的愤怒、排斥、无力都暴露无遗。

童年模式：第五型人对父母或者父母的形象有一种矛盾的认同。在一个很深的，通常自己意识不到的层面，他们觉得自己受到了父母的排斥。另外两个对父母有着矛盾的认同的类型——第二型和第八型——都能妥善处理这种感觉，通过扮演不同的角色来试着融入家庭。第二型人扮演保姆角色，第八型人则扮演保护者的角色。对于第五型人来说，这两种角色互相排斥，让幼小的他们对于照顾自己的人们的需要不知所措，也不确定自己能对家庭有什么贡献。这使第五型人想要寻找一个没有人扮演的角色，一个适合自己、让自己有归属感的位置。但是因为他们觉得自己没有这样的位置，因而一直在寻找。他们在找到自认为合适的位置之前，不会相信自己能够和别人保持长久的亲密关系。

基本恐惧：没有人帮助，没有用处，没有能力。

基本欲望：有能力，能胜任工作。（能干）

从属动机：第五型人想要了解现实，观察所有的事物，掌握一定的知识以获取自信（找到合适的位置），建立一个比真实世界更容易掌控的内在世界，避免别人的干扰，赶跑或者是吓退那些威胁到他们的位置或者内在世界的人，把自己与外在世界隔离开。

寻求目标：掌握。第五型人想要掌握一些东西，获得一些自信，并且准备好面对生活的挑战。为了弥补自己童年时期受到的伤害，避免自信（尤其是在身体能力方面）受到的打击，他们开始创造一个隐秘的精神世界（或者在一定程度上是“替代的现实”）并且掌控它。从一般状态下到不健康的第五型人都会努力尝试掌握数学、钢琴、象棋、电脑游戏等各种东西，以获得一种自信心——并保证自己的隐秘空间不受打扰。

健康的自我意识：我是一个聪明的富有观察力的人。

潜藏的抱怨：我太聪明了，别人都无法了解我所了解的事情，不能欣赏我所欣赏的东西。

主要防御机制：转移、计划、孤立

人格诱惑：用概念来代替亲身经验。从一般状态下到不健康的第五型人常常在不恰当的情况或问题上“想太多”。他们深信，通过深入思考每一件事情，能获得深刻的了解，从而得到能力与信心。如果他们了解自己的环境，就能掌控——在必要的情况下也能保护自己免受环境威胁。但是因为与现实相互分离，他们渐渐地失去了自己的思考过程，直到失去所有的看法。对自己内在世界的专注让他们越来越远离自己以及外在现实。过多的分析成为失去感知力及自信的前奏。

可取之处：虽然他们太专注于思考，对现实的理解越来越灰暗，但一般状态下的第五型人仍能够意识到自己并未了解真实的情况，而是在扭曲真相。了解自己的思考过程能够使他们避免不断退化，也避免过于脱离现实。健康的观察能力可以帮助他们重新考量自己的想法，他们的知觉力也能协助他们回到更健康平衡的生活状态。

个人成长建议：见第十章。

结构模式：关键问题是专注。第五型人的注意力集中在客观的现实世界上，而更为主观的思想世界则是他们栖身的舞台。因此，他们内在模式是一种以现实为主导，但又受到主观冲动（包括侵略性）驱动的思考模式。（当他们的主观冲动过于强大，并扭曲了自己的认识时，矛盾就出现了。）他们的大脑非常活跃，被强烈地驱动着，同时具有很强的防御性——当大脑过度兴奋时，他们会无意识地把自己的主观想法加入到自己的认知中。他们沉迷于深度探索自己感兴趣的事情，了解每一个细节，以致常常会在社交和实际中消失得无影无踪。这让他们显得很笨拙，完全不了解社交常识及礼仪。从表面上看，这一模式使他们与现实越来越疏远，他们开始拒绝与世界相接触，尤其是与其他人联系。总体模式中包含了矛盾的好奇与退缩，参与与脱离，投入与防御，攻击与害怕被攻击，吸引与拒绝，等等。

认知错误：认为自己能够以一个独立的、外在的旁观者身份了解世界。然而，不管喜欢与否，他们都要参与其中，并且对他们所观察的东西产生影响。

必然结果：脱离与退缩（退到精神概念、想法、理论及臆想的现实中）的必然结果就是，第五型人渐渐失去了自己的基本欲望（能干），同时逐渐加深了自己的基本恐惧（没有人帮助，没有用处，没有能力）。如果不再深入社会，不再用客观事实来检验自己的观点，他们将完全迷失于自己的内在世界，陷入危险状态，并与现实逐渐失去联系。他们还会失去信心，觉得自己没有能力担任自己在社会中的角色。他们与自己、与自己的支持力量逐渐失去联系，不可避免地认为自己受到别人或者是现实的威胁和压迫。他们不能再借助自己的能力来保护自己，而是因为自己的思考能力而疯狂。

第六型：忠诚者

有魅力、有责任感、焦虑、多疑的人

健康的：健康的第六型人能够得到他人充满感情的回应：因为他们有魅力、友善、有趣、会讨好人。别人会从他们那里感觉到温暖，因而愿意帮助他们。信任对他们而言是非常重要的，但他们不会盲目地信任别人。他们非常可靠，值得信赖，因此可以很好地完成别人托付的事情。就算是在健康状态下，也有一部分第六型会常常对别人或者是环境产生质疑，这来自于他们小心谨慎的态度，就像慎重考虑、预测、排除困难一样。他们非常勤奋、节俭、可靠，是一个很好的合作伙伴，能够维护人人平等的氛围。对于他们所认同的人，比如家人、亲密的朋友，他们十分忠诚、无私奉献，因为这能让他找到一种归属感。健康的第六型富

有实践精神，并且非常自律：他们工作一丝不苟，做事精益求精。他们也是富有行动力的人，在面对挑战时锲而不舍、坚持到底。在最佳状况下：他们能够肯定自我，相信自己内心的指引，独立，同时也能跟别人很好地相互合作、相互支持；相信生活，因而态度积极勇敢；能够展示出自己的勇气、非凡的领导力、丰富的创造力，以及自我表达能力。

一般状态下的：一般状态下的第六型人会怀疑自己，因此倾向于把时间和精力花在那些他们认为是稳定可靠的事情上。经过组织和建构，他们开始向同伴、信仰以及权威寻求支持和指导，需要反复不停地确认。对未来的焦虑让他们在面对问题时一直很谨慎。他们试图考虑到事情的所有方面，但仍然觉得自己还有很多问题没有解决，信心不足。他们越焦虑，就会许下越多的承诺，然后实现这些承诺的义务感也越重。他们压力很大，因为别人对他们的期望很高。他们在怀疑别人和相信别人能够支持自己之间摇摆不定，变得越来越矛盾，越来越多疑，也开始更多地保护自己和那些看起来“行得通”的说法。他们越来越多疑，通过一些间接的、消极的方式反抗自己的支持者或权威，并发出一些矛盾的、混杂的信号。内心的混乱让一般状态下的第六型人的反应很难预测。他们做事拖拖拉拉、优柔寡断、谨慎、难以捉摸——把自己“藏进壳里”，因为担心别人会粗暴地对待他们而不愿意清楚地表达内心的忧虑。当压力逐渐增加的时候，他们的脾气会变得很坏，想要否定一切、阻止一切。为了消除疑虑和紧张，他们变得更加顽固保守，采取强硬的反抗态度来消除不安全感。他们变得喜欢挖苦人、爱惹事儿、脾气暴躁，对那些看起来会威胁到他们安全感的东西反应恶劣。他们开始把身边的人分为朋友和敌人，极力保护跟自己“同一条战线的人”，同时指责对方过于太焦虑了，实际上是他们自己变得越来越专制和顽固。

不健康的：因为害怕冲动的自我防御或者是缺乏主动性的行为毁掉不健康的第六型人，他们会变得极为忧心忡忡，严重缺乏安全感。他们可能想紧紧地抓住身边的人，过度依赖他们，贬低自己；也可能在需要帮助和支持的时候不由自主地表现得很“坚强”。两种情况都会不可避免地给他们带来极端的情绪或者是强烈的痛楚。他们对自己的评价很低，因此变得抑郁，觉得自己毫无价值、无能，深受恐惧折磨。他们对任何事情都反应过度，夸大自己遇到的问题：不理智行为常常会使他的恐惧变成现实。他们认为自己很弱小，因而需要一个强有力的权威或者是信仰来帮助他们解决问题。他们可能会向他人寻求帮助，也可能会变成一个深居简出的人，从宗教信仰或者是滥用药物中寻求减轻焦虑的方法。他们变得越来越偏执，觉得别人都在攻击或者迫害他们，在想象中别人“随时都想陷害他们”。在有些情况下，他们可能会变得心胸狭窄、固执己见、把错误推到别人头上，猛烈地攻击那些看起来可能会威胁到自己的人，以此来平息自己的恐惧和不安全感。强烈的焦虑以及被抛弃的恐惧感会让他们在权威面前表现得十分卑微，希望以此得到解脱。为了逃脱惩罚，再加上歇斯底里，他们会自我惩罚、自我毁灭，甚至自杀。他们常常沉溺于酒精、毒品，过着“贫民窟”中的生活，患有非常严重的妄想症，同时也是一个受虐狂。

三元组中存在的问题：作为思维三元组中的基础人格类型，第六型人是最无法让自己的心情平静下来，也是最不能了解自己内在能量的人。他们缺乏清楚的内心指引，因此只关注自身之外的人和事物（例如他人、精神信仰、权威，等等），期望由此得到方向和解脱。因而他们常常受到疑虑的折磨，但是只要能发现一种貌似合理的信仰体系，就会紧紧地依附于此。他们也有焦虑和缺乏安全感的问题，这在各个方面影响着他们。

解离方向：一般状态下的第六型人常常显得焦虑并自我怀疑，但是他们会尽最大努力去履行自己的承诺、承担自己生活中的责任。因此，压力几乎成了他们的一种生活方式。但是当压力开始影响他们的防御机制时，他们就会向第三型转变，置身于工作之中，在别人面前装出一副坚强的样子，似乎想告诉别人“你不用担心我，我好极了！”。被抛弃以及不能适应的恐惧使他们在感情上与别人保持距离，害怕与别人有亲密关系，不愿别人靠近，看到他们有多么痛苦。害怕失去安全感使他们表现出不太健康的第三型人的特点，在暗地里与人较劲儿。他们开始不择手段、结党拉派，斤斤计较。

不健康的第六型人因为极端焦虑而变成了受虐狂，总觉得自己低人一等，毫无价值。当他们转变为第三型时，就会为了维持自己的安全感，完全不顾道德原则——不诚实、不讲原则。非常不健康的第六型人会与非常不健康的第三型人患上同样的精神疾病：为了报复对他们不好的人，或者是为了克服内心低人一等的感觉，粗暴地攻击别人。他们的攻击目标常常是那些权威或者是他们头脑中的大叛徒。（那种平时不起眼的孤独的员工有一天突然崩溃，在工作的地方大开杀戒。）第六型男性更有可能做出不理智的暴力行为，女性表面上装得温柔善良，私下却是一个施虐狂。

整合方向：当健康的第六型人转变为第九型时，他们会觉得自己有了强有力的后盾，可以放松下来，并且对这个世界和别人更坦诚、开放。第六型人明白，当他们体会到自己的身体存在于当下，存在于此地的那种存在感时，他们的基础会更加稳固。这并不是说多运动或多活动身体，而是意味着坦然地接受此刻生活中的种种事情。这能使他们不间断地工作着的神经休息一会儿：对他人的态度不再那么模糊不清，也不再对自己的焦虑反应过激。他们的情绪更加稳定，也能更好地接受和信任他人。他们更多地支持他人，使人安心，更加成熟稳重。他们的焦虑大都得到了解决，变得前所未有的安宁、慷慨和放松。

安全点：一般状态下的第六型人常表现出一般状态下的第九型人的特点，但是仅仅是在和信得过的朋友或亲密的人在一起的时候才会如此。对别人而言，他们变得不好接触，令人难以接受——基本上把自己封闭起来。他们觉得自己“殚精竭虑地周旋、小心翼翼地为他人考虑得太久了，因此不想做任何自己不愿做的事情，不想强迫自己对他人作出回应。”在和亲密的人在一起的时候，他们允许自己“像块木头一样”，不愿意对他人多做反应。

童年模式：第六型人认同保护者的形象，因此常常把父亲或者父亲的形象理想化。他们成长中的关键因素是他们关注自我以外的事情，那常常是一个权威的形象，以获得指导、支持、安全感、赞许，以及学习如何在社会中做一个独立的人。当我们还是孩子的时候，父亲这一角色常常会通过帮助我们建立信心、教我们认识大千世界、关注我们的能力与力量等种种方法，使我们摆脱对母亲的依赖。如果这一需要得不到满足，或者是父亲这一形象完全不存在或长期缺失，孩子就会对世界产生深深的焦虑感，怀疑自己独立行事的能力。因此，第六型人在成长过程中的这一挑战面前尤其脆弱，他们需要值得信赖的指导和支持来帮助他们找回所要寻求的自主权。

基本恐惧：失去指导和支持。

基本欲望：得到别人的支持和指导。

从属动机：第六型人需要得到别人的爱，得到别人的赞美、了解别人对他们的态度，以帮助自己战胜恐惧，并确定自己在害怕的时候，能够得到导师的帮助。

寻求目标：安全感。第六型人想要找到可以相信的人或者事物。如果他们感觉不到自己确确实实得到了生活的支持（或者得到了自己本体的支持），或者感觉不到自己内心的指引，就必须在别的地方找到安全感，包括帮自己做决定、确定生活方向。因此，一般状态下的第六型人都在寻找一个可以信赖的权威。只有健康的第六型人才能发现自己内心之中的力量，不是相信自己，而是相信内心指引的声音，这样的声音只会出现在没有恐惧和焦虑的心灵里。

健康的自我意识：我是一个重承诺的、靠得住的人。

潜藏的抱怨：我是一个听话的、可靠的人，但别人不是。

主要防御机制：认同、转移、计划

人格诱惑：依靠别人来帮助自己独立。渴望独立是第六型人内心深处的愿望，但是他们不断增加的自我怀疑使他们觉得自己需要更多的支持。他们陷入了犹豫不决和事后批判的循环，因此越来越多地依赖朋友、同伴、配偶、书上的说法，以及信得过的权威，以确保自己的决定是正确的。除了偶尔会矫枉过正以外，从一般状态到不健康的第六型人逐渐开始依赖他人或者是信仰来获得感情上的安全感。因为不断地向他人寻求帮助，他们的短期问题得到了解决，但从长期上看，自信心慢慢受到了削弱。

可取之处：除了越来越紧张、反应过度以外，一般状态下的第六型人仍然想要与别人建立真正的安全和合作关系。他们保持关系的能力使他们不会继续退化，也不会做出使自己遭到拒绝或者是抛弃的事情。

个人成长建议：见第十章。

结构模式：关键词是反作用。第六型人有着复杂多变的心理模式，因为他们的情绪和人际关系不停地在各个层级之间变换。表面上看，当他们对自己的感觉和焦虑作出反应，或者与人交流时，就会在不同层级间摆动。为了得到安全感，第六型人觉得自己必须在感情上吸引别人，但是出于维护自尊的目的，他们也会变得具有防御性，拒绝接受他人的影响，易于在一个反方向上反应过度，以激烈的行为来证明自己不依赖于任何人。为了证明他们是自己的主人，他们可能会摆出顽强好战的姿态，但同时仍然希望得到别人的赞许，感觉到别人在关心他们。在内心中，他们不断地在侵略与顺从、恐惧与挑衅、与人亲近和独立的欲望之间挣扎。他们总的模式是一组不断变化的双环——外环是人际关系，内环是情感反应，两者不断接触，同时也与外部世界，尤其是他人相互接触。

认知错误：从自身之外寻求安全感和指引，希望通过获取知识、社会结构以及人际关系得到这些东西。第六型人必须不断注意辨别外部信息的真伪，而不是想办法让心灵更平静，从而感受到内心的指引。

必然结果：在焦虑基础上的不断猜想，以及长期的自我怀疑必然会使第六型人逐渐失去自己的基本欲望（得到别人的帮助和指引，获得安全感），基本恐惧（被抛弃，失去指导、支持）不断增加。恐惧和焦虑是威胁他们的两大怪兽，除非他们能够学会用自己内心的力量对付它们，否则迟早都会被怪兽所吞噬。他们必须明白，有些焦虑是无法避免的，如果他们想试着用某种方式来摆脱焦虑感，只会带来更多的焦虑。他们应该学着正视自己的焦虑，如果能做到这一点，就会发现焦虑有时候能成为一种鼓舞人的力量。如果他们能有意识地巧妙利用这一点，就能发现它也能成为“推动力量”，推动他们走向独立和圆满的更高发展层级。

第七型：热情者

天真率直、多才多艺、贪婪、精力分散的人

健康的：健康的第七型人反应迅速，热情而自由，能够很好地适应现实世界中的种种事物以及感觉。他们非常率真、敢于冒险、对每一种经历都感到兴奋。他们会对每一件新鲜事作出迅速的反应，觉得所有的事情都令人欢欣鼓舞。他们是快乐活泼、容易兴奋的人，总是生气勃勃、精力充沛。他们对世界充满好奇、头脑敏捷，十分机灵。他们能够取得很大的成就，或者成为博学多才之人，在各个方面都做得很好。他们多才多艺，如同文艺复兴时期的人，常常在很多方面都有惊人的天赋，精通各种各样的技能。健康的第七型人富有实干精神，成就很多，具有行动力，精力充沛。他们灵活的大脑使他们能够探索生活中的众多不同领域。他们才能出众，并且能将不同的兴趣很好地相互结合，相互促进。在最佳状态下：他们能深入地吸收生活中的各种经历，懂得珍惜并感恩，为生命的美妙而深深地着迷；积极乐观，生命中总是充满喜悦和快乐；感受到一种超越肉体的生活，对生活中无尽的美好有着深刻的体会；同时，他们也体会到，肉体的就是精神的，因此即使是平凡的日常生活也能带来无限的愉悦。

一般状态下的：第七型人的欲望总是在不断增加，希望有更多更丰富的选择，

他们开始不断冒险，扩大自己的知识面，但却变得不那么专注，总是在不停地寻找新的知识、新的经历，从而变成了盲目的消费者、世故油滑的人、鉴赏家、潮流制造者、感官享受的追逐者。他们非常善于发起一件事情，但是常常半途而废。对做某一件事情犹犹豫豫、不愿全心投入，因为他们总是担心会因此错过别的更好的选择。

一般状态下的第七型人没办法理清自己的想法，对自己说不：他们变得过于活跃，不断地参与形形色色的活动，想到什么就说什么，想做什么就做什么，因此逐渐变得无法集中精力：他们的大脑总是在高速运转，以至于无法把注意力集中在某一件事情上。他们越来越焦虑，担心自己的生活太无聊，因此总是在不停地找刺激、让自己更兴奋——并以此来消除自己的痛苦——他们总是停不下来，所有在当时看来“有趣”的事情都要试试，因此变得疲于奔命。

他们的日程表、先前的计划或者是安排常常被打乱，因为他们发现了更好玩的事情。不加选择的活动让他们变成肤浅、油腔滑调的半吊子，什么事情都浅尝辄止，他们似乎分辨不出什么事情才是最好的。他们没有节制、为人轻浮、爱炫耀、总想吸引别人的注意力——不停地说话、腔调夸张、满嘴俏皮话、开各种玩笑，装出一副兴高采烈的样子。他们总觉得自己被骗了，或者是中了别人的圈套，因此变得更不切实际、反复无常，挥霍无度、铺张浪费，沉迷于昂贵的炫耀性的消费当中，以补偿自己被压抑的情感。有没有足够的钱和新的玩意来取乐变成了他们的大问题。他们通常不是故意要让别人痛苦，但也不愿注意自己给他人带来了多大的伤害。他们以自我为中心、自私、不断索求、没有耐心，得到帮助之后不愿意给别人相应的帮助，不承认自己的错误，也不认为他们应该对自己造成的问题负责。

不健康的：因为无法摆脱自己的焦虑，不健康的第七型人非常容易受挫，他们想要得到一切自以为可以控制其不断加深的痛苦的东西，因此变得粗鲁无礼、对人恶言相向。他们幼稚，逃避现实，冲动地想要用疯狂的言语和行动来减轻自己的焦虑：他们根本不知道什么时候该停下来。不健康的第七型人对人漠不关心、冷酷无情，常常攻击别人，大发雷霆，几乎没有办法控制自己。他们很容易沉溺于酒精、毒品，不计后果地赌博，冲动地一掷千金。他们变得放荡不羁，过着荒唐堕落的生活。他们挥霍无度却仍不满意，反而让情况更糟。他们享受不到快乐的滋味，所有的事情都变得了无生趣。内心逐渐增加的混乱让他们越来越害怕，但又不知道如何消除自己的焦虑，反而越来越冲动、失去控制、行为乖僻、反复无常，有种种病态的强迫行为（一种躁郁症）。他们用各种各样的方式寻欢作乐，极为不切实际，仿佛自己可以为所欲为。一旦防御机制崩塌，他们就会失去所有的力量，失去健康的身体，而产生严重的抑郁、间歇性的歇斯底里以及身体与精神双重的麻痹感觉。由于放纵的生活而带来的身体上的伤害也是十分常见的。他们放弃了生活、放弃了自己，陷入深深的绝望、用过量的药物自我毁灭，或者是冲动地自杀。

三元组中存在的问题：第七型属于思维三元组，但是他们常常用本能的冲动来刺激自己，保持思维活跃。因为失去了内心的指引，他们不知道什么事能够让自己感到充实，因此总是在不停地尝试，尝试所有的事情——他们同时向许多不同的方向前进，因而分散了自己的精力。我们能够发现第七型人存在缺乏安全感和焦虑（被抑制的）的问题。从内心世界向外在世界的转移促使他们不断寻求刺激的经历，想占有一切以获得满足感。

解离方向：一般状态下的第七型人的价值观很简单——他们想要追求所有让他们感兴趣、或者有可能使他们得到满足的事物。但是，当这样的事情做过头以后，他们就会为自己做事冲动和没有计划而沮丧。当现实中的任务以及没有解决的问题逐渐积压时，不断增加的压力就会使他们表现出第一型人的特点，他们想要把事情分出轻重缓急，但是这样做又会变得死板而随意。在这种情况下，他们常常自怨自艾，对自己和所做的事情失去耐心，对别人态度生硬冷漠。因为这样的努力源于一种惩罚性的自我抑制，而不是源于内心，他们常常不能坚持原则，不能严格执行计划，很快又开始冲动地做事，以摆脱自己的焦虑，但这使他们以后将不得不面对内心中更大的罪恶感。

不健康的第七型人会变得极端冲动、失去理智（疯狂）。他们知道自己不可能找到能够真正令自己感到充实的事物，而且很多正在做的事情都是不应该做的。当他们开始表现出不健康的第一型人的特点时，他们就会给自己一些严格、专制的命令，开始产生强迫心理，想要惩罚自己、报复自己，或者是惩罚报复身边一些可能会威胁到自己所创造的新的脆弱结构的人。像不健康的第一型人一样，他们也会沉溺于那些自己认为会带给他们快乐的人或事物。

整合方向：当健康的第七型人转变为第五型人时，他们开始更多地去深入体验自己的经历，学着集中注意力。例如在消费的时候，会更多地关注这个东西对自己和身边的人有什么好处，而不仅仅是想要得到消费的快感。处于整合方向上的第七型人不再担心失去快乐，因此也无需不断地寻求一些积极的经历。他们会更深入地探索自己所经历的事情，试着把握事物的本体，更勤于思考，从一个前所未有的深发展层级来享受现实生活。他们之所以能够这样做，是因为他们不再逃避生活的阴暗面，也不再逃避自己的心。他们认识到，如果没有经历过痛苦，生活中的一切幸福都只是短暂的，并且最终会变得毫无意义。他们能够接受生活中所有的事情，不再否定任何一件事。这让他们的心灵更开放，也更平静，由此他们可以感知到自己一直在寻找的心灵深处的指引与满足。

安全点：一般状态下的第七型人会表现出第五型人的特征，但仅仅是在跟自己信得过的朋友和关系亲密的人在一起的时候才会如此。他们已经习惯了在自己的生活圈子以及工作圈子里做一个精力充沛、逗大家开心的人，他们喜欢跟别人交流、聊天，享受美好的时光。但是，当他们跟自己的亲密朋友在一起的时候，会表现出惊人的寡言少语，很不合群。实际上，他们常常希望身边的人能够给他们留一些自由和私人空间。他们可能不跟好朋友联系，把自己的情绪藏起来，把关系划分得很清楚，或者是像第五型人一样，埋首于工作之中以得到自由。

童年模式：第七型人不认同养育者的形象，这常常是母亲或者是像母亲一样的人。他们早期成长的关键因素是心头一直环绕着被养育者剥夺的恐惧，由此带来了一系列的挫折感。这样的剥夺可能是物质上的，也可能是精神上的。它可能以种种不同的形式出现，留给第七型人一种愿望不会得到满足的感觉。他们因此学会了自己照顾自己，确保自己的要求都能得到满足。实际上，这种剥夺并没有他们想象的那么严重，但是这种缺少安全感、不被需要的感觉在他们的成长过程当中有重要的影响。

基本恐惧：被剥夺或者陷入悲伤之中。

基本欲望：感到满意，欲望得到满足。

从属动机：第七型人想要保持自己的自由和快乐，享受生活，不错过任何有价值的经历，总是很兴奋，很忙碌，让自己感到有意思和快乐。他们想要得到他们想要的一切，总是在不断“向上”，做事情时不理会后果，想要消除或者减轻自己的焦虑和痛苦。

寻求目标：满意和充实感。第七型人总是在找那些可以让他们高兴或者满足的东西。如果感受不到自我的照顾和支持，他们就会不断从经历当中寻找满足和安全感。他们也想要找到生活的意义，因为他们觉得只有这样才能让自己的生活充实。他们通过不断得到让自己快乐的经历来得到满足，同时战胜恐惧、焦虑、自我怀疑，以及生活中的阴暗面。

健康的自我意识：我是一个快乐热情的人。

潜藏的抱怨：我很快乐，但是如果能够得到我想要的东西，我会更快乐。

主要的防御机制：压抑、外化、宣泄

人格诱惑：认为在某处能够获得充实。第七型人在认为自己做的事情很不错的同时，也认为在不远的地方还有其他更美好的事物。这会让他们相信事情越多

越好。但是当他们试着找机会来经历更多事情时，只会让自己的胃口更大，而不是真正满足了欲望。如果想要满足，就必须真正地投入所经历的事情。但是对不同种类、范围更大、更好的东西的不断寻求使第七型总是无法投入，因此也永远得不到满足。

可取之处：虽然第七型人越来越没有节制，越来越不专心，但他们对自己真正喜欢的事情的热情仍然能够让他们不至于继续退化下去，变得一味地逃避现实或者病态的过度活跃。他们享受生活及世界中的美好的健康能力可以成为不断寻求刺激的刹车系统，使他们回到更健康的层级中去。

个人成长建议：见第十章

结构模式：关键问题是反应。第七型人十分外向，因为他们的大部分精力都放在了接受外部世界的刺激上。他们向外追求新鲜的、不同的、更刺激的经历，与别人的频繁交往和外在的物质世界都会让他们充满精力。当第七型人开始退化的时候，他们就陷入了逃离自己、焦虑、不自觉的冲动、孤独和不安全感中，同时要求物质世界（以及他人）满足他们的每一项需求。因此，总体模式是像蜜蜂一样嗡嗡忙个不停、活泼好动、精力饱满，但也极有可能变得任性、冲动。当他们花了很多精力来避免痛苦和焦虑时，从一般状态到不健康的第七型只是在虚度时光，而没有去试着将自己的经历内化。他们常常充满焦虑感，有时候还会去攻击那些帮助过他的人。

认知错误：认为自己的快乐和满足总能在未来得到，而不是与当下自己或者是与当前发生的事情相联系。对未来的想象使第七型人脱离了当下的体验，因此也就破坏了得到满足的可能。

必然结果：如果第七型人总是冲动地从一件事情跳入另一件事情，以求摆脱痛苦和焦虑，他们就会渐渐地增加自己的基本恐惧（陷入痛苦之中），同时失去基本欲望（满意和充实）。但是，谁会否认他们的快乐呢？事实上，从一般状态到不健康的第七型人常常毫不节制自己的欲望，总是异想天开，因此很不快乐。如果他们继续由着性子做事——坚持错误的方式——就会越过界限，尝到自己种下的苦果。要变得更健康，就要坚持关注自己的内心，认识到内在的平静是得到真正的充实感的必由之路。问题的答案永远是：把握现在。

第八型：挑战者

自信、果断、顽固、爱找事的人

健康的：健康的第八型人能够自我肯定、自信、坚强，他们学会了维护自己的权利和需要。他们重视行动，总是觉得自己“能行”，有一种内在的动力。他们喜欢挑战，是足智多谋、具有积极性的人，总是主动地开始着手做一件事。他们固执而执著，非常独立，也希望能够培养别人的独立性。他们是意志坚强的、热情的行动者，总是简单直接地与人交流——“你看到的是什么就是什么。”第八型人是天生的领导者，能得到别人的尊敬，为别人作决定：他们很果断、具有权威性、非常有威严。他们能够赢得别人的尊敬，是因为自身的正直，能够建设性地保护和支持别人，常常在有意义的事情和有价值的公司当中扮演供应商、出资人、赞助人、顾问、创始人的角色。他们总是在寻求公平和公正，对自己生活的世界有积极的看法。在最佳状态下：他们豪爽大度，有慈悲之心，仁爱而又宽容，能够控制自己，照顾别人，尽自己的力量来满足他人的需要，他十分温和，但是能够给人力量、鼓舞别人，有勇气敞开心胸；具有真正的无畏精神，为了实现理想甘愿置身危险之中：可能成为英雄或者是不世出的伟人。

一般状态下的：一般状态下的第八型人希望尽可能地获得独立与自由：他们害怕太过依赖别人，因此总想让自己变坚强。（“我不需要任何人。”）他们能够满足自己的要求，经济独立，最担心的事情就是能不能得到足够多的资源。第八型人富有进取心、务实，吃苦耐劳，精明能干。他们勤奋、办事效率很高，总是在为自己和自己所爱的人争取利益。第八型人在娱乐的时候也很投入：他们胆子很大，兴致勃勃、喜欢刺激，为了高兴愿意冒险来挑战和证明自己。当压力增加的时候，他们会更加注重自我保护，为自己的感情辩护。他们不知道别人会不会支持自己的努力，为了让别人了解自己的重要性，变得骄傲、爱自夸，许下空洞的承诺，制订出大而无当的计划。如果第八型人觉得自己的生活环境变糟了，他们会通过更加专断、更加强制性甚至具有攻击性的手段来夺回对这个世界（和他人）的控制权：他们说的话就是法律。他们在几乎每一件事情上都浪费了不必要的精力和力量。虽然筋疲力尽，却仍然雄心勃勃，以自我为中心，希望别人忠诚于他，希望每一件事情都以“他们的方式”来完成。他们不能平等地对待别人，对别人也不那么尊敬。可能会有老板架子，随意指挥别人，公开地指责那些想要告诉他们怎么做的人。他们开始觉得别人不接受他们、不支持他们，但是他们的回应更具敌对性、好战、脾气很差，给自己带来了很多敌人。他们把每件事情都当做是对自己意志的考验，不愿轻易放弃。他们会扩大对手的范围，希望对手能跟自己“旗鼓相当”。他们用威胁、恐吓来获得别人的服从，让别人感到措手不及，觉得自己很无力。（“你别让我不高兴!”）不公正的待遇会让别人害怕或者憎恨第八型人，常常可能联合起来收拾他们。

不健康的：第八型人有强烈的被人背叛的感觉，但是他们也知道自己已经越过了某个界限，再也回不去了。他们从不接受任何想要控制他们的尝试，拥有一种亡命之徒的心态，故意离经叛道，不遵守任何的规范或者是法律。有的第八型成了罪犯、叛徒或者是骗子。他们希望保持自己拥有的一切力量，为了获胜不计代价：变得心肠很硬、粗鲁无礼、没有道德，甚至成为潜在的暴力分子。他们鄙视罪恶感、恐惧、温柔以及人类其他的脆弱感情。当然，这样的态度不可避免地给他带来了真正的敌人，他们必须要“加大赌注”来保护自己，平息自己潜在的恐惧。第八型人狂暴且暴虐，信奉“强权即真理”或者是“弱肉强食”的哲学。他们通过让别人害怕来感觉自己的力量。他们开始对自己产生了一些错误的认识（妄自尊大），觉得自己无所不能、不可征服、永远坚强。他们变得不计后果，不断地扩张自己，增加自己的资源。最后，如果遇到危险，他们可能会充满报复心理，粗暴地想要毁灭一切与自己愿望不符的东西。他们开始有反社会的倾向，肆无忌惮，势不可挡。

三元组中存在的问题：第八型属于直觉三元组，因此第八型人拥有无尽的活力，但是也因此做事全凭直觉的一时冲动，而不是抑制和感知自身。当他们感觉到一种本能的力量时，就会觉得自己必须要做某件事情，常常没有考虑清楚自己的行动会带来什么后果。这一模式也使他们不断寻求强烈的感觉。他们需要对自己做的每一件事情（他们的“罪”、强烈的欲望）作出强烈的反应，这样才能获得认同感。他们通过给自己一个强有力的支持，同时努力使自己不受身边的任何事情的影响或者控制的方式来保持认同。他们用直觉力来保持自己的“边界”，同时试探别人的边界在哪儿。我们也可以在他们身上看到侵略性（愤怒）和压抑（对脆弱的压抑）。

解离方向：一般状态下的第八型人是非常有行动力的人。他们十分开放，占据有利的位置，不管工作还是娱乐都十分投入，他们试图寻求公正，或者仅仅是因为想要维护自己的兴趣，有时候会陷入与别人的争权夺利中。当然，这一立场常常需要承担巨大的压力，当感觉到自己的生活充满了不得不应对的挑战时，第八型人会表现出很多一般状态下的第五型人的行为。他们会把自己隐匿起来，不再表现出那么强烈的感情，后退一步，以制订计划，为当前的情况寻找一个更为合理的解决办法。在这种情况下，他们会表现得神秘又冷淡，但对人和世界的态度更为多疑，也更为悲观。从第八型转变第五型让第八型人的速度慢了一点，但是也增加了他们对别人的怀疑，被否定的感觉也更强。

不健康的第八型人觉得自己在与整个世界作战，他们对世界的掌控欲是如此之强，以至于常常会给自己制造真正的敌人。他的压力非常大，因而到了最后，第八型人逞能的、过于膨胀的自信心会彻底崩塌。当他们转变为不健康的第五型人时，他们对世界以及自身的无助的恐惧感迸发到意识层面，因而成为孤独的虚无主义者。他们深深地感到绝望，无法和任何人联系，常常会患上奇怪的恐惧症，或者对事物有扭曲的认知。在这样的情况下，他们不相信任何人，并且把所有人和事情都当做对自己存在的一种威胁。他们也会感觉到自己内心深处对自己的怀疑以及对生活的恐惧，但是很快，不健康的第八型人就会抑制住这种怀疑，重新回到具有侵略性的防御中。

整合方向：当健康的第八型人转向第二型时，他们又找回了自己压抑已久的对他人的同情心，并且运用自己的力量来帮助和鼓舞别人。他们变得爱照顾人，慷慨大方，真正的从自身的角度出发关心他人的福祉，并利用一切的影响力来改善情况，提高生活标准。他们能够理解爱的能力，但并不屈从于这一能力，并不盲目追求那些自己得不到的东西。整合方向上的第八型人觉得自己能够用一种更加简单、真诚的方式来更好地表达自己对别人的感情，他们能够更好地照顾别人，也能接受别人真诚的照顾，而不再认为这样的行为会显得自己很软弱。他们学会了真正地爱别人，同时又不会在这样的爱里迷失自己。

安全点：一般状态下的第八型人可能会表现出一般状态下的第二型人的特征，但仅仅是在与自己信得过的朋友或者是与关系亲密的人在一起的时候才会如此。在这样的情况下，第八型人希望别人知道自己对他们来说是多么重要——他们想要确认别人需要自己，因此他们会用自己的方式为他们所关心的人提供各种各样的好东西。（“再好的东西给你都值得。”）同样，在安全的环境中，他们不会因为自己的感情脆弱而不好意思，很容易被小孩子和宠物的天真无邪感动，从而想要去照顾他们。

这些行为可以展示出第八型人潜在的排斥感，以及他们一直压抑着的对亲密关系和别人的照顾的需要，同时也表现出对自己所失去的童真的伤感。

童年模式：第八型人对自己的养育者，通常是母亲或者是母亲的形象有一种矛盾的认同。不管是什么原因，第八型人在成长过程当中有着强烈的被养育者拒绝的感觉，虽然他们可能没有意识到。这种感觉的根源可能来自于他们还在蹒跚学步时，像所有的小孩子一样，总是试着违抗母亲，表现出独立性。但是因为他们天生具有最强的意志力，而且最易受直觉的驱使，所以常常会使自己的成年养育者表现出更加强烈的感情反应，这就被幼小的第八型人解读为一种拒绝。同时，他们意识到，如果他们承担一个额外的角色，就能得到全家人的照顾。因此他们成了小小的“保护者”，一个比较强壮的，独立又坚强，能够照顾别人。结果就是，幼小的第八型人在童年时期就承担起了成年人的责任感和负担。为了扮演好这一角色，他们学着压抑自己的恐惧、脆弱以及自己的感情需要。

基本恐惧：被控制、被伤害，被冒犯。

基本欲望：保护自己和自己的独立性。

从属动机：第八型人想要确认自己，证明自己和自己的能力，得到别人的尊敬，拥有自己“运作”所需要的资源，想要确信自己很重要，控制自己的环境，拥有自己的生活方式，为了生存不懈努力，让自己无比强大。

寻求目标：生存。第八型人寻求的不仅仅是具体的生存，同时也包括他们所创造的一切可以“传世”的东西。他们对自己周围的环境应该是什么样的，以及在这个环境中自己是什么样子的，都有清楚的认识。他们也感觉到了生活条件的艰难，必须抵御生活中的威胁，还要保护自己，保护自己关心的人。他们对自己和身边的人都很强硬，为的就是不受环境伤害，或者是毁坏已经取得的成就。

健康的自我意识：我是一个强壮坚定的人。

潜藏的抱怨：我为了生存苦苦奋斗，如果我不小心，别人就会占我的便宜。

主要防御机制：压抑、转移、否定。

人格诱惑：认为自己是完全独立的，不需要别人照顾。从一般状态到不健康的第八型人希望自己完全独立、自由，不需要任何人，但是有意思的是，他们希望自己十分强大，十分有能力，这样别人都可以依靠他们。

当然，第八型人实际上也需要别人，但是这样的需要与他们希望自己坚强和控制自己的环境的愿望是相违背的，因此这种需要等同于软弱，这种想法使他们在感情上越来越孤立，怨恨别人，同时控制欲也更强烈。

可取之处：除了不断增强的对抗性和威胁所有人的能力以外，一般状态下的第八型人也能够意识到：正因为自己总是在和别人对抗，所以自己的生存才越来越受到威胁。他们自我保护的欲望能够找到一种更合理的方式，因此成为了让他们回到更健康发展层级的催化剂。同时，自我保护与自我依靠的欲望也使他们开始关注别人，帮助别人获得同样的力量，这样的做法最终对他们也是有利的。

个人成长建议：见第十章。

结构模式：关键问题是自我膨胀。第八型人的心理就像“火山”一样，总是有巨大的力量不断喷涌出来，影响或者是征服别人。最主要的力量是从他们强大的自我发出的直接朝向外部世界的攻击性（同样包括性的因素）。他们很少有内在矛盾，因为他们的心理结构就是让他们向外释放攻击性，而不是压抑这种感觉，或者是与自己作对。尽管他们的内心很少发生冲突，但是人际关系中的冲突却经常出现，因为第八型总是把自己放在与人对抗的位置上，并且总是想要展现自己的意志、自我，或者在性方面的优势地位。（这样的冲突会带来短暂的焦虑与恐惧感，虽然他们总是否认这一点或者尽力平息。）因此，总体模式是在环境（包括其他人）中的不断膨胀，试图影响、改变，甚至完全控制环境。

认知错误：认为自己有能力完全不依靠他人。这种感觉使第八型人总觉得自己在和别的东西对抗，可能是自然、神灵、别的人，或者是一个很难打开的罐头。这也让他们觉得自己的幸福与别人的幸福完全没有关系。

必然结果：虽然第八型人害怕被受到别人伤害或者是被别人控制（他们的基

本恐惧)，但是他们总是愤怒地与人对抗的态度却增加了这种可能性。他们吓唬别人、威胁别人，最终别人也会报复他们——让他们或者是他们感兴趣的东西处于危险之中。同时，这样的压力也使他们不能实现自己的基本欲望（保护自己和自己的独立性)。但是，鲁莽地表现出自己的愤怒或者是敌对情绪，必然给他们招来报复，从而影响他们的自由和能力。讽刺的是，当他们退化的时候，他们不能再自我满足或者自我依靠，越来越依靠别人保护自己，服从别人的命令。他们并不能成为自己世界的主宰，反而更像一个囚犯，总是生活在担心被人报复的恐惧之中。

不健康的第八型人总是容易忽略自己的恐惧、脆弱和需要。他们对这些特点的敌视腐蚀了他们的灵魂，使他们感觉麻木或者对别人身上表现出的这种特点表现出攻击性。除非这个自我否定和压力的循环能够停止，否则第八型人以及他们身边的人必将面对悲剧结局。有时候，认识到这一点——认识到他们是如何一直滥用自己偶然得到的权力——能够帮助他们运用自己强大的能力与感情来摆脱这一恶性循环。

第九型：和平缔造者

包容能力强、可靠、令人愉快、自满的人

健康的：健康的第九型人有很强的接受能力、思维开放、不做作、稳重、镇定。能够相信自己，接受自己，同时也能够相信别人，接受别人，个性随和，对自己和生活的态度都非常自如。他们耐心、温柔，同时坦率而不做作，纯真而简单，是真正善良的人。他们的态度很乐观、令人安心，总是支持、鼓励别人。他们能够让别人感觉很舒服，让别人冷静下来，减少别人的痛苦，让群体内部的关系变得和谐，能够把人们凝聚在一起。如果有需要，健康的第九型人也能变得充满力量，朝气蓬勃。他们的镇静、稳重以及智慧能够让他人安心。他们很容易理解别人的观点，是很好的调解人、谈判者、顾问。他们的幸福感能够鼓舞别人，让别人觉得舒服，有一种在真正接受自己人生状况之后的高贵、宁静与平和。在最佳状态下：他们冷静而沉着，内心极度的平静满足，感觉自己自由自在，并且

充实；十分独立，能够与别人形成很好的关系，因为已经真正地同别人完全融合在了一起；强大而清醒，脚踏实地，关注自己也关注别人；有一种不服输的精神，就像自然的力量一样——充满活力，与生活紧密相连，将精力专注于一点；精力充沛、充满生命力，泰然自若。

一般状态下的：一般状态下的第九型人开始害怕矛盾冲突，因此比较谦逊，乐于助人，与他人和睦相处，就算他们压根儿不想做一件事情，也仍然会答应。他们表面上很和气、很好相处，但内心中却有一种抗拒。他们会用信仰或者是一些古人的老话来影响和改变别人的观点，用一种“无懈可击的哲学”来抗拒改变。他们越来越不想唤醒自己，可能会接受一些保守的角色或者是简单的、不会有任何疑问的期待——常常十分理想化，他们总是在观察别人的生活，代替自己的亲身体验，有种置身事外的感觉。他们希望保持与别人的关系，同时又不希望受到别人太多的影响。他们不喜欢改变、计划被打乱或者是任何形式的压力，可能会变得消极冷漠，反应迟缓，自以为是，远离冲突，掩盖矛盾。他们声称自己几乎没有什么需求，逐渐地压抑自己的欲望。他们可能在体能方面十分活跃，但内心却十分懒散，懒洋洋的，不愿意充分展示自己。第九型人对事物表现出漠不关心以及拖拖拉拉的态度，总是在拖时间，一直拖到问题最后自动消失。他们每一天都遵循同样的生活节奏，做同样的事情，每一天都很忙，但内心却毫不关心自己正在做的事情。他们把麻木和放松混淆在一起，通过看电视和粗制滥造的小说，沉迷于物质享受，以寻求感觉的麻木。他们开始逃避现实，不去注意那些自己不想看到的事情。喜欢做白日梦，让自己深陷于愉快的幻想之中，因此变得“微醉般的醺醺然”——在想象中把这样的状态当做一种更高的追求。他们无所事事，漫不经心、粗心大意，他们的头脑变得茫然，不专心，总是像在沉思，大部分时候都在构想一个理想化的世界，在这个世界里，一切将会是多么的和谐快乐。他们逐渐变得固执，越来越无法与人交流，不愿意被别人影响，但是还是能够讨人喜欢。如果问题得不到解决，第九型人会尽量掩盖问题的严重性，从而让别人镇定下来，把问题藏在自己的背后，不惜一切地想要得到平静的生活。他们开始信奉斯多葛主义和宿命论，对生活中的事情隐忍服从，艰难地忍受生活的压力，好像自己对这一情况无能为力，没有任何力量能改变这一切。在第九型人平静的表面之下掩藏着很多危险，时不时地就会爆发出怒火。他们的判断力非常差，对生活充满了幻想，希望找到解决问题的有效方式，但是又不希望付出任何代价，也不愿付出努力。

不健康的：不健康的第九型人仿佛坐在一个火山口上，身下压着大量没有发泄出来的愤怒，努力不去考虑这些愤怒搞得他们精疲力竭。他们可能非常的抑郁，对自己精力的压抑又可能导致个人的发展不够充分。他们变得越来越无助，越来越没有效率。别人必须干预他们的生活，把他们从中拯救出来。因为害怕自己会意识到那些被自己压抑的愤怒和悲伤，他们变得越来越顽固，固执地不承认问题和冲突的存在，或者有糟糕的事情发生。他们会责怪那些把坏消息带给他们的人，如果有人提醒，指出他们的问题，他们就会发火。他们疏忽大意，毫无责任感，对那些需要帮助的人来说，是非常危险的。如果问题继续发展下去，第九型人就会试着掩盖所有可能影响他们的问题。为了保护自己，他们把自己与他人分隔开来，以至于不能正常与人交往。他们极度张皇失措，失去个性，精神紧张，有可能会导致情绪崩溃，人格分裂。

三元组中存在的问题：作为本能三元组中的基础人格类型，第九型人最不易感觉到本能的驱使，取而代之的是天马行空的想法和强烈的感情。他们用本能的力量来维持自己与他人之间的界线，或者是解决自身的一些令人困扰的问题。总而言之，第九型人不愿让自己的生活乱七八糟。他们强大好战的抵抗力会受到别人的影响或被改变，有时候也会受到自身的强烈感觉或者是欲望的影响。由于本能力量不能给自己带来鼓励，为了弥补，第九型人试图通过别人来完成自己的梦想，认同于一个更“强壮”或者是感情更充沛的人。他们也有攻击性与压抑的问题：果断的直觉被压抑了，自我感觉与他们的活力和独立的各种表现也同样被压抑。

解离方向：一般状态下的第九型人非常随和，很好相处，外表上看起来积极乐观，尽最大可能不被生活的起起伏伏所干扰。但是他们也像别的类型一样，不可能没有任何问题，他们也会被烦人的事情搞得很沮丧。但是他们的防御机制使他们能够在危机面前表现得很冷静，保持主见。然而，当问题大到似乎无法解决的时候，由此而来的压力就会使他们表现出一些第六型人的行为和态度。在这种情况下，第九型人会看起来更加焦虑，反应也更强烈了。首先，他们拒绝全面了解问题，但是当问题的全部影响都显现出来以后，他们会变得更加焦虑、更加悲观。如果这个问题是人际关系方面的，他们就会突然作出反应，开始反抗，实际上就像第六型人一样，把别人赶走，释放压抑已久的挫折感。虽然这样的行为能使他们在被隐藏的重压之下暂时喘口气，但通常都无助于解决真正的冲突和问题。

不健康的第九型人常常表现得极端固执，完全不愿表达自己内心中的痛苦和焦虑。他们强有力的防御机制是否定和分隔，但是这些行为使他们离现实如此之远，以至于不能很好地与人交往。当他们转变为不健康的第六型人时，他们内心的焦虑与偏执会统统显现出来，完全控制住他们。他们的回应歇斯底里，他们变得充满恐惧，丧失理智，猛烈抨击别人，同时又前所未有地希望得到别人的照顾，帮助自己解决问题。退化了的第九型人有时候甚至会像受虐狂一样把自己搞得很悲惨，希望别人能把他们从低谷当中拉出来，从而重新和别人建立关系。

整合方向：当健康的第九型人转变为第三型人时，他们开始对发展自己和自己的潜力很感兴趣。他们能够把握自己的生活，确定自己的价值，估量自己做出的贡献。他们学会把自己的时间和精力都花在那些可以磨炼技术以及可以让自己成长的活动中。随着自我意识的不断发展，第九型人变得更确定，更独立，更肯定自己，自尊心也增强了。他们的感觉更加灵敏，更愿意去实践，开始生活在真实的世界中而不是生活在自己的幻想之中。他们还发现自己可以享受自己的存在，充分地表现自己，同时也能够和那些真正喜欢他们的人保持良好的关系。

安全点：第九型人可能会表现出一般状态下的第三型人的一些行为，但是仅仅是在和信得过的朋友以及身边亲密的人在一起的时候才会如此。第九型人希望别人能够接受自己，同时与别人保持良好的关系，但是为了达到这个目标，他们会按照别人的需要来调整自己，就像一般状态下的第三型人那样。第九型人更容易被视觉上的东西，比如说图像或者是外表，或者是做出一些讨人喜欢的行为。如果有一个熟悉的安全环境，他们很容易成为有目的的工作狂。在与亲密的人在一起的时候，他们可能会表现得很自恋，目的就是吸引别人的注意，别人对他们感兴趣让他们很享受。

童年模式：对父母双方或者是父母一方的形象有认同感。第九型人胸怀开阔，从童年时期，他们就开始承担父母或显或隐的期待，并且主动调节家庭气氛。虽然与第九型有关的两种类型，即第三型和第六型，对父母任何一方（对第三型人来说是养育者，对第六型人来说是保护者）的期待都能够予以关注或者是作出回应，但第九型人却同时与父母双方紧密相连。其他的家庭成员对他们的潜在要求让他觉得自己被包围了，因此他们逐渐退回到一个幻想中的安全世界，在这里他们更自由、安静和自在，比在家庭中好得多。有些第九型人学会了退却，他们在大自然或者是其他孩子中间寻找避难所，其他人在感情上退缩了，可是身体却仍然停留在原来的地方。无论如何，第九型人都觉得自己的家充满了各种判断、要求，以及各种各样的矛盾与冲突。他们试着降低姿态，不再要求很多，不再坚持自己。他们让自己消失，希望他们的存在不会让情况更混乱，或者是制造更多的冲突。

基本恐惧：失去与分离，与他人分开。

基本欲望：有一颗平静的、完整的心。

从属动机：第九型人希望自己内心坚定，希望能够保持自身世界的和谐与平静，希望调解矛盾，把人们都凝聚在一起，避免矛盾，保持事物原本的样子，不要让任何事把自己的心情搞糟，使问题和冲突最小化，保护“这个世界一切都很美好”的幻想。

寻求目标：和谐与稳定。第九型人喜欢一致、统一以及与他人的心灵交流。

他们能够发现一种理想秩序，一种安排事情的方法，就像本能三元组中的另外两个类型第八型和第一型那样。第九型人希望通过努力培养内在的轻松、自在、简单，感受到外部世界的轻松、自然、简单。总之，他们希望能够找到一种真正的内心平静，这样的平静也会对他们的外在环境产生积极的影响。

健康的自我意识：我是一个平和的、很好相处的人。

潜藏的抱怨：我喜欢我现在的方式，可是所有人都在逼着我改变。

主要防御机制：压抑、分隔、否定。

人格诱惑：为了避免冲突和自我判定，一般状态下的第九型人很坦白，他们直接表达自己的欲望，占据一个强有力的、以至于带有些许攻击性的位置。他们相信，如果坚持自己的想法，就会冒很大的风险，可能会扰乱、甚至是破坏朋友之间和谐的关系。因此他们开始相信，如果自己的态度不太强硬，把自己的位置摆得低一些，就能够保持与朋友的关系，以及内心的平静。第九型人在自己想拒绝的情况下仍然会说同意，这样虽然能够在短期之内避免冲突，但如果别人采取了一系列让他们不舒服的行为，他们就会很愤怒。受到压抑的愤怒是造成抗拒感、抑郁和与人分隔的行为的第一步，这会给第九型带来很多问题。

可取之处：虽然第九型人越来越具有抗拒性，反应迟钝，成为宿命论者，但是他们仍然非常重视与别人的关系，可能会付出努力来消除自己的抗拒性，学着对别人作出回应，而不是继续退化，否定和忽视别人。第九型人接受他人的健全能力使他们能够真正地先考虑别人的需要，就算是在短期之内牺牲内心的平静也可以。

个人成长建议：见第十章。

结构模式：关键问题是谦让。第九型人有两个精神层面，第一个是主观感觉和幻想的内心生活，第二个是能够给他们带来主观状态的人际关系。在其他方面，占主要位置的是他们的内心世界：只有在很健康的情况下，他们才能不断地关注现实世界，而不是关注自己理想化的世界。当第九型人退化的时候，他们的注意力不再集中在自己与别人的关系上，而是更多地关注理想化的自己。对从一般状态到不健康的第九型人而言，外在模式成为了一种调解和对别人的谦让，但这仅仅是为了保持自己的平静，忽略外在世界。他们的内心生活由幻想控制，他们仍然彻底地抗拒现实世界，无法改变，无法动摇。

认知错误：第九型人寻求心灵平静的方式是分散注意力，远离自己的本能能力。他们意识不到自己，错误地认识自身的存在状态，认为对生活的参与以及投入都是不重要的。

必然结果：如果第九型人继续通过抗拒现实、压抑愤怒和从表面上调整自己来维持一种虚假的内心平静，他们必定会逐渐失去自己的基本欲望（内心的稳定与平静），同时逐渐增加基本恐惧（与自己的所爱分离，相关内容见《九型人格》，第301页）。他们非常消极、自满，他们的大意与顽固，以及不愿意面对现实的特点都不可避免地给他们的生活带来冲突。

事实上，第九型人潜意识中对那些想要违背自身意愿做出承诺的人的愤怒使他们离别人越来越远。有些讽刺的是，虽然他们觉得生活安宁美好，但是却常常给别人的生活带来挫折和冲突。他们不承担自己应负的责任，使问题变得更加严重，然后不得不逃离自己引起的问题。同时，他们采用的保护自己内在平静的手段也会使自己与别人的距离越来越远。别人很难突破他们的防御并接近他们，因此第九型人越来越孤立，却仍然生活在愉快的白日梦世界里。

第九型人必须记住，只有拥抱这个充满生机的、不断变化的现实，才能得到真正的完整和心灵的平静。生活中没有什么是一成不变的，想要继续不被身边发生的重大变化影响，无异于行尸走肉。从某种意义上说，第九型人就像是站在游泳池旁，伸出一只脚，用脚趾碰碰水，来试探一下自己能不能跳入水中。当然，这个游泳池就是生活，第九型人一直在试着找到让自己全身心投入进去的勇气。这样，他们就会找到自己一直在追寻的内心的安宁与平和。

第一型：改革者

有原则、果断、有自制力、崇尚完美的人

健康的：健康的第一型人非常勤恳，有着坚定的个人信念：他们有鲜明的是非观，以及非常强烈的道德感。他们希望自己理智、讲道理、自律、能够适应任何事情。他们有非常高的道德境界：真实与公正是基本的原则。他们的诚实、正直使得他们成了杰出的道德表率、公众榜样、真相与其他美德的见证。他们觉得自己承担着生活的某种职责，因此极有目的性，把自己的时间、精力与感情都花在那些他们认为是自己职责的事情上。他们与人交流时有条有理，能说会道，在压力之下仍能保持泰然自若。他们的原则性很强，总是希望自己成为不偏不倚、公正客观的人，为了大家的利益，甘愿做一些自我牺牲，或者推迟自己的享受。他身上有着阿波罗式的理想：培养美德、达到完美与平衡。在最佳状态下：他们聪明绝顶、极富同情心，同时拥有极佳的洞察力；能够完全接受现实本身，所以拥有超常的现实感，在任何情况下，都能找到最佳的应对方法；目光非常长远，因此能获得超凡的视角；对自己和别人身上的小毛病都有彻底的认识，并能够完全接受，因此拥有一种鼓舞人心的能力——真相终会大白于天下；能够给别人一些聪明的忠告，有高远的理想和目标；生活态度积极向上，充满希望，心地善良，能以一种伟大的包容精神平衡人性的不完美。

一般状态下的：一般状态下的第一型人对现实十分不满意，觉得自己有一种崇高的义务，改革一切的任务就落在他们的身上：他们是改革家、发起者、评论家、教育家以及高尚的理想主义者，努力推动事情的发展。他们希望事事都能朝着理想化的方向发展，从而恢复其“应有”的样子。第一型人觉得自己需要进行解释、纠正、辩论，指出外界存在的错误、同时努力维持自己的标准。他们越来

越确定自己做的是对的，确定自己的观点是正确的。他们越多地表达自己的观点和标准，就越害怕犯错，认为每件事情都应该和自己理想的情况相符。他们做事有条理、有方法、计划完备、干净利落、不疏忽细节，但同时也更严格、没有人情味、不苟言笑、在感情上比较拘束：他们严格地控制自己的感情和冲动，因而变得紧张压抑，开始不时受到抑郁的侵袭。他们通常是工作狂——必须确保自己不是落在后面的人。可能像清教徒一样自律、（无法克制地）吹毛求疵、一丝不苟、严谨、迂腐。他们的思考方式是分类和归纳，认为所有的事情都非黑即白、非对即错、非善即恶。他们对每件事情都有很多意见——如果觉得做得不对，就会纠正别人的做法，非要别人按照自己觉得对的方式改过来不可，对自己和别人总是持有批评的态度：爱评论人、挑剔、鸡蛋里挑骨头。他们有完美主义倾向、非常没有耐心、如果不按照他们的描述去做，就会十分不满意，甚至会对那些不按照他们的标准做事的人产生不满，认为别人破坏了自己完美的工作。他们会对那些被他们判断为错的、不合适的、不好的人（或者事物）进行道德教育、训斥，并且非常生气。

不健康的：不健康的第一型人极端的自以为是，心胸狭窄、自以为有道德、对别人不宽容、不灵活。在他们看来，除了自己以外，每个人都很懒、或者每个人都是堕落的。他们认为只有自己知道真相，并且以狭隘冷漠的绝对态度发号施令。他们对判断非常严格，为了证明自己是对的，就必须证明别人是错的。他们用诡辩和合理状态来维持自己的“合理”地位，但是在背后，他们悲伤而抑郁，有时候会抑制不住地表现出一种“被禁止的快乐”，有时候又会表现出一种自虐狂式的罪恶感与悔恨。他们对别人做错的事情耿耿于怀，但是讽刺的是，他们自己也可能犯同样的错误，或者是更糟。他们的本能也会反抗超我，这使他们常常嘴上说一套，手里做另外一套，同时把自己矛盾的行为和态度合理化。他们对别人非常不宽容，如果别人做的事情是所谓的“错误的”，他们就会变得残忍暴虐。我们也可以相信，他们的一部分表现是源于对自身痛苦的反应，由于自我惩罚，有可能出现严重的抑郁、神经崩溃甚至试图自杀。

三元组中存在的问题：在本能三元组中，第一型人的本能冲动遭到了抑制，于是他们希望依靠一种强硬的立场或者信念来补偿。他们还未拥有可以在行动时不必受到内心的谴责或者是没有罪恶感的能力。他们的行为下面掩藏着一种尝试，尝试着升华自己的本能冲动，以使社会和超我能够更好地接受。对于自我和他人难以驾驭的攻击性（生气、不满与愤怒）与压抑（对本能、肉欲以及其他欲望的压抑）是两个重要的因素。

解离方向：如果没有自律与对某一目标的追求，第一型人几乎什么也不是。像第三型人一样，第一型人重视效率，希望在加入自己的感情因素前把事情完成。但是压力可能会大到让他们再也不能对自己的感觉视而不见的程度，在这样的情况下，他们会表现出一般状态下的第四型人的行为和特点。转变为第四型人的第一型人觉得自己被孤立也被误解了——他们努力工作，可是别人根本不关心他们的成绩或者想法。这种自怜使他们像一般状态下的第四型人一样只重视自己，他们的行为方式常常与自己表现出来的价值观有些细微的冲突。典型的理智的、从不犯傻的第一型人开始变得脾气暴躁、喜怒无常，他们远离人群，独自生闷气，或者是希望有人发现他们的痛苦，帮他们从痛苦中解脱出来。但糟糕的是，他们是不可能主动开口寻求帮助的。

不健康的第一型人受到自身严厉的道德感的驱使，因此也不能摆脱苛刻的批评。他们做的事情没有一件能让自己满意，似乎总是达不到标准。压力使他们不可避免地表现出与不健康的第四型人相同的行为方式。第一型人恨自己，也恨这个让他落入如此境地的世界。他们不再充满活力，觉得自己应该因为承受痛苦而得到更多的补偿——但是他们做的事情往往会给他们带来更多的伤害。最后，不健康的第一型人会做出极为矛盾的事情，以至于被他们的道德观紧紧抓住，陷入无止境的自我批评中，被罪恶感和耻辱感淹没。当第一型人逐渐退化，成为不健康的第四型人时，他们退化到严重的抑郁、自我批评、自我毁灭的状态中，心里充满了自杀的念头，最后有可能严重抑郁或者神经崩溃。

整合方向：当健康的第一型人转变为第七型人的时候，他们接受了现实是不完美的，因此也更放松，更有效率。他们不再觉得自己必须不断努力让所有的事情都变得完美，也不再觉得需要靠自己一个人的力量来拯救世界。生活变得不那么有压力，不那么沉重。他们可以接受事物顺其自然，变得越来越快乐、自在和乐观。转变为第七型人使第一型人能够更好地与别人交流——轻松的表达使别人能够更容易地接受他们所关注的实际上比较严重的问题。他们变得越来越有好奇心，对与自己不同的观点产生兴趣。最重要的是，处于整合方向上的第一型人终于意识到了完美的存在。他们可以停下来，做个深呼吸，欣赏生命中的奇迹。

安全点：第一型人可能表现出一般状态下的第七型人的特点，但是仅仅是在与自己信得过的朋友或者与身边亲密的人在一起的时候才会如此。在熟悉的环境之下，他们可能会让自己放松一下，表现出更加吵闹、更加活泼的一面。在不同任务之间的短暂休息时间，他们也会变得像第七型人一样没头绪，不知道如何打发自己的闲暇时光，点菜的时候不知道该点什么，希望把很多事情塞进很短的时间中完成。第一型人非常有意思，当觉得这么做很安全的时候，他们非常希望（挑战自己的形象）让别人震惊。

童年模式：第一型人对保护者没有认同感，而这一角色通常是由父亲或者是父亲的形象担任的（详细内容请参见《九型人格》，第306～308页）。第一型人觉得，在幼年时期，他们没有得到足够的指导和支持：有时候因为太严格，有时候太专断，有时候太模糊，甚至有时候根本没有得到任何指导和支持。不管是因为什么，幼小的第一型人都对他们得到的指导和锻炼有很深的挫折感。因此他们觉得必须建立自己的指导原则和规则，这常常比家庭中的规则还要严格得多。事实上，幼小的第一型人会说："我要成为任何人都挑不出毛病来的人。我的要求比任何人都高，所以我永远不会有麻烦。在别人惩罚我之前，我要先惩罚自己。"当然，这样的想法也是一个人的道德观。成年后的第一型人仍然依靠它来决定自己的行为。

基本恐惧：堕落、不完美、变得不好。

基本欲望：希望自己正直，做个好人。

从属动机：第一型人希望公正地对待别人，凭良心做事，为自己的理想奋斗，改变世界，防止出现错误，不希望受到批评，想要证明自己是有理的，希望自己完全是清白的，谴责那些不符合自身理想的人。

寻求目标：正直和改善。第一型人希望能对整个人类做出贡献，希望让世界变得更美好，从而得到自己在世界里的位置。他们让自己的渴望更高尚，努力工作，了解什么是好的，以及为了让“世界更美好”需要付出的代价。他们是实践的理想主义者。第一型人在童年时期受到了感情上的伤害，因此他们的道德观十分冷酷，就算是自己真的取得了什么成就或者是改善，也很难享受到这种快乐。

健康的自我意识：我是一个理智的、客观的人。

潜藏的抱怨：我大多数时候都是对的，如果人们听我的话，世界会更美好。

主要防御机制：压抑、形成反应、转移。

人格诱惑：有强烈的个人道德使命感。一般状态下的第一型人觉得自己有责任去改变每一件事。他们觉得，如果自己不做就没有人会去做，或者就算是别人愿意做，也不会做得像自己那样好。因此他们逐渐执著于组织、纠正每一件事，让每件事都变得完美，任何不符合他们所定义的理想的人或事，他们都会加以批评。

可取之处：虽然很喜欢批判，处处讲求完美，但一般状态下的第一型人仍然足够客观理智，以免退化到狭隘或自以为是的地步。他们健康的理性与调节能力可以帮助他们回到较健康的状态。

结构模式：关键问题是客观性。第一型人努力保持客观、理性、公平，并且不受任何个人欲望与感情的影响，因为欲望与感情会干扰理想的实现。因此，在他们的精神层面，主观和客观、意识和欲望、想做的和应该做的，都分得很清楚。在外部世界里，第一型人努力想要达到一种更高、更完美的状态，想要改善每一件事，包括他们自己（通过教育、训练、艰苦工作、高尚的品格来实现）。因此，他们的总体心理模式是一种持续紧张的状态，他们希望给世界的客观价值与他们个人的内在冲动（性方面的、攻击性的、个人的欲望）之间存在一种持续的紧张，如果他们不能适当地抑制自己或自我控制，这种紧张可能会爆发。

认知错误：他们把自己的内在批评（道德观）当做判断一件事情是好是坏、是否合理的标准。这一倾向使他们变得爱批评，因此也带来了分隔、二元论、责备、谴责，失去了自己的正直和平衡。

必然结果：第一型人是理性、有逻辑的，因此在所有类型当中，他们最关注自己行为所带来的结果，对自己的理性判断会使他们不那么执著。但是，自我永远不会绝对客观，第一型人赖以生存的规则和标准有时候会成为他们麻烦的来源。如果他们继续把自己的道德观当做判断是非的唯一权威，将会逐渐陷入自己的基本恐惧（堕落、不完美、变得不好），并失去基本欲望（希望自己正直，做个好人见，相关内容参见《九型人格》，第327页）。正直是完善的一部分。想要正直就必须消除内心的矛盾与冲突。但是在另一方面，价值观的判断总是会引发一个人与自我的矛盾和冲突，我们自身的一部分在判断另一部分，必然结果就是我们与自我相分离。如果第一型人继续把道德观当做对自己和现实的判断依据，他们就不会得到一直寻求的公正和智慧，也依然认识不到每一个时刻的完美。当他们认识到了自身价值观的不足时，他们内在的智慧就被释放出来，展现在这个世界中。

我们把这一章中讲到的9种人格类型的一些特质在九柱图上展示出来，便于大家更清楚地理解。

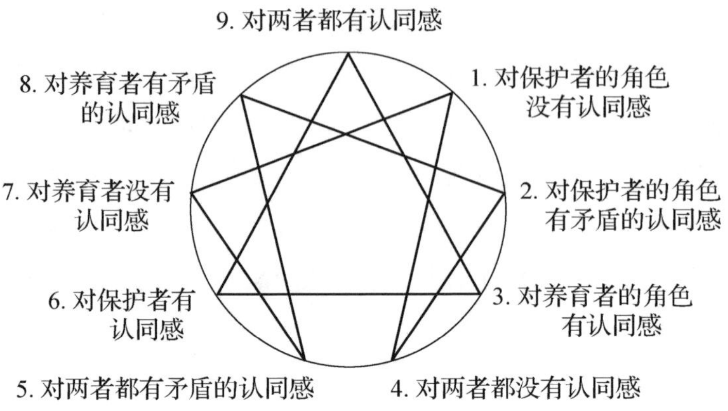

图3–1　童年模式九柱图

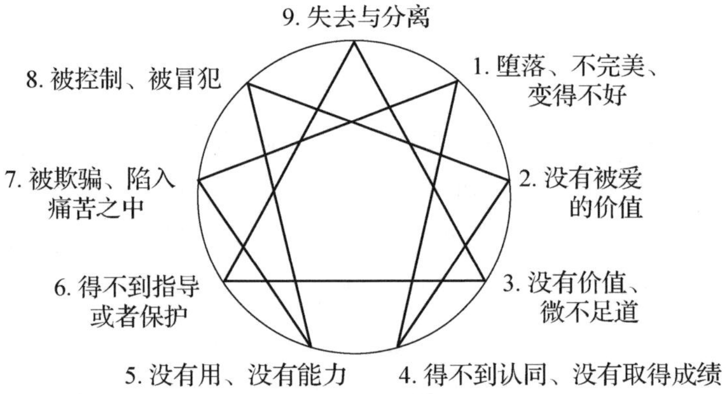

图3–2　基本恐惧九柱图

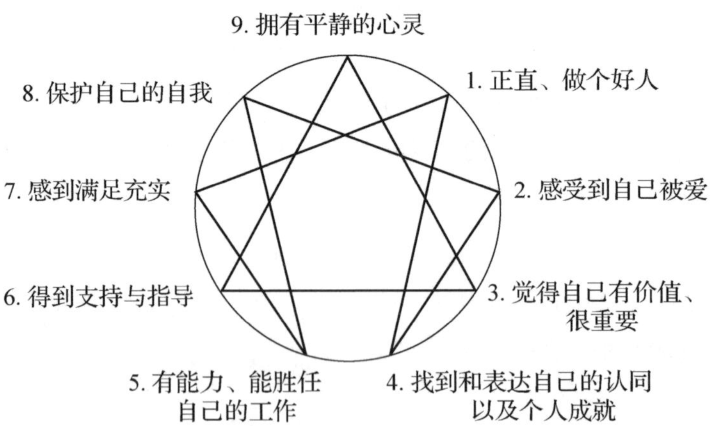

图3–3　基本欲望九柱图

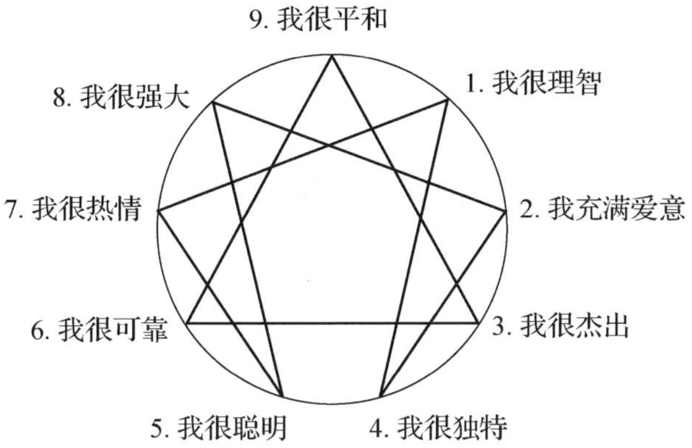

图3-4　自我意识九柱图

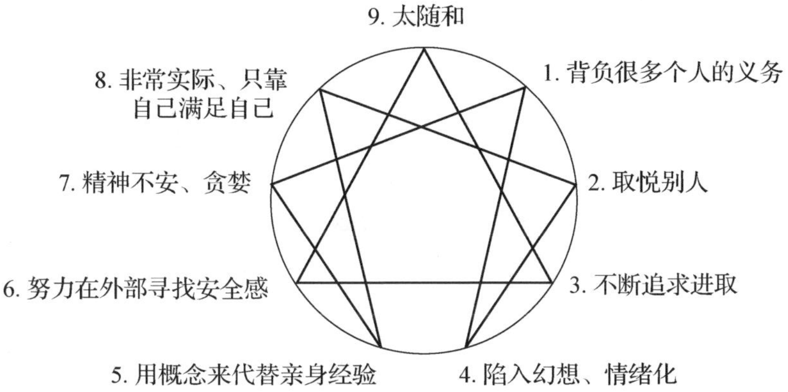

图3-5　人格诱惑九柱图

第四章　发展层级

> 对每一个人性格的综合描述一定会包含数量庞大的信息。其中肯定包括对本体、自我、道德观、焦虑、意识到的和意识不到的力量、人际关系、生命历史的光辉、兴趣、态度、习惯、面对世界的不同人格模式、症状（如果有的话）、理想、目标等特征的描述。为了避免如此繁重的劳动，多年来，分析师们研究出了一个更简洁明了的判断方法，类似于特质心理学。
>
> 因此他们从每个人的生活故事当中抽取了一些反复出现的词，并把这些词归入不同的集合（也许可以被看做是一个人的核心特征），并试图把这些集合和这个人的其他行为联系起来。我们还能举出很多在文献当中找到的例子，说明很多更重要的性格学的描述就是在这个基础上产生的。
>
> ——鲁本·弗恩，《精神分析学史》

接下来，弗恩先生简单地描述了口唇人格、肛门人格、菲勒斯-自恋人格、癔病人格、权威人格、假想人格，等等——如果我们阅读一下第七章，就可以在九型人格中找到所有的这些特点。

在《九型人格》一书的第十四章中，我们简单地提到了九柱图是如何成功地帮助大家搞清楚精神病分类的，但是必须要有一本专门介绍这一理论的书，才能解释清楚这个复杂的系统，展示出这一理论的不同方面。我们只讨论这个理论最有实用价值的一个部分——发展层级。

九型人格的核心内容——对9种人格类型的描述——总是正确的，让我们觉得做更多的进一步研究以及对这一理论系统的进一步提炼会对人们的生活有更大的好处。比如说，较早的纳兰霍-耶稣会的传输流对人格类型的描述都非常简短（一般不满一页），并且比较抽象——仅仅能够说明每一个类型的大致特点，却不能让读者感到非常满意，当然更不能让他们有更深入的思考与了解。为了解释说明每一类型的所有特点，还需要进一步的详细描述。

并且，确定每一个类型到底有什么特定的特点也极为困难，因为我们还不能列出一个“绝对正确的单子”，同时也没有发现每一类型的内在结构。九型人格是并且仍然是一个新兴的、正在不断发展的领域。那些通过耶稣会会员了解了九型人格理论的人，对其所传达的基本洞见以及精神和心理方面的暗示的兴奋，超过了澄清晦涩不明之处甚至矛盾所带来的兴奋。

这一章更多地介绍发展层级，也就是每一类型的9个发展阶段，这是一个由健康层级到一般状态再到不健康层级的相关特征所组成的连续变化过程。发展层级是对每一类型的内在结构的展示，这个概念化的骨架加上特征、防御机制、人际关系、态度以及其他复杂因素后就变得有血有肉了。唐·理查德·里索回忆了他是如何发现这些层级的。

我关于发展层级的理论和其他的发现一样，都是基于一种实际的需要。当我第一次开始试着描述一个人的人格类型时，我使用了一个主题式的方法，描述了每一种类型在生活和工作中的表现，他们的人际关系，有意识的和无意识的态度、欲望和恐惧，等等。但是我很快意识到这种主题式的阐述可能会有很多重复的地方，我的描述因为缺少一种整体结构而变得又长又拖沓。因为我还不知道如何更好地组织材料，因此其中也不会有从健康到一般状态再到不健康的发展阶段。我的描述好像一直在绕圈子，实际上没有什么特别的内容。

当然，这样的主题式描述偶然也会存在一些不确定的地方，就像我们在每天的日常生活当中常有很多不确定因素一样。而缺乏清晰性常常会陷入麻烦中。在一切都很清楚时，我们的本能会好好工作。在一种理想状态下，描述不应该像人性一样有无数纠结，而是应该超脱于其上，能够阐释清楚人的本性。要找到一种简洁的描述人格类型的方法，关键在于扫清我们日常生活中的迷雾，总结出一些比较普遍的模式。发展层级就是帮助我们达到这一目标的钥匙。

我花了整整两年时间，努力把成千上万的现象总结成条理清楚的描述，最后终于找到了发展层级这个好办法。自从1977年发现这种方法以来，我对它的了解与日俱增，但是拉斯和我还远远不能揭示它所有的含义。

我的工作方法是把每一种人格类型的特征或者是现象写在索引卡片上。我没有把卡片按顺序排列起来，而是对它们进行分类整理，看看会不会自然地出现什么模式。像平时一样，我从情感三元组中的第二型开始，当我读完了所有的卡片，并把它们按照相关特征分类之后，我发现我把它们分成了8组。接下来在整理第三型时，我把卡片分成了9组。同时我也发现，它们也可以形成一种有差异的排列。开始我觉得这些特征可以被分为两类——健康的和不健康的（健康的有4组，中间有一组作为过渡，然后还有4组不健康的）。

最终完成了其他类型所有卡片的分类之后，我逐渐发现，还有一个属于“一般状态”的中间范围。同时每一个类型的特征也全都可以分成9组，接下来我又发现它们可以被分为3个群——3类健康的，3类一般状态下的以及3类不健康的。这一准备工作用了两年的时间，之后我又花了5年的时间来思考和观察，研究每一个发展层级的更多细节，并且为它们命名。（为了了解一个重要的相关问题，我最终确定了每个发展层级的抽象模型，它们就像是每一层级上发生的心理活动的蓝图。这些“心理结构”还没有公之于众，但它们是这些层级的重要的概念基础。它们为每一类型的每一特征的存在及位置提供了理论依据。心理结构是可以被翻译成语言的抽象的“等式”——然后我们再进一步地进行详细的描述。）

虽然发展层级有很大的作用，但它并不能自动地表明类型或者显示与层级本身有关的一切。我们现在还在不断地加深对这两方面的了解，并且这一过程还将持续很多年。因此，这一章中的信息只是发展层级能够呈现出的内容中的一部分。然而，既然我们这一章节是以实用、给大家提供发展层级的用法为目的，那么，我们就不需要像百科全书一样详细，也不需要太专业（如果想要了解更多的发展层级理论的相关信息，请参见《九型人格》，第367～392页）。了解每一类型的各个层级（以及层级之间的关系）非常有价值，在实用方面有很大的用处，几乎贯穿了本书的剩余部分。

发展层级心理学

每一个程度都可以用一种特定的心理或者是人际交往过程来描述，它们出现在这一连续发展过程中的各个点上。我们曾经在《九型人格》一书中（第335~339页）介绍过这些过程，但是在本书当中会有更详细的描述。

你应该记得，每一种人格类型的发展层级是这样的：

第一层级	
第二层级	健康的
第三层级	
第四层级	
第五层级	一般状态
第六层级	
第七层级	
第八层级	不健康的
第九层级	

图4-1　一个连续变化过程

在《九型人格》中，我们给每一层级都编了号，同时对每一个层级都进行了简短的介绍，作为一个描述性的标志，以说明在这个发展阶段发生了什么。在附录当中我们也提供一个关于发展层级的列表，以及对其内部模式即核心机制的详细描述。

发展层级在很多方面都能发挥作用。在理论上，每一个层级都可以被看做是这一类型的基本组成部分，也可以看做是独立的人格子类型，具有自身的独特性。（实际上，这差不多也是我们在精神病学文献中发现的内容。）但是大部分人都不会一直静止于某一层级上不动，而是在这个连续变化过程中不停地上下移动。有时候他们会表现出螺旋式地下降，患上精神疾病，有时候他们一直上升到健康或者是整合状态。当他们在连续的发展过程中不断变化时，不同的特征和防御机制会不断出现，与现有的特征、防御机制混合在一起，形成我们所看到的每一个复杂的人。

进一步说，如果不考虑发展层级，就几乎没有办法对人格类型做总结概括：当一个类型不断退化，程度不断下降时，他们的特点会变得跟以前截然不同。我们只能说每一类型在程度变化上都有一定的敏感性。例如，健康的第八型人是所有人格类型中最慷慨善良、最积极的。他们努力创造一个良好的环境，让人们的生活变得更美好、更坚强。而与之相反的是不健康的第八型人：充满了愤怒，觉得整个世界都在和他们作对，他们会变得非常消极，冷酷无情。如果一个第八型人非常健康，而另外一个很不健康，他们就会表现出极为不同的特点，以至于会被错误地归入其他类型，或者至少会被人误解。人们总是在自身类型的不同层级之间变化，因此很难一直用某一特征描述某一类型。每种类型都包括了一个由上百个相关特征和动机组成的连续过程——因此在判断自己或者是别人属于哪一类型之前，必须先尽可能多地思考这些特征。每一程度的内心深处的恐惧、欲望以及种种特征共同形成了一个内在的螺旋，这就是相关的心理结构和防御机制，它们又组合在一起，形成了某一人格类型。换句话说，每一人格类型都是9个层级的总和。因此，仅仅凭一些特征来判断某个人属于什么类型是非常不明智的，因为跟每一类型有关的行为总是在不同的发展层级之间变化着。

在接下来的这一部分，我们将简单地展示一下这81个发展层级（9种层级乘以9个类型），以使大家更清楚地了解这些发展模式，也能让大家了解各个类型是如何组合起来形成这一连续的整体的。你们也可以从那些描述性的词语中看出，我们如何努力在专业性词汇和普通词汇当中进行取舍，找到一个最好的、能描述每一个阶段的词语。为了描述方便，我们的图表从上到下顺次从健康状态到一般状态再到不健康状态，这个从上到下经历不同发展层级的过程就是一个退化过程。而从下到上运动则是心理上越来越健康平衡的表现（第十章给出了个人成长建议）。不同发展层级之间的变动可能是从上到下，也有可能是从下到上的。并且，就像我们曾经指出的，每一个人的人格特质在这些层级间上下变动。为描述简单起见，我们把这些层级看做是“从上到下”的——假设他们只在一个方向上移动——也就是变得越来越不健康。

每个类型都有着复杂的内部结构，从不同层级间相互对应的关系中可以看出这一点。每一类型的内在协调都表明了这些层级构成了一个整体——每个部分都完美而精确地组合在一起的整体。这种内在的协调也能表明，为什么某一类型中的不同特征并不相互矛盾：每一特征都必须符合一个更大的整体，也就是类型本身的要求。

比如说，以第二型人为例，我们发现第一、第四以及第七层级的心理过程是对应的，从不求回报的利他主义者（第一层级），退化到热情洋溢的朋友（第四层级），然后到自我欺骗的操控者（第七层级）——从无条件的爱退化到取悦别人最后到操纵。第二、第五、第八层级也是对应的，从关怀者（第二层级）退化到富有占有性的密友（第五层级）最后到高压性的支配者（第八层级）——从同情退化到干涉，再到强迫。第三、第六以及第九层级也是对应的，从扶助性的助人者（第三层级）到自负的“圣徒”（第六层级），再到身心疾病的受害者（第九层级）——从慷慨到多管闲事的自我牺牲再到感觉自己被牺牲、被人占便宜。我们列出的3组对应关系并未完全显示出各类型的内在一致性。对于别的对应关系，我们在这里不再探讨。

所有类型之间都存在着对应关系。比如说，你可以横向地比较处于同一发展层级的不同类型间的异同。发展层级是帮助我们了解和组织各种类型的方式，同时我们也要记住，它们仅仅是这一领域的一张地图——而并非这一领域本身：真正的人当然不会这样的高度结构化，也不是那么容易就能看透的。然而，我们又能够如此准确地将它们表示出来，九型人格的各种人格类型又一次证明了它们在细节和复杂性上非凡的丰富性。

表4-1列举了一个连续变化过程中的各个发展层级，同时配合一个简短的总结，以便更好地展示每一类型的内在连贯性。

表 4-1　第二型：助人者

健康的：	
第一层级：不求回报的利他主义者	无条件的爱
第二层级：关怀者	同情
第三层级：扶助性的助人者	慷慨
一般状态下的：	
第四层级：热情洋溢的朋友	取悦别人
第五层级：占有性的密友	干涉
第六层级：自负的“圣徒”	自我牺牲
不健康的：	
第七层级：自我欺骗的操控者	操纵
第八层级：高压性的支配者	强迫
第九层级：身心疾病的受害者	感觉被牺牲

总结：我们可以用下面这个非常简单的方式来看第二型人在连续变化过程中的变化：第二型人健康的不求回报的利他主义、热情帮助他人、对人慷慨大方的特质，逐渐退化到了一般状态下的过度热情、自我牺牲式的妄自尊大，再到不健康状态下的自欺欺人式地操纵别人、强迫别人服从自己，最后让自己陷入精神上的折磨之中（这是由他们压抑着的攻击性引起的）。

≈

内在的对应包括健康的第二型的人无条件的爱（第一层级）与一般状态下的第二型人的取悦别人（第四层级）和不健康的第二型人的操纵（第七层级）。另外一组对应包括同情（第二层级）、干涉（第五层级）与强迫（第八层级）。慷慨（第三层级）、自我牺牲（第六层级）和感觉被牺牲（第九层级）为一组。

表 4-2 第三型：成就者

健康的：	
第一层级：真诚的人	有主见
第二层级：自信的人	适应力强
第三层级：杰出的典范	有抱负
一般状态下的：	
第四层级：有好胜心的成就者	表演
第五层级：以貌取人的实用主义者	注重形象
第六层级：自我推销的自恋者	好胜
不健康的：	
第七层级：不诚实的投机分子	欺骗
第八层级：恶意的欺骗者	机会主义
第九层级：怀有报复心理的变态狂	报复

总结：我们可以用下面这个极为简单的方式来看第三型人的变化：他们健康状态下的自我接受、真诚、充满自信、值得敬佩的特质，退化到了一般状态下的过分关注自我形象、自我膨胀与自恋，再到不健康状态下的无耻的欺骗行为、机会主义，最后表现为充满报复性的心理变态行为。

≈

内在的对应包括有主见（第一层级）、表演（第四层级）和欺骗（第七层级）。另外一组对应包括适应力强（第二层级）、注重形象（第五层级）与机会主义（第八层级）。有抱负（第三层级）、好胜（第六层级）和报复（第九层级）对应。

表 4-3　第四型：个人主义者

健康的：	
第一层级：富有灵感的创造者	热爱生活
第二层级：自省的直觉	敏感
第三层级：自我表露的个体	有创造力
一般状态下的：	
第四层级：富有想象力的唯美主义者	幻想
第五层级：自我陶醉的浪漫主义者	喜怒无常
第六层级：自我放纵的“例外”	任性
不健康的：	
第七层级：自我疏离的抑郁症患者	孤独
第八层级：饱受情感折磨的人	充满愤恨
第九层级：自我毁灭的人	自我毁灭

总结：我们可以用下面这个极为简单的方式来看第四型人的变化：他们健康状态下的热爱生活、自强、有自知之明、敏感、自然流露出创造力的特质，退化到一般状态下的充满幻想、唯美主义、喜怒无常、只考虑自己、任性，再退化到不健康状态下的充满怨恨的与群体格格不入、自我折磨，最后陷入自我毁灭的绝望中。

≈

内在的对应包括第四型人的热爱生活（第一层级）、幻想（第四层级）和孤独（第七层级）。另外一组对称包括敏感（第二层级）、喜怒无常（第五层级）与充满怨恨（第八层级）。有创造力（第三层级）、任性（第六层级）和自我毁灭（第九层级）相对应。

表 4-4　第五型：探索者

健康的：	
第一层级：开先河的幻想家	有理解力
第二层级：感知性的观察者	有好奇心
第三层级：专注的创新者	有创新能力
一般状态下的：	
第四层级：勤奋的专家	概念化
第五层级：狂热的理论家	心不在焉
第六层级：挑衅的愤世嫉俗者	挑衅
不健康的：	
第七层级：孤独的虚无主义者	虚无主义
第八层级：可怕的"外星人"	神经错乱
第九层级：发作的精神分裂症患者	破灭

总结：我们可以用下面这个极为简单的方式来看第五型人的变化：他们健康状态下的充满理解力、具有洞察力、拥有独到创造力的特质，退化到了一般状态下的埋首于专业性研究、脱离现实的思考、具有挑衅性的极端主义，然后退化到不健康状态下的虚无主义、拒绝现实、精神错乱的幻觉状态，最后陷入爆发性的自我破灭。

≈

内在的对应包括深刻的理解力（第一层级）、概念化（第四层级）和虚无主义或者失去意义（第七层级）。另外一组对应则是在敏锐的好奇心（第二层级）、心不在焉（第五层级）与神经错乱、认知扭曲（第八层级）之间。有创新能力（第三层级）、挑衅（第六层级）与破灭（第九层级）为一组。

表 4-5　第六型：忠诚者

健康的：	
第一层级：勇敢的英雄	自主
第二层级：迷人的朋友	魅力
第三层级：忠实的伙伴	合作
一般状态下的：	
第四层级：尽职尽责的忠诚者	自我怀疑
第五层级：矛盾的悲观主义者	防御性
第六层级：独裁的反叛者	指责
不健康的：	
第七层级：过度反应的依赖者	自卑
第八层级：妄想性的歇斯底里患者	妄想
第九层级：自残的受虐狂	受虐狂

总结：我们可以用下面这个极为简单的方式来看第六型人的变化：他们健康状态下的自我肯定、平等待人、魅力、可靠的人和充满诚意的协作等特质，退化到了一般状态下的自我怀疑、专注于结构、消极攻击性防御、指责他人的独裁欲望，再退化到不健康状态下的提心吊胆、妄想性的歇斯底里，最后陷入自虐之中。

≈

内在的对应包括自主（第一层级）、自我怀疑（第四层级）和自卑（第七层级）。另外一组对应包括魅力（第二层级）、防御性（第五层级）与妄想（第八层级）。合作精神（第三层级）、指责他人的欲望（第六层级）和受虐狂式的自残（第九层级）相对应。

表 4-6　第七型：热情者

健康的：	
第一层级：入迷的鉴赏家	感激
第二层级：热情洋溢的乐天派	热情
第三层级：多才多艺的全才	富有生产力
一般状态下的：	
第四层级：经验丰富的鉴赏家	贪婪
第五层级：过于活跃外倾的人	冲动
第六层级：过度的享乐主义者	过度
不健康的：	
第七层级：冲动的逃避主义者	放荡
第八层级：疯狂的强迫性的人	无节制
第九层级：惊慌失措的歇斯底里患者	歇斯底里

总结：我们可以用下面这个极为简单的方式来看第七型人的变化：他们健康状态下的欣赏式的感激、体贴的热情、富有生产力的特质，退化到了一般状态下的贪婪地追求更多经验、冲动性的注意力分散、过度的享乐主义，然后又退化到不健康的逃避现实、乖僻的冲动的人，最后陷入歇斯底里的崩溃之中。

≈

内在的对应包括健康状态下的第七型的感激（第一层级）、一般状态下的第七型对更多经验的贪婪（第四层级）和不健康的放荡（第七层级）。另外一组对应则包括热情（第二层级）、冲动（第五层级）与无节制（第八层级）。富有生产力（第三层级）、过度的享乐主义（第六层级），惊慌失措的歇斯底里（第九层级）为一组。

表 4-7　第八型：挑战者

健康的：	
第一层级：宽怀大度的人	同情
第二层级：自信的人	力量
第三层级：建设性的挑战者	保护性
一般状态下的：	
第四层级：实干的冒险家	自负
第五层级：执掌实权的掮客	强硬
第六层级：强硬的人	好战
不健康的：	
第七层级：亡命之徒	残忍
第八层级：万能的自大狂	狂怒
第九层级：暴力破坏者	毁灭

总结：我们可以用下面这个极为简单的方式来看第八型人的变化：他们健康状态下的英雄般的宽厚、自主、充满勇气的领导力等特质，退化到了一般状态下的冒险性的自负、专横的膨胀、对抗性的恐吓，再退化到不健康状态下的残忍的侵略、无所不为的妄尊自大，最后成为了暴力性的破坏。

≈

内在的对应包括健康状态下的同情（第一层级）、一般状态下的自负（第四层级）和不健康状态下的残忍（第七层级）。另外一组对应则是真正的力量（第二层级）、强硬（第五层级）与狂怒（第八层级）。第三层级的第八型人的保护性（第三层级）会退化到好战与恐吓（第六层级），最后再到毁灭性特征（第九层级）。

表 4-8　第九型：和平缔造者

健康的：	
第一层级：有自制力的楷模	自律
第二层级：有感受力的人	无私
第三层级：有力的和平缔造者	接受
一般状态下的：	
第四层级：迁就的角色扮演者	谦让
第五层级：置身事外的人	被动
第六层级：隐修的宿命论者	宿命论
不健康的：	
第七层级：拒不承认现实、逆来顺受的人	忽视一切
第八层级：抽离的机器人	脱离现实
第九层级：自暴自弃的幽灵	自暴自弃

总结：我们可以用下面这个极为简单的方式来看第九型人的变化：他们健康状态下的镇定沉着的自律、具有感受力、无私、支持别人的特质，退化到了一般状态下的退让、麻木的消极、屈从，然后退化为不健康的压抑性的忽视一切、脱离现实的迷惘，最后成为自暴自弃的意识碎片。

≈

内在的对应包括健康状态下的沉着的自主（第一层级）、一般状态下的谦让（第四层级）和不健康状态下的疏忽大意（第七层级）。另外一组对应则是无私（第二层级）、被动（第五层级）与脱离现实（第八层级）。第九型人健康状态下的接受性特质（第三层级）会退化到宿命论（第六层级），再到自我否定、逃离现实（第九层级）。

表 4-9　第一型：改革者

健康的：	
第一层级：睿智的现实主义者	智慧
第二层级：理性的人	责任心
第三层级：讲求原则的导师	尽责
一般状态下的：	
第四层级：理想主义的改革者	理想主义
第五层级：讲求秩序的人	僵化
第六层级：好评判的完美主义者	完美主义
不健康的：	
第七层级：偏狭的愤世嫉俗者	不容异己
第八层级：强迫性的伪君子	妄想
第九层级：残酷的报复者	惩罚

总结：我们可以用下面这个极为简单的方式来看第一型人的变化：他们健康状态下的仁慈的智慧、有责任心的理智、有原则性的责任感等特质，退化到了一般状态下的强制性的理想主义、自我约束的自律、主观的完美主义，然后退化到不健康状态下的不容异己的愤世嫉俗、执著的强迫，最后会引发残酷的报复（报复自己和他人）。

≈

内在的对应包括健康的第一型人的明智的接受现实（第一层级）与一般状态下的第一型人的理想主义（第四层级）和不健康的不容异己（第七层级）的特质。另外一组对应是责任心（第二层级）、僵化（第五层级）与妄想(第八层级)。健康的第一型人的尽责（第三层级）会退化到完美主义(第六层级)，再到惩罚(第九层级)。

发展层级的意义

为了让大家对每个发展层级有一个更全面的了解，我们在这里对《九型人格》一书中简单的描述（第367～369页）做了一些扩充。下面是我们的描述。

健康状态下

第一层级：解放的层级。通过对抗和克服基本恐惧（在自我发展过程中童年时期就出现了），个体获得解放，走向了自我超越的状态，开始实现本质性的自我。可矛盾的是，这一层级的人也产生了基本欲望，并因此开始寻求实际需要的满足。另外，他们也出现了特殊的心灵能力和德行，它们在每一类型中的表现是不同的。这是一个理想的状态，这时，个体处在最健康的状态，拥有心理平衡和自由。个体开始把自我感觉从“人格”转向“本质”，也开始在整合方向整合各个类型所具有的许多健康特质。第一层级标志着通往本体的路程的终结，同时也是本体这条路的开端。换句话说，从第一层级开始，我们开始感受到自己的本体，我们的精神性存在。（请参考第十一章。）

第二层级：心理能力的层级。如果个体屈从于他的基本恐惧，某种基本欲望就会在这个层级出现。这时的个体仍是健康的，但自我及其防御机制开始发展起来，以回应因屈从于基本恐惧而来的焦虑。个体的自我感觉和“认知类型”（与荣格所讲的态度和功能有关）在这个阶段开始表现出来。基本欲望是人类的一种普遍心理需要，同时也可以被看做是“自我理想”（“如果我实现了这个想法或者是变成了这个样子，一切就完美了。”）只有找到我们真正的本体，我们才能实现这个基本欲望。讽刺的是，实现基本欲望的努力只会让我们离本体更远。当基本恐惧消除以后，我们重新找到了我们的本体，基本欲望就自然满足了。

第三层级：社会价值的层级。与屈从于继发（衍生的）恐惧和欲望相对应，个体的自我变得更加积极主动，由此产生出某种典型人格及其社会特质和人际特质。这时的个体仍是健康的，虽然不如前两个层级那么健康，因为自我和人格都受到了防御机制的保护（见第三章）。在这个层级，我们看到各个类型显现出一种不同于其他层级的健康的社会特质。自我获得了其在第二层级所认同的正面特质，并试图通过行动来强化它们。当人格、自我和防御机制发挥作用的时候，个体不会陷入真正的心理失衡，仍有能力达到（或回复到）第一层级，通过克服基本恐惧和正确地表现基本欲望发挥功能。——也就是说，让自我更放松。

一般状态下

第四层级：失衡的层级。由于个体屈从于一种特定气质（见第三章）——这一气质与他自身的优点和发展背道而驰——结果导致自我膨胀，防御机制增强，失衡也随之而生。失衡的持续靠的是攫取该类型的心理能量。事实上，通过每天的观察，我们可以发现一个第四层级的人常常生活得很好，讨人喜欢，但是这个人的自我意识能力以及存在感渐渐地明显消失了。在第四层级，我们更多地认同自我。这一层级也标志着向固着和愤怒的清晰转变（见第二章）。虽然现在这还不算是一个严重的问题，但是自我固着的程度最终会成为一个心理上的死结，如果无法抵抗，就会带来越来越多的内心与人际的冲突。

第五层级：人际控制的层级。随着个体试图以特定的方式控制环境（尤其是他人），自我变得急剧膨胀。很明显，每一类型都在试着操纵环境和他人，以满足自己的基本欲望。防御机制如果失败，便会引发人际冲突和内心冲突，加剧已有的焦虑。在这个层级出现的某些引人注目的负面特质比在前一层级所看到的更为明显。这个层级是各类型走向退化的一个转折点，因为从此以后，其特质变得越来越自我中心，越来越具防御性，冲突也越来越强。

第六层级：过度补偿的层级。个体开始过度补偿由于自我的日益膨胀以及在第五层级出现的失败所带来的冲突和焦虑，以得到他所需要的东西。一种典型的自我中心化的形式开始出现（各个类型的表现有所不同），同时出现的还有过度补偿这一极端的行为方式，这种行为方式在他人看来是极其令人厌恶的（神经官能症）。在这一层级中，所有9种类型都会表现得很焦虑，同时具有攻击性倾向。随着个体为维持自我膨胀，抵御潜在的愤怒、羞耻、恐惧等痛苦的感情而表现出自我中心化倾向，与他人的冲突开始出现。

不健康状态下

第七层级：侵害的层级。如果一个人经历了人生中的重大危机，或者是成长在一个滥用某些东西的环境里，他们的防御便开始瓦解，出现严重的反应。每个类型都用一种不同的生存战略，一种不健康的“自我保护”反应，拼命想要支撑自我（现在受到了严重的焦虑感的侵袭），保护自己不至于陷入更加无法忍受的感情中。但问题在于他们的回应常常是冲动的，有损于自我或者他人的正直（有时候是有损于两者），从而产生了严重的人际冲突。这一层级严重失衡，非常不健康，但是还没有到完全成为一种疾病的程度。

第八层级：妄想和强迫的层级。随着焦虑感的增加，出现了真正严重的内心冲突，而个体总是试图重塑现实而不是屈从于焦虑。思维、知觉、感觉和行为全部严重扭曲并变得极不自由，因此，这是一种彻底的病态状态。（我们在这一层级看到《心理障碍诊断与统计手册》中讲到的人格障碍——见第九章。）个体开始断绝与现实的联系（在某些方面变成了幻想性的），结果其行为表现出“强迫性”特征。需要注意的是，在第二层级出现且在第五层级变得膨胀的心理能力在这个层级已经变成了幻想性的。

第九层级：病态性破坏的层级。这是最后一个层级的心理状态，人们在这种状态中开始公开表现出破坏行为。由于已经以妄想性的方式断绝了与现实的联系，这样的人开始想要毁灭他人、自己，或者是二者全部毁灭，以使自己从巨大的焦虑和痛苦中解脱出来，所有的危机和侵犯都会引发他的焦虑或者痛苦。个体开始表现出不同形式的或近或远、或有意识或无意识的破坏性（包括潜在的自我毁灭），结果导致了严重的崩溃、暴力或死亡。

≈

以上对各个发展层级意义的简短介绍仍有些不够详尽。然而，有了这些简短介绍，我们便能了解所有发展层级的总的理论根据，同时也了解每一层级的表现模式。我们可以注意到，自我在第二层级开始出现，逐渐膨胀，最终在第九层级归于毁灭，也注意到一个人逐渐失去自由的过程：处在第一层级时最自由，随着他的逐渐退化而变得越来越不自由（强制性的），最终到第九层级退化到病理状态。精神疾病是一种彻底的不自由，当个人的自由度提高时，人们也就会随之越来越健康。

我们也注意到，从第二层级到第九层级中的自我意识的变化，它们变得越来越强。解放的层级（第一层级）是进入本体状态的门槛。在这一阶段，我们能够重新找到与神的联系。神已经不再是一个抽象的概念、一种信仰，或者是别人告诉我们的一个事实，而是一种真实的体验。我们不再需要信仰——我们拥有存在、知识和灵知。我们与现实紧紧相连，我们不再以自我扭曲的视角来观察它。我们与自身、他人以及周围的环境亲密地紧紧相连，直接地、兴奋地体验生活。我们很放松、坚强、细腻、清楚，能够看清楚事物的本质，不加任何改动，也不加自己的评价。

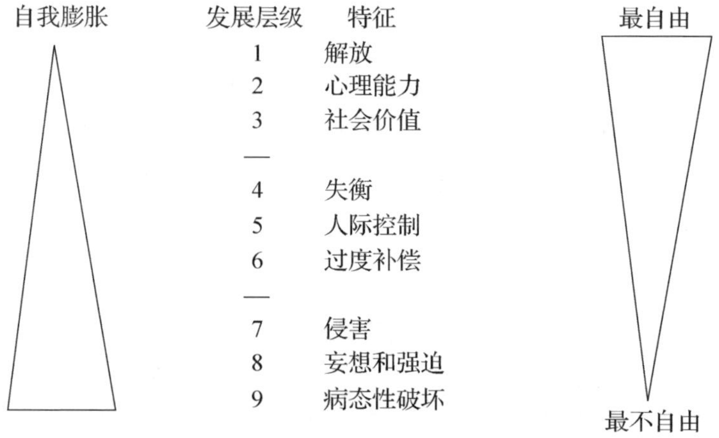

图4–2　各个层级的特征

就像我们看到的，第一层级是超脱于自我之外的无限可能性疆域的开始，但是它并不是我们最终的目的地。我们可以把第二层级到第九层级看做“人格的八度音阶”，第一层级则是更高的“本体性存在音阶”的开始。这是另一个完整运动的开始，是本体世界的无限可能性的全新组合。第一层级代表了我们完全展示出自己的时刻，此时此地，完全地展示了我们的存在——我们本体中的神的闪光。在这样的时刻，所有的防御、界限、主张、策略都消失了，我们展现出了真正的自己。

层级特征

我们曾在《九型人格》一书中提到，每一类型都有特定的核心特征。我们在这里简单明了地介绍一下，以使大家明白这些特征是如何形成每一类型的主要特点的，我们也可以把这些基本特征当做“水平”比较处于同一发展层级的不同类型的特征的基础。

下面我们会用两种方式表示他们核心特征的列表与九柱图。

表 4-10　第一层级：解放（自我超越）

第一型：	接受：智慧
第二型：	自我照顾：无条件的爱
第三型：	自我接受：真诚
第四型：	自我改变：灵感
第五型：	明晰：灵知
第六型：	内在指导：勇气
第七型：	同化：感激
第八型：	忍让：宽宏大量
第九型：	自我约束：坚韧不拔

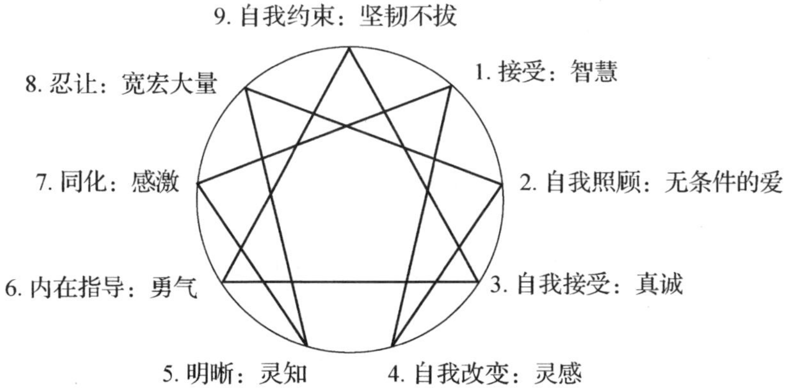

图 4–3　解放九柱图

表 4-11　第二层级：心理能力和自我意识

第一型：	认真：我是通情达理的人
第二型：	同情：我喜欢照顾人
第三型：	适应力：我很优秀
第四型：	自我了解：我很敏感
第五型：	观察：我有很强的观察力
第六型：	承诺：我很可靠
第七型：	回应：我是热情的
第八型：	自我肯定：我很坚强
第九型：	感受性：我很平和

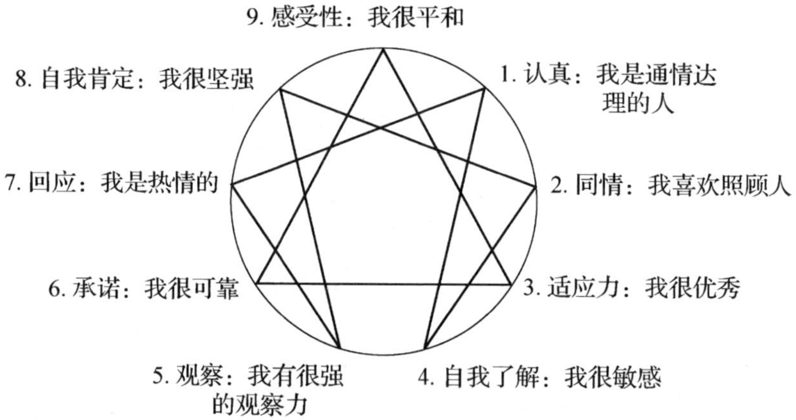

图 4–4　心理能力九柱图

表 4-12　第三层级：社会价值（对他人的贡献）

第一型：	原则：责任感
第二型：	慷慨：服务
第三型：	雄心：发展自己
第四型：	自我揭示：创造力
第五型：	关注：创新
第六型：	承诺：合作
第七型：	现实主义：富有生产力
第八型：	自信：领导力
第九型：	稳定：支持

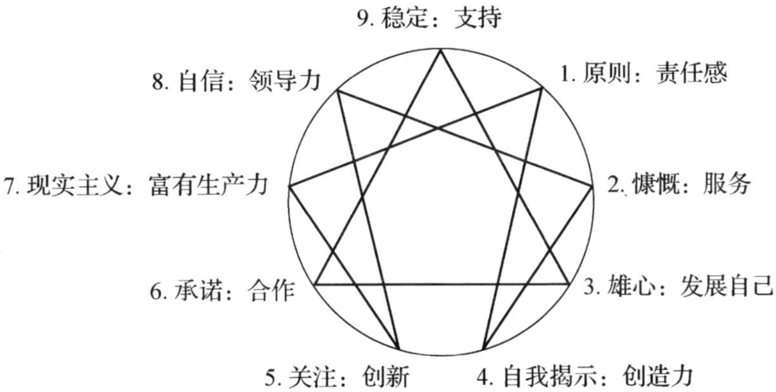

图4–5　社会价值九柱图

表 4-13　第四层级：失衡

第一型：	一直坚持个人责任
第二型：	取悦别人、说服别人
第三型：	不断寻求突破、赞美
第四型：	一直生活在幻想和夸张的感觉里
第五型：	退回自己的思想中
第六型：	寻找外部的安全感
第七型：	不安定、寻求刺激
第八型：	不断肯定自己、推动自己
第九型：	通过调整避免冲突

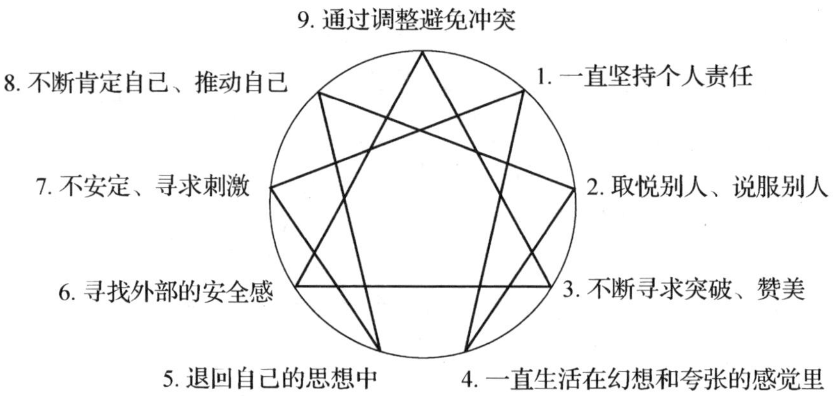

图4–6　失衡九柱图

表 4-14　第五层级：人际控制（起因和结果）

第一型：	自我控制：死板的规则
第二型：	占有欲：干预
第三型：	形象意识：私利
第四型：	以自我为中心：喜怒无常
第五型：	先入为主：分离
第六型：	矛盾心理：防御性
第七型：	精神焕散：过于活跃
第八型：	自命不凡：支配
第九型：	自由：自满

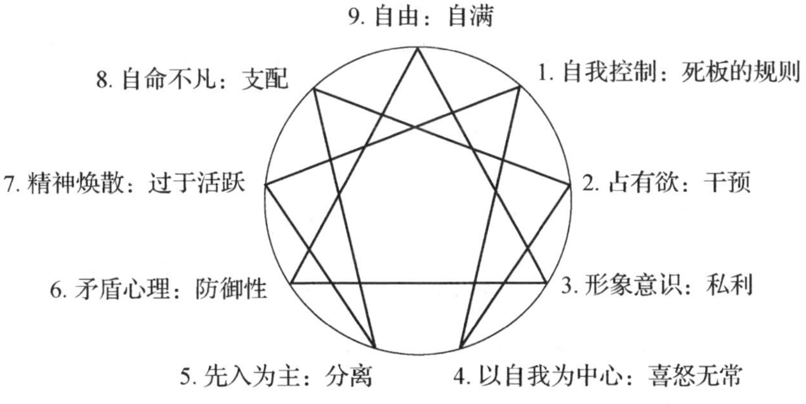

图4–7　人际控制九柱图

表 4-15　第六层级：过度补偿（以及防御行为）

第一型：	评判：批评别人
第二型：	自视过高：以高人一等的态度对待别人
第三型：	夸张：自我抬高
第四型：	免除：轻视
第五型：	极端主义：挑衅
第六型：	独裁主义：指责
第七型：	以自我为中心：过分
第八型：	对抗：恐吓
第九型：	屈从：姑息

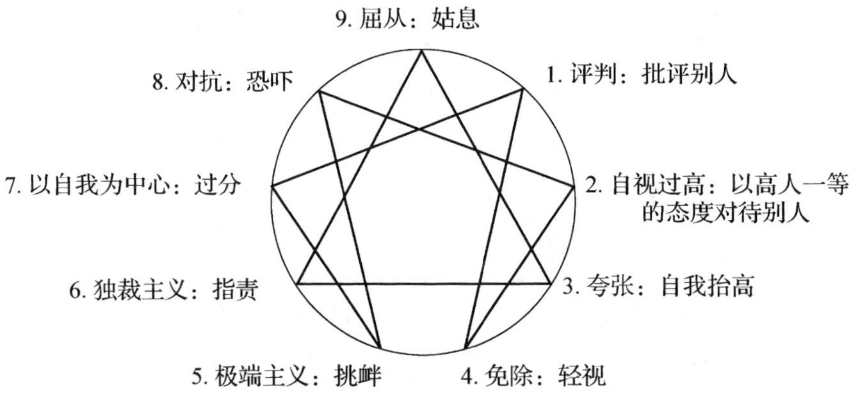

图4–8　过度补偿九柱图

表 4-16　第七层级：侵害（对自己的和别人的）

第一型：	自我谴责：不能容忍别人
第二型：	自我欺骗：控制别人
第三型：	自我拒绝：欺骗别人
第四型：	自我破坏：怨恨别人
第五型：	自我否定：被人拒绝
第六型：	自我背叛：蔑视别人
第七型：	自我放纵：对人冷酷
第八型：	自我硬化：对人残忍
第九型：	自我压抑：忽略别人

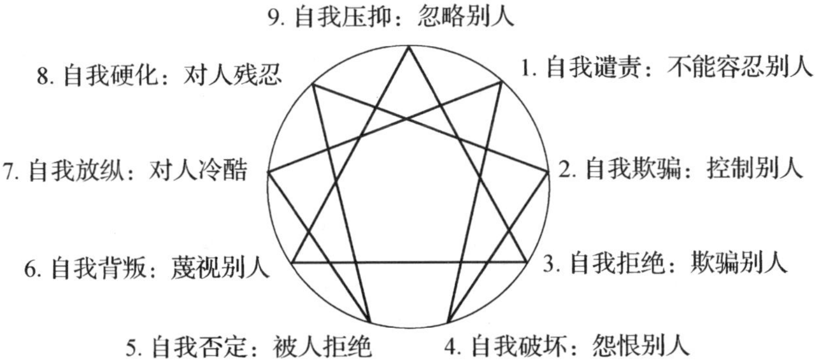

图4–9　侵犯九柱图

表 4-17　第八层级：妄想和强迫（思想和行为）

第一型：	困扰：强迫性行为
第二型：	权力：压制
第三型：	隐瞒：剥削
第四型：	仇视自己：冷静的压抑
第五型：	精神分裂：退缩
第六型：	偏执狂：反复无常的行为
第七型：	疯狂的情绪变化：鲁莽的行为
第八型：	自大狂：胁迫行为
第九型：	分解：迷失方向

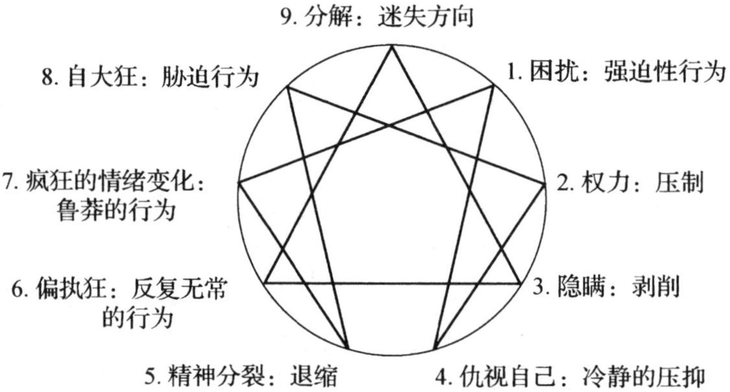

图4–10　妄想和强迫性行为九柱图

表 4-18　第九层级：病态性破坏（病理学和结果）

第一型：	谴责：惩罚行为
第二型：	转化反应：心理问题
第三型：	精神病：偏执行为
第四型：	临床抑郁症：自杀
第五型：	精神病状态：毁灭性行为
第六型：	自贬：自我毁灭行为
第七型：	歇斯底里：惊慌失措
第八型：	反社会：反社交行为
第九型：	自我抛弃：失去个性

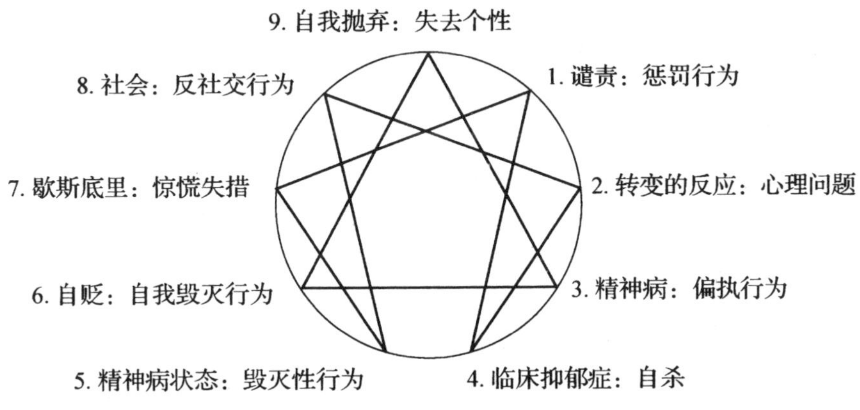

图4–11　病理毁灭九柱图

第二部分　评估

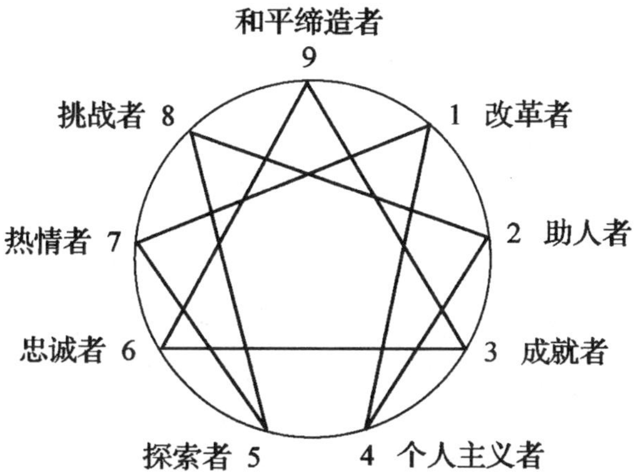

UNDERSTANDING THE ENNEAGRAM

the Practical Guide to Personality Types

第五章　确定你的人格类型：问卷

自从本书第一版出版以来，我们已经设计了多种问卷来帮助人们确定他们的基本类型。其中最有名的一种可以在《发现你的人格类型》一书中看到，名为RHETI（里索-赫德森类型指标，Riso-Hudson Type Indicator）。这里提到的测试是我们第一种测试工具的升级版。很多人已经通过测试找到了他们自己的类型。我们对这个测试的一些内容进行了一些修改，但是为了保证使用方便，我们保留了那些最基本的结构。希望这个工具和我们创造的其他工具一样，可以帮助那些对自己的类型尚不确定的人，以及那些希望通过问卷得到诊断的人。问卷不可能万无一失，但它无疑可以提供一些有价值的证据以确定一个人的类型，或者至少可以缩小选择范围。

但是，即使问卷已经设计完成，我们仍然想提醒读者，一般来说，这些问卷都有其局限性。确切地说，比起那些从自助读物中找到的工具，问卷会更复杂，特别是那些由读者自行使用的问卷。问卷应该包括数百个条目，才能测试出更多的人格特征，并且要用复杂的统计技术来分析各种反应。测试和分级的过程要花大量时间，并且会存在错误。即使测试由受过培训的专家来指导，也有可能得出模棱两可甚至完全错误的结论。

在《九型人格》一书中，我们还提出了一种“递增法”（第36～37页），而没有提供问卷。在说明这9个类型所属三元组的主要特征和核心动力时，先使用的是一个词来描述，然后是4个词，然后是一个段落。接下来，在每一章的开始是由一些关键词和动机构成的类型简介，然后是概览，最后才是详细的描述。通过这些方式，描述由简入繁。从字数上看，每种类型的描述都由一个词发展到上万个。

这种方式也有缺点。读者需要选择哪一种描述方式适合于他们，而且要判断在这种描述方式越来越复杂的时候是否仍然适用。因此，如果读者要想给自己定位，就应该具备一定程度的自我认知。否则，他们会对如何开始手足无措，那么，即使最精确的诊断对他们来说也是无济于事的。

很多人所缺乏的正是自我认知，所以他们就不能有效地使用这种递增法。人们渴望获得自我认知，所以他们才会对九型人格产生兴趣，如果我们要求初学者具备相当程度的自我认知，那不现实。但是，只有在具备一定程度的自我认知的前提条件下，才能在测试过程中取得进展。这就像一个悖论，我们首先要有一定的自我认知，才能更好地认识自己。那些对自己毫无了解的人，或者对了解自己毫无兴趣的人，要想靠自己取得进展将非常困难。

解决这个问题的办法之一就是让朋友来说我们是什么样的人。老话说得好：旁观者清。即使一个人对于自己的类型判断非常自信，通过与了解他们并愿意坦诚交谈的朋友的讨论，也会获益匪浅。

那些对自己的类型一知半解的人则应该考虑两三个最为可能的候选项。（也可以参考第六章，比较你认为自己可能所属的类型。）

本书关于9种类型的介绍（以及《九型人格》中的“简介”）也可以看做一种“辅助问卷”：这两部分也可以作为问卷阅读。使用“辅助问卷”的方法是，仔细地逐字逐句阅读，并把那些字句当做问题。

实际上，每一段简介都是省略了问题和定位性陈述的长问卷。每一个简介都是一个清单，可以被看成问题或描述性陈述，在任何时候都是关于你的潜在真理。例如，一个典型的问题可能是：“当我处于健康/一般/不健康状态的时候，我会______？”而一个人在阅读关于第二型的简介（详细内容请参见《九型人格》，第56～57页）时，可能会问：“当我健康的时候是否无私？是否公正？是否利他？我是否能无条件地爱人？是否有怜悯心？是否有同情心？是否关心他人？是否热情?”所有健康的特点都适用于健康的第二型人，因为每一类型都偶尔会表现出关心、热情和爱。关键的区别在于健康的第二型人不仅仅包括上述3种特质，还包括无私、公正、热忱、关切、无条件的爱，等等。不管何时何地，他们都拥有概述上列出的所有健康的特质，并始终如一。这些特质对于健康的第二型人来说是典型的，因为正是它们构成了这一特殊的人格类型。

无论你用哪种办法——问卷、和朋友交谈、简介、描述——都需要花时间让一个完整的描述在你脑子里留下印象。很多材料复杂而微妙，更重要的是，要克服本有的抗拒、正确认识自己非常困难。有些方面是我们不愿意面对的，需要勇气和时间来认识和处理。

在你使用某一种问卷的同时，也要在脑子中保留一些其他评述。人们常常选择他们想要成为的类型，而不是实际上所属的类型。当然这并非每个人都这样，可能大部分人都能迅速定位他们的人格类型。（没有可控性研究，这个很难说。）无论如何，了解我们的类型——并更加客观地看待自己——常常引起情感的起伏（至少在初始阶段），并给我们带来新的挑战。获得自我认知的过程往往不那么令人愉快，尤其是当我们希望保护自己远离痛苦或屈辱的过往经验的时候——虽然越诚实，自我认知的自由度就越高。不管怎样，当我们放弃真实的类型，而选择能让自己好受点儿的那个类型时，到底在骗谁呢？这是在自欺欺人。九型人格对我们来说也将一无是处，不能使我们从中受益。

另外，还有一个合理的疑问：怎么才能确切地知道我们是否正确选择了真实的类型？我们选的就是我们真正的类型吗？在这里可以使用“经验法则”。

如果你选择的类型不仅能激发出你深层的情感，并且能让你了解以前从未注意到的自己，那么这种类型可能就是你真正的类型。如果你的选择能让你建立新关系，并发现你已有关系中的新模式，那么你可能已经对自己有了准确的定位。如果你选择的类型不仅让你不安，更重要的是，也有鼓励和激励的作用，那么你可能已经做出了正确的选择。如果你的朋友和家人也同意你的选择，那么，基本上可以确定你的路子是对的。

但是，没有办法百分之百地确定我们选择的类型就是我们真正的类型。我们永远也找不到一本书可以让我们的人格类型或九型人格的类型编号像身体上的烙印一样清晰。只有正确地看待自己，我们才确信收集到客观的信息。随着时间和经验的增加，自我认识也会随之增强，但是这都有赖于最可信的信息。一些人可以马上确定他们的类型，另一些人却需要很长的时间。你，可能属于前一种人，也可能是后一种人。

人们在做出选择时犯的最大错误就是不能综合衡量各种类型，而是孤立地考虑几项人格特征。举个例子，有的第九型人认为他们是第五型，因为他们喜欢思考，所以就确信自己属于第五型“探索者”。同样，一些有创造力和艺术天分的第六型也会认为自己是第四型。依此类推。

像思考、艺术天分这样的单一的人格特征不应作为定位自己人格类型的基础。比如，“思考”这个特征在不同的类型中应区别对待，因为显而易见，所有的人都会思考，而第五型和第九型的思考方式是相抵触的。如果断章取义，并以此作为确定类型的基础，一定会导致定位错误。（在本书的第六章中，我们会看到更多这样的例子。）区别看待每一类型的整体特征和潜在动机，而不要断章取义，这非常重要。花费时间和耐心，真正的特征才会浮出水面。

本书里的新内容也会增加你对每一种类型的了解，形象地展示许多性格特征，为大家提供了有用的信息。

问卷说明

问卷根据类型而不是任意的描述排序，所有类型的描述都来自于实际经验。

我们对于每一种人格类型都提供了20条描述，反映了此种类型介于“健康”和“一般”状态之间的一些态度和行为。根据我们的经验，人们往往不承认自己不健康，而倾向于把自己看成最健康的一类。因此，大部分问题都是针对健康和一般状态下的人的，旨在说明人们的基本人格类型，并不暗示其精神和情感的健康程度。

要通过这份问卷确定你的类型，20条所列问题中，你应该至少“同意”或“非常同意”15条。换一句话说，大部分的描述应该符合过去、目前和将来可能的表现。有的描述可能只涉及你的潜在行为，这种情况下你应该清楚自己可能的倾向。

记住：最重要的是对所有问卷的回答都应该出自你的第一反应，不要想象在某种极端的情况下这些描述有可能发生。描述在是否正确、是否适用、是否反映真实倾向上应该是显而易见的，如果觉得模糊，就不要勉强作答。

准备一张记分表，记录你对每项描述同意与否，如果你要做完所有的9个问卷，尤其应该如此。这样根据得分情况，你可以对自己的类型有全面的认识。

可能你会在不止一套描述中得到较高的分数，因为一些问题表达出你某方面的态度，这不仅说明了你的翼型，而且说明了你的整合或解离方向的类型。举个例子，一个人做测试时可能有以下的情况：符合1个基本类型的18个描述，符合2～6个其他7种类型的描述，符合基本类型之外的整合或解离方向的5～10个描述。无论如何，其中一种类型应该最明显最突出，那就是你的基本类型。

但是，如果有人适合所有的类型，或者是另一个极端——不适合所有的类型，问题可能在于他错误理解了描述或将其混为一谈，亦或是他不能或不愿理解或区分这些描述。

另外一种解释也是可能的：很多一般状态下的第九型可能在所有类型中都取得高分，因为他们对自我有典型的定位含糊，所以他们认为自己无所不能。（关于第九型和其他类型的区别，请参看本书第六章。）如果抵抗力发挥作用，那么其他的类型可能造成其他的“典型”方式，时间和研究都会说明这一点。

问卷

第二型

1. 在最佳状态下，我无条件关爱他人，不管他人是否对我的付出有所回报。
2. 人们认为我的确关心他人的福祉。
3. 可能一些人认为我是圣人，但我并不这么认为，我深知自己的不足之处。
4. 我慷慨无私，并不在乎自己得到什么以及我对他人付出了什么。
5. 我为他人的得益而快乐，并尽我所能帮助他人。
6. 我关心他人，我对他人的感情使我深深地关心他们。
7. 爱是生命中最可贵的。失去爱，生命将会怎样?
8. 作为好朋友，应该让他人知道你对他的爱。
9. 与人亲近是一件好事。表达感情，尤其与他人拥抱和亲吻时，不会使我难为情。

10. 我为朋友和友谊考虑甚多，而且至少可以数出5～10位密友。

11. 我喜欢家人和朋友围绕身边，我愿意他们来找我寻求建议和帮助。

12. 我不是一个占有欲强的人，但是如果有重要的人离开我，我会感觉难过。

13. 我有被他人需要的需求，确实如此——可谁不是这样呢？

14. 可能美德对我来说太重要了，我应该多想想自己，而不是别人。

15. 坦率地说，我是一个非常慷慨和体贴的人，别人的生活中有我是件幸运的事。

16. 对我来说，让我生活中重要的人了解我有多在乎他们、愿意为他们做任何事是件非常重要的事。

17. 我不认为我在控制别人，即使我偶尔这样做，那也是为了他们好。

18. 将来有一天，我的亲朋好友会像我对待他们那样对待我。

19. 我常常担心人们把我的奉献看做理所当然，而不太重视我的需要。

20. 我生活中的烦恼好像太多了一点儿，可能我对别人照顾得太多，而不太关心自己。

第三型

1. 我接受自己本来的样子，并且能诚实面对自己的才能和不足。

2. 我觉得自己有价值，是一个真正的“人”。

3. 人们喜欢我的自信、沉稳、自尊。

4. 我喜欢自己。我觉得自己有价值、被人需要，我喜欢做我自己。

5. 我相信自我发展，并且认为别的人也需要花时间和精力来争取进步。

6. 我努力工作以突出自己，别人也认为我是一个出类拔萃的人。

7. 虽然人们不说，但我知道，他们常羡慕我。

8. 我希望做到最好。如果你不能出类拔萃，那还做什么？

9. 我做事有效率。我知道如何安排事情，并且不会让别人打扰我，尤其在事业方面。

10. 要在生活中取得成功常常需要给别人留下好印象。我善于与人交往，有取悦别人的技巧。

11. 如果想取得成功，知道如何塑造好的形象很重要。

12. 未来是自己创造的，如果失败，那是个人的选择，应该自己去面对。

13. 如果事情出了差错，应该改变策略，尽可能达到目标。

14. 对我来说，别人对我的想法至关重要。对于不当行为，我没有耐心。

15. 高效率和达到目标是我生活中占第一位的事。

16. 我喜欢做好该做的事。我努力发挥自己的才能，拥有成功的生活。在很多方面，我已经实现了。

17. 有的时候我不那么坚持原则，人人都会这样做，有什么关系?

18. 一般来说，我能吸引别人，但是跟他们太接近会让我感到紧张。

19. 很多人尊敬我，认为我很了不起——但是，我担心他们不喜欢“真正”的我。

20. 我可能看起来很自信，其实我害怕失败——没有比失败更糟糕的事了。

第四型

1. 我的力量之一在于我是一个敏感的人。我能充分利用自己过去的经验，即使那会给我带来痛苦的回忆。

2. 在最佳状态下，我能想人所未想——那是一种创造力。

3. 我或多或少地按直觉行事。

4. 我深信必须真诚面对自己，我的行为总是尽可能可靠地到达作为一个人所能达到的最大限度。

5. 我的创造性来源于表达自己最深的感情，无论是通过个人还是艺术的方式表达。

6. 我能意识到自己的感觉，并努力诚实对待自己的感觉。

7. 无论是好是坏，我有活跃的想象力，能创造一个对我而言非常真实的精彩世界。

8. 我花大量时间与人交流，并想象他们的生活。

9. 我有诗人般的敏感气质，但这常常给我带来忧郁和情感上的脆弱。

10. 我对每一件事都充满疑问——我的目的和行为，我对别人说的话，我是否胜任某项工作——以至于有的时候什么都无法做。

11. 我总是沉迷于浪漫的让我感兴趣的事，随后又感觉失望甚至幻灭。我相信人人都为此感到迷惑，我也是！

12. 当有人说令我烦恼的事情时，它们会在我的头脑中萦绕不去，直至我解决问题为止。

13. 我在人群中常常感觉不适，即使和朋友在一起时也是这样。我不知道为什么，也许我生性孤独。

14. 如果感觉脆弱，我会躲进蜗居，在保护壳中远离伤害。

15. 这对我来说非常痛苦：如果我生一个人的气，我甚至很难跟这个人同处一屋，更别说跟他讨论我的烦恼。

16. 人人都比我快乐，好像我的感情已千疮百孔。

17. 我很难控制自己的感情，即使取得一点进步，也有可能在下一秒失去。

18. 谢天谢地没有人像我批评自己那样跟我说话：我内心中总有一个声音用最残酷、最轻蔑的语气和我说话。

19. 我想过自杀，可能有一天我会这么做来一了百了。

20. 生活充满了痛苦、困惑和悲伤——至少我的生活是这样的。

第五型

1. 我对周围的世界有深刻的洞察能力，总是能觉察到别人错过或忽视的事情。

2. 我有前瞻能力：我能在事情发生之前预测它发展的情形。

3. 对于工作或我在意的事，我总是能全神贯注。

4. 我的想法和点子有超乎寻常的创造性。

5. 人们为了复杂的难题向我咨询，因为他们知道，我知道自己在说什么。

6. 精神生活是最振奋人心的一种生活。

7. 我重视对知识的学习：一个人静静地看书就是我最大的快乐。

8. 当我投入工作时，几乎感觉不到时间的流逝。

9. 我是一个非常认真的人，当我完全沉醉在感兴趣的东西中时，常常忘记自己。

10. 如果人们认为我有点儿古怪，我会觉得有趣。有的人叫我“书呆子”，我觉得那完全正确。

11. 我的想法非常复杂，有时难以表述，别人很难理解我所说的话。

12. 我和他人的关系不那么稳定，因为我的好奇、认真、热情和想要深刻了解对方的渴望会让对方难以承受。

13. 天才总是受到误解，我的见解过于超前，我甚至放弃尝试与任何人讨论。

14. 有一两次，我发展出一些全新的真知灼见，就像人们寻求已久的可以解答无数难题的“钥匙”。

15. 我宁愿忍受物质生活上的不便，也不愿跟很多人在一起。

16. 事实是，大部分人不够聪明因而无法了解事物的发展，或者过于愚蠢而注意不到任何事物。

17. 一切宗教都是为了迎合人们的幼稚、迷信的需要，有的人没有这些就活不下去。

18. 一个人生活要安全和容易得多。我不想与人接近，不想让别人知道我在做什么、想什么。

19. 有时思想有自己的生命，它们发展得如此之快，以至于我不知怎么才能放慢思想的速度，不知怎么才能休息、睡觉。

20. 我的很多秘密想法可能是奇怪而可怕的，但这些想法的确表现了我所认识的世界。

第六型

1. 在最佳状态下，我认识到自己有勇气、忠诚度和耐力，人们也知道他们可以依靠我。

2. 我比大部分人更能意识到潜在的危险。

3. 我能找到跟别人的共同之处，我喜欢被人喜欢的感觉。

4. 让人满意的工作和人际关系对我来说很重要。

5. 如果别人守信于我，我也会信守承诺。人们知道我是一个负责任的人。

6. 我是一个可靠、勤奋的人，我投入大量精力为自己和家人创造安稳的生活。

7. 即使已经取得很多成功，我仍对自己有疑问。

8. 在作重大决定时，我会感觉紧张。但我也不能忍受由他人为我作决定。

9. 对我来说，选择可以信任的对象会花上很多时间。

10. 我不太确定别人对我的看法，有时我觉得他们喜欢我，有时又觉得他们不喜欢我。

11. 我的幽默感让人糊涂，因为我常常说反话，人们不知道我的话到底是不是认真的。

12. 我可能会非常小心谨慎地思考问题，然后为了摆脱这个问题冲动行事。

13. 一般来说，我会按人们的希望行事，但偶尔也反其道而行之。

14. 我并非总是按照规则和程序办事，但很想了解规则是怎样的，这样我就知道我什么时候违反了规则。

15. 看到别人违反法律并且没有受到惩罚，都会让我非常生气。

16. 我的担忧和茫然偶尔让我发疯，但我总是对自己的感觉很有把握。

17. 必要时我会非常顽固、态度强硬，尽管我一直都不觉得自己强悍。

18. 有时我没能如我所愿表现得积极、独立，这让我沮丧，尤其会让那些信任我的人失望。

19. 我会怀疑一些人，觉得他们不喜欢我，甚至想离我而去——或者他们一有机会就会这样做。

20. 在心情不好、压力过大或者诸事不顺的时候，我会紧张并反应过激。

第七型

1. 生命很精彩，当我停下来陷入沉思的时候，总是心怀感激。

2. 高兴的时候，我会兴高采烈、自然、充满活力——我是我所认识的最快乐的人之一。

3. 我觉得所有的事都很有趣，对每件事都充满热情，因为凡事都能给我带来快乐。

4. 我拥有各种各样的天赋，是我所认识的最有才能的人之一——我真的对各种不同类型的事都很擅长。

5. 我很实际，做事富有成效，我脚踏实地，知道如何完成任务。

6. 我喜欢美食、娱乐和旅游，喜欢和朋友在一起。

7. 做各种各样的事让我心情愉快。不管怎样，人只能活一次，可是，人们说得好，只要做对了，哪怕一次也够了。

8. 我喜欢生命中的美好事物。如果想要，我认为没有理由拒绝自己。

9. 我讨厌无聊，喜欢尽可能地忙碌。我的日程表总是满满的，这是我喜欢的生活方式。

10. 我喜欢到处聊天、聊八卦、开玩笑，毫不隐瞒，即使有时我做得有点儿过火。

11. 在我认识的人中，我是最不受拘束、最坦率的人之一，我能把别人需要勇气才说得出口的话全部挑明。

12. 我不在乎人们是否认为我过分——我喜欢忙忙碌碌、充实的生活。

13. 我倾向于走极端，要么大饱口福，要么饥肠辘辘。当然，我总是让自己大饱口福。

14. 我喜欢这句格言：永不满足，好东西总是不嫌多。

15. 麻烦和挫折让我发疯，有时我真想放声大叫，直到我得到我所想要的——经常这样做!

16. 我常常沉迷于不同的事情，一旦习惯了某种东西，我就想得到更多。

17. 逃避现实也比情绪低落好。我宁愿让自己忙碌，也不要花时间回头看。

18. 一些人说我在追求我所想要的东西时有些咄咄逼人，但是我不在乎，我只按自己的想法生活。

19. 在生活中，我有时会失控或几乎失控。

20. 有时我感到恐慌、焦虑，于是我投入到新的事情中去，焦虑就随之远去了。

第八型

1. 我坚持己见，极为自信。

2. 我能发现机会，和我所希望的事情的发展方向，还能集合周围人的力量来完成它。

3. 我充满勇气——我很勇敢，并能承担困难的挑战，并获得成功。

4. 人们愿意接受我的领导，因为我坚强、果断、能做有难度的决定。

5. 我喜欢危险和冒险带来的刺激，我常让自己置身于险境，并最终取得成功，无论这有多么奇怪。

6. 我能获得尊敬，人们对我有敬仰之情。

7. 我是一个热情、直率的人：人们总是能够了解我的真实态度。

8. 遇到不公平的事，我总是忍不住出手去管一管。

9. 我自己的事务要尽可能地不受他人影响，我不希望别人指手画脚。

10. 我态度强硬，知道如何说服和拒绝别人，绝不轻易放弃自己的观点。

11. 我知道怎么得到我想要的东西，我有很强的说服力。

12. 如果事关生死存亡——有他没我——我将是笑到最后的那个人。

13. 毫无疑问，我比大多数人都要强硬，但是只有那些真正了解我的人才知道我有多么在乎一些事。

14. 如果没有别的办法，我不介意卑躬屈膝。只要你好好想一想，就会发现人们唯一真正尊敬的东西就是权力。

15. 人们总是让我克制，他们不知道我已经很克制了。

16. 千万不要惹恼我，如果有人与我发生争执，我会让他们很后悔。

17. 如果生活在过去，我的哲学将是“强权即真理”——如果需要，我会非常冷酷。

18. 有时我感觉没有人会接受我，那我为什么还要表现得友善呢？

19. 软弱无能、优柔寡断的人让我发疯。怯懦的人最好远离战场。

20. 如果有人伤害了我或者我爱的人，我会让他们付出代价。

第九型

1. 我可以很独立，同时也能跟人们保持密切关系，尤其是我的爱人或孩子。

2. 我喜欢创造一种温馨的、互相支持的气氛，让每一个人都能放飞自己，人们开心快乐，互相友爱。

3. 人们不认为我独断专行或有攻击别人的倾向，他们认为我为人自在、轻松。

4. 人性本善，我相信人，并不费心思去猜他们是否有秘而不宣的私心。

5. 我不认为自己很复杂，我很乐观，对自己和生活都感觉满意。

6. 我有善于思索而神秘的另一面，我喜欢与自然交流，常常觉得自己与自然融为一体。

7. 我喜欢亲近家人朋友，我总是努力满足他们的要求，这样会让他们快乐。

8. 生活中的很多事情都不值得大惊小怪，不过对于真正重要的事，我会坚持立场。

9. 很多人都太挑剔了，他们担忧的事太多，其中大多数在我看来都没有必要。

10. 我喜欢凡事都轻松一些、快乐一些，不喜欢人们为了某些事而起争执，让人心烦意乱。

11. 大部分问题实际上都算不上大问题，最终事情总能得到圆满解决。

12. 一些人认为我健忘，实际上是因为我根本不愿留意某些事情，因而根本不会费心思去考虑。

13. 江山易改本性难移，你最好接受人们本来的样子。

14. 我喜欢生活本来的样子。不管你做什么，要发生的事情总会发生。

15. 我不会过多地考虑自己，想也没有用，何必自寻烦恼？

16. 我发现如果你长期忽视某个问题，那个问题就会消失。

17. 过去的就让它过去，尽量把问题抛在身后。

18. 我不理解为什么有的人会对我生气——我是个好人，没做过什么伤害别人的事。

19. 虽然我曾告诉自己那已经结束了，但愤怒及其他令人烦恼的情绪有时还是会突如其来地出现。

20. 如果我发生了什么不幸的事，一切都会突然变得不真实，像做梦一样，真的好像什么没有发生。

第一型

1. 我有很好的判断力，同时也非常谨慎：事实上，优秀的判断力是我最强的能力之一。

2. 我有很强的是非观念，非常清楚对与错。

3. 我能容忍别人，包括他们的信仰和行为，即使我不一定同意或认可他们的做法。

4. 我的良知让我做那些我认为正确的事情，即使这些事情做起来并不容易，而且也并不对我有利。

5. 我总是尽量做到公平，尤其是不让自己的私人感情影响客观的立场。

6. 对我来说，正直非常重要。如果我觉得冤枉了人，那会让我夜里睡不着觉。

7. 无论何时，如果我发现有不对的地方，都应该尽己所能去纠正，这样世界才能更加美好。

8. 努力实现理想让我筋疲力尽，不幸的是，这是事实。

9. 有时候，人们觉得我太理智或太死板，他们不了解真正的我。

10. 如果要完成一件事，或者让情况得到控制，组织性是非常必要的。

11. 我常常想如果我不做某事，就没有人会去做——很显然，我常常都是对的。

12. 几乎没有人跟我一样，做事又好又彻底。大家都太懒了，他们在困难面前太容易放弃。

13. 我不认为自己是一个工作狂，可是太多的事情占据了我的精力，很难找到时间放松。

14. 对大多数事情我都有自己的看法，而且总是对的——如果不是这样，我就不会坚持自己的看法。

15. 其实，如果人们愿意听从我的意见，他们会做得更好。

16. 对的就是对的，错的就是错的，没有什么例外。

17. 我不必忍受谬论。如果人们错了，我就有义务去纠正他们。

18. 我的生活非常高效，人们很少能意识到我有多么悲伤和孤独。

19. 的确，我有点儿强迫症的倾向，对一些事情相当挑剔，但事情就是应该按照应有的、正确的方向发展。

20. 不管我多么努力，都不能完全坚守自己的标准，这让我疲惫不堪。

表5–1　问卷计分表

问题	人格类型								
	情感三元组			思维三元组			本能三元组		
	二	三	四	五	六	七	八	九	一
20									
19									
18									
17									
16									
15									
14									
13									
12									
11									
10									
9									
8									
7									
6									
5									
4									
3									
2									
1									

第六章　错误定位

在我们教授九型人格的时候，总会遇到有人把自己归入错误的类型中，第二型人认为他们是第四型，第三型人认为他们是第一型，第九型人相信自己是第五型……我们之所以要写这一章，就是为了澄清各个类型之间的相似点和不同点。

更加精确地描述相似点和不同点很有必要，这样才能让人们更好地了解各种类型。毕竟九型人格的首要目的是让人们有更深刻的自我认识。如果人们定位错误，那么九型人格就一点用处都没有了，最多只能让他们满足一下好奇心，或者更糟，用来窥探别人的心理，而不是了解自己。

不可否认，有时候在定位一个人的类型时很容易出现错误，当然，实际上各种类型的特征也相当令人迷惑。首先，九型人格非常复杂，而人性可能更为复杂。人性相当多变，并且时时变化。除非花上一段时间，在不同的情况下观察人性，否则很难作出让人信服的准确判断。

其次，因为我们不可能掌握一个人的全部信息，仅仅依靠一部分信息来判断一个人，困难可想而知。事实上，准确定位一个人的类型在某种程度上是一种艺术，但只要假以时日不断练习，就可以变得熟练。另外，考虑到九型人格这门艺术的现状，至少在目前，人们对自己或他人的错误定位是意料中的。信息在传播过程中会有不同的解读，有时还会出现明显的矛盾，也因此造成对不同类型特征的错误理解。这要求在思考过程中保持审慎和独立。

第三，九型人格包括了各种类型下属的486个子类型（详细内容请参见《九型人格》，第340页），因此有的子类型难免很相似。例如，第六型人（第六层级，独裁造反者）跟第八型人（第六层级，挑衅者）比较类似，因为他们都好斗、热衷于权力。但是，如果你能意识到，就会发现其实二者有细微的区别。

第四，如果把一种类型的特征看得一成不变，也很容易导致错误。比如第九型人，人们一般觉得他们平静安详。如果这就是我们对第九型人的印象，那么当某些人偶尔表现出愤怒或攻击性，我们就不会把他们跟第九型人画上等号。但是，即使第九型人普遍具有平静安详的特点，他们也有愤怒、焦虑和充满攻击性的时候。实际上，他们自己也认为自己应该保持平静，而返回到不同形式的平静中去（例如消极、自满）。同样重要的是，如果第九型人感到愤怒、焦虑或攻击性，他们会以特有的方式表达：对于那些让他们生气的人，第九型人会表现得非常冷淡，而且会否认他们在生气。激烈的情绪爆发则来得快，去得也快。要了解其中微妙的差异，我们就不能孤立地看待某一特征，而要全面考虑每一类型的风格和动机。

第五，一些变化可能改变我们对一个人的类型的印象。例如，翼型就会显著影响一个人的行为。同样，本能类型的变体也会对人们表现其类型的方式产生强大的影响力（详细内容请参见《九型人格》，第339～342页）。如果一个人长期生活在压力之下，就会表现出、甚至趋向其解离方向的类型。同样，也有些人的行为适用于多个类型，较难定位于某一类型。很显然，九型人格中的类型既不是单一的，也不是静止的，在特定的情况下，一个人会受到各种因素的影响。因此，要完全了解九种类型的变化和细微之处，需要时间和投入。

第六，我们对某些类型的了解十分有限，因此会造成混淆。这可能是因为我们的个人经验不足，也可能是我们对第五、第八和第二型或是其他类型的了解不够。除非你有丰富的经验，能够正确地定位所有类型，否则总是会有弄混的时候。

另外，即使你知道每个类型中的不同例子，也要谨记一点：没有一个人拥有某种类型的全部特征，这很重要。一个人的人格横跨整个连续体非常罕见，更罕见的是同时拥有全部特征。我们每个人都在“发展层级”内发展变化，围绕特定重心在几个层级之间变化，或者可以说我们的中心存在于几个层级的范围内。（例如，一个人可能在根本上是健康的，那么他或她的行为范围包含在第二层级和第五层级之间。因此，这个人不可能拥有第一层级的特征，或者也不会有连续体另一端的第六层级到第九层级的特征，第六层级的特征趋向极不健康的方向）。简单地说，我们不可能表现出自己类型的所有特征，否则我们就既健康又病态、既心态平衡又神经过敏、既统一又分裂——这些都是不可能的。

因为一个人不能同时表现出所有的人格特征，因此有时需要跟别人讨论某人的人格类型及其变化。跟别人讨论你所观察的人的类型，并看结果是否与你的感觉一致，这很有意思。如果别人的看法跟你的观察不一致，讨论会有很大帮助，因为你要寻找的是确定一个人人格类型的最好依据。但是要记住，我们用以定位一个人的人格类型的依据，应该是这个人的长期行为表现。因此，要长期地、在不同情况下观察，才能得出全面的结论。

第七，对一个人有私下的了解会帮助你进行定位，不过这并非必不可少。即使没有直接接触，我们也能确定一个人的类型，因为有些人的人格特征表现得非常明显，或者可以找到大量关于他们的信息，有时可能上述两种情况都存在。

举个例子，美国前总统罗纳德·里根看起来属于第九型。他和蔼、谦逊、乐观、温和，有的时候也会显得冷淡、消极、疏忽和健忘。诸如此类特征说明里根先生的行为属于健康和一般状态下的第九型人，而且既然他终其一生都如此表现，我们就有理由认为他是第九型人。当然，即使他也有可能不是第九型人（别的类型也许能更好地解释他的性格），但不管怎样，他属于第九型的可能性都非常高。由此我们可以自信地进行判断。

《九型人格》一书中对其他名人的判断也基于上述基础，就像通过阅读、直觉和长时间的观察来猜谜一样（详细内容请参见《九型人格》，第51～52页）。我们觉得同一类型（尤其是同一翼型）的人在很多方面都很相似，所有的判断结果都加强了这一印象，虽然我们的判断并非万无一失。至少我们可以说，这些人的公众形象是九型人格的绝佳典范。

第八，区分行为背后的不同动机，是区分不同类型之间的相似特征的重要工具。不同类型的人可能会有相似的行为表现，而实际上，其行为的内在动机是截然不同的。

例如，每个类型的人都会发怒，但第一型人愤怒的表现和原因和其他型人都不同。我们不能只看表面的行为，更重要的是要留意深层的动机。

第九，你了解九型人格的时间越多长，使用它的机会越多，你的洞察力就越强。但是，在最终的分析中，要学会判断一个人的类型，首先要学会如何把一个人的人格特征和各类型的特征匹配起来。因此，需要学习两方面的技能：第一，哪种特征属于哪种类型；第二，如何从个人身上认识这些特征。即使每个类型有数百种特征（还有更多微妙的区别），第一项仍然比第二项要容易得多。了解别人真正的行为、态度和动机是非常难的，因为了解自己尚且困难，更遑论了解别人了。

≈

错误的信息和错误的理解会带来困难，这项工作本身也存在困难，除此之外，不同的人格类型之间还存在相似之处。这些相似性尤其会造成定位错误，带来困惑。

基于九型人格之间的相似性，以及不同类型的不同层级之间的相似性，我们进行了比较。因此，需要对发展层级有一定的熟悉（详细内容请参见《九型人格》，第45～47页，335～339页，367～392页和本书的第四章）。除了特别注明的以外，以下比较和对比都是针对每一类型的一般人而言的。

≈

本书中的讨论从第一型开始，按数字顺序排列。

对第一型和其他类型的误判

第一型和第二型

这两种类型一般不容易混淆，但是，如果把某一翼型误认为基本类型，也会出现误判。换句话说，具有第二型翼型的第一型人有时跟具有第一型翼型的第二型人难以区分，但具有第九型翼型的第一型人（内倾、感情含蓄）和具有第三型翼型的第二型人（外倾，感情奔放）就不那么容易混淆了。性别也会造成误判。具有第二翼型的第一型女性常常认为她们是具有第一型翼型的第二型人，而具有第一型翼型的第二型男性则常常认为自己是具有第二型翼型的第一型人。

第一型人和第二型人都很认真，受道德感驱使，他们都乐于奉献，非常利他，但是他们的动机有相当大的区别。第一型人会在为人处世上体现他们的特征，他们的行为以原则或清晰的“正义”为后盾。第二型人则更个人化，他们的付出都是基于个人的原因。第一型人常常捍卫自己的独立，他们不希望别人干涉他们的事情，而第二型人则寻求密切的关系和融合。第一型人不愿意向别人表达自己的正面情绪，而当他们感到失望、愤怒时却会表现出来。第二型人在表达敌视或愤怒情绪时存在困难，但却很愿意表达正面的情绪。可以比较一下桑德拉·戴·奥康纳（第一型）和莎莉·杰西·拉斐尔（第二型）。

第一型和第三型

因为一般状态下的第一型人和第三型人都具有高效率、有组织能力的特点，因此会被弄错。如果只孤立地考虑一件事情（例如，组织一个会议或计划一次假期活动），这两种类型的人的组织能力是相似的，这样就会造成困扰。这两种人都会为了完成任务而努力，都希望能有所进步，达到较高的标准。但是，标准的基础是不一样的，他们的关键动机也是不一样的。

第一型人是理想主义者，追求生活中的一切完美和秩序。他们不仅希望控制自己，也希望能控制周围的环境，杜绝所有的混乱和错误。他们受到来自自身内部的道德感驱使，有组织性、高效率，因此不会浪费时间因为不完美、不努力或自私而让自己受到良心的谴责。

而一般状态下的第三型人则实际得多，绝非理想主义者。第三型人一般不会受标准的驱使，而是受目的驱使，他们更注重完成一件事，而不是“怎么”完成一件事。第一型人可能更重视方法或程序（“这样做是最好的”）。第三型人则灵活得多，如果感觉任务不能如愿完成，他们会很快地改变策略。一般来说，第三型人主要对成功和威望感兴趣，他们在达成目的方面非常高效。

这两种类型的人都可以为了效率而对情感置之不理，其中第三型人更善于掩饰他们的困扰。表面上，他们很少长时间地表现出情绪的起伏（但偶尔在挫折面前也会表现出短暂的低沉和沮丧），也不会因为情绪而变得惊慌失措。他们把大部分精力集中于实现目标上。但第一型人不太善于隐藏他们的不满和失望，别人总是很快就会发现他们的焦虑不安。

两种类型的人都很冷静、不易受个人情绪左右，可能显得过于有礼貌、有教养。对于第一型人，我们的印象是他们能很好地控制情绪，或者通过其他事物使情绪得到升华，例如整理并保持办公区域的整洁，到某个社区组织做志愿者，等等。因此，虽然第一型人一般不会轻易表现出来，我们还是可以通过这种典型的自我控制来了解他们的情绪。（他们最严重的负面情绪包括正义感带来的愤怒、义愤或者罪恶感。）至于第三型人，一般来说，他们的冷漠和冷静更多是由于感情的疏离，而非压抑。同时，第三型人在特定的时候会表现出适当的感情。如果需要严肃，他们就会表现得很认真。如果需要活泼，即使感觉害怕、不知所措或不好受，他们也会很配合地微笑和闲聊。第三型人或多或少比第一型人更能表现他们的魅力和个性。但是，当看到第三型人在不同情况下轻而易举地改变他们给不同人留下的印象时，我们能就区分潜在的感情疏离和深层的情绪。（和第一型不同，第三型人最严重的负面情绪包括敌视、愤怒和羞愧、自卑的潜在感情。）

第一型人努力追求完美，以避开他们的“超我”，而第三型人则努力克服家庭羞耻。碰到问题的时候，第一型人说“听我的，我知道正确的做法”，第三型人则说“看我的，我做的就是正确的”。第一型人是追求完美尤其是道德完美的典范，他们认为自己是达到最高标准的人。第三型人则是个人完美的典范，特别是个人的愿望，他们认为自己能成功，能做到最好。

这两种类型存在相似性是因为他们都属于思维三元组，第一型人属于荣格的外倾思维型（详细内容请参见《九型人格》，第305～306页），他们力图做到客观，不受个人感情影响，而第三型人则受目的驱使，更实际，和第一型人的外倾思维型很类似（虽然严格地说没有直接的关联）。这两种类型的人都有某种想达成的目标。不同之处在于，第一型人希望发现一种实现理想的客观方式，而作为现实主义者的第三型人则是要寻找一种更有效的方法。通过比较戈尔（第一型）和克林顿（第三型），或者艾玛·汤普森（第一型）和简·波利（第三型），可以发现二者的区别。

第一型和第四型

第一型人和第四型人截然不同，将这二者混淆可能有点儿奇怪。当第一型人（在压力之下，他们会趋向于第四型）认为自己就是第四型人时，混乱就产生了。虽然第一型人会误认为自己是第四型人，但在这种情况下，他们的注意力都集中在第四型人的不健康特征上，而非第四型人的全面特征。如果第一型人感觉抑郁、沮丧、被他人排斥，他们就会确信自己是第四型人。在第一型人遭遇困难的时候，他们常常会趋向于第四型，以避免自己沦落到更不健康的程度——那样问题更严重。这个时候，第一型人总是为罪恶感所困扰，他们觉得自己没有价值，强烈地鄙视自己，厌恶自己，甚至有自杀的倾向。如果他们把自己和第四型人混为一谈，困惑可能会减轻。

在一般状态下的情况下，第一型人会把责任放在第一位，把自己的感情放在第二位。这种对感情的忽视，正是造成他们经常情绪低落的原因。（值得注意的是第一型人非常容易情绪低落。）而第四型人则会首先处理他们的感情，在安顿好感情之后才会着手担负他们的责任。因此，在把自己调动起来完成所负的责任时，第四型人可能会遇到困难，而大部分第一型人都不会这样太长时间地沉溺于自己的感情中。

除了上述差别，这两种类型的人也有相似的地方。他们都是完美主义者，事物本来的样子往往难以让他们满意。他们容易对自己和周围的环境产生不满，因此常常被别人看成小题大做、爱挑剔的人。他们可能对环境非常重视，而且要求人们在他们的地盘内遵守他们的规矩。（“不脱鞋不许进这个屋。”）他们都会发脾气。第一型人常常批评别人，也容易发怒，往往是针对低效的行为，或是因为别人没有按既定的程序办事。第四型人对别人的批评和挑剔则是由于他们缺乏敏感的意识，他们常常因为别人显而易见的粗心而发怒。同样，如果他人不能欣赏第四型人的深度和创造力，也会激怒他们。在这种情况下，第四型人会用情感上、甚至身体上的冷淡来惩罚对方。一般状态下的第一型人则不会选择这种方式。相反，他们会更急切地把自己的意见加于对方，如果对方无动于衷，则会激起他们更大的愤怒。

健康的第四型人偶尔也可能被误认为是第一型人，如果第四型人结合了一些第一型人的特征，而且生活中有超出自身的目标，那么这种误判可以被看做是对第四型人的一种补充。一些第四型人的确结合了并开始拥有健康的第一型人的理性、节制和公正，这是值得庆幸的。但即使一个第四型人真的结合了一些第一型人的健康特征，他还是第四型人，除了拥有第三型翼型或第五型翼型，他们最重要的特征仍然体现了完整的第四型人格。对比第四型的安妮·赖斯和第一型的玛莎·斯图尔特，或者第四型的田纳西·威廉姆斯和第一型的阿瑟·米勒，会对此有更深的理解。

第一型和第五型

第一型和第五型都属于荣格所说的思维型，第一型是外倾思维型(详细内容请参见《九型人格》，第305～306页)，第五型是内倾思维型，或者“主观”思维型(详细内容请参见《九型人格》，第147～148页)。两种类型分属于两个不同的三元组：第一型属于本能三元组，第五型是思维三元组。虽然第一型人也会思考，但他们会首先采取行动，而且只对那些直接指向结果的想法有兴趣。而第五型人则是真正的脑力活动类型，他们对某个主张或想法深思熟虑，而不在乎这些主张或想法的实际后果。

和一般状态下的想法不同，想法和信念来源于本能，来自腹部。在我们确定某种情况的时候（“绝对应该这么做！”），实际上我们的观点的确来自腹部。如果仔细观察，会发现我们最强烈的观念都来源于此。实际上，拥有强烈确定性和鲜明观点的第一型就属于本能三元组(或称为腹部中心型)。一般和不健康的第一型人对自己观点的正确性充满自信，并且尊重那些同样对自己深信不疑的人。他们思考的过程只是为了进一步支持自己已经建立的信念。一般和不健康的第五型人则容易迷失在不确定性的迷宫之中。他们可能会煞费心思地建立起详细的理论或观点，只是为了迅速地推翻自己。而比较不健康的第五型人可能会提出有挑衅性的主张，他们更喜欢挑战别人的信心，而不是说服别人相信他们的主张。不健康的第五型人希望自己比别人聪明，有时他们会支持那些内心并不真正赞同的意见，只是为了证明自己可以玩转他人。如果人格类型不够健康，第一型人会更加坚持和固守自己的意见，而第五型人则变得更加易变、虚无，害怕他们的努力不会带来任何价值和真理。

第一型人和第五型人最显著的区别是：第一型人重视确定性和判断力，第五型人则缺乏确定性，在判断时也有困难。（虽然健康的第一型人有非凡的判断力，而一般状态下的第一型人则判断力不足，但他们都把对周围世界的判断作为第一原则，这也是外倾思维型的行事原则。）对于第五型人来说，判断力没有那么重要。他们希望从理论上了解世界如何运行，也会创造一个让他们感觉有趣的内心幻想世界。因此，第五型人更容易脱离现实世界，沉溺于复杂的精神世界之中。健康的第五型人可以跟现实世界互动，而一般状态下的第五型人则会被想象世界完全迷住，失去对真理、意义和观念准确性的判断能力。渐渐地，他们不太在乎想法是不是正确，而更关注这个想法是否和其他想法相关。相反，第一型人思考的目的是加强他们想法的正确性：他们的注意焦点是制定规则和步骤，推动自己和周围世界的发展和进步。一般状态下的第一型人不会像一般状态下的第五型人那样与世界疏远或自我孤立：即使第一型人也会表现得冷静、不易动感情，甚至过分含蓄，但他们总是急切地希望把自己的原则应用于日常生活。

由此可见，第一型人和第五型人在判断和对现实的评价上大相径庭。第一型人会用他们认为理所当然的理想化标准来判断局势，第五型人则总是考察和质疑各种推测，当然也包括各种标准和原则。第一型人是演绎式的，喜欢将原则应用在具体事件上；第五型人是归纳式的，喜欢从已知的数据中得到总括性的理论。他们都具有哲学家气质，热爱知识：第一型人可以让世界更加完美，第五型人可以发现更多关于世界的秘密。第一型人往往成为教师和道德家，而不会像第五型人那样成为发明家或反偶像崇拜者。通过比较乔治·伯纳德·肖（第一型）和詹姆斯·乔伊斯（第五型），或者玛格丽特·撒切尔（第一型）和苏珊·桑塔格（第五型），可以更加深刻地了解这两种类型的区别。

第一型和第六型

第一型和第六型都属于九型人格中的屈从型。就像《九型人格》中提到的（第349～347页），第一型人屈从于“超我”和理想的要求，第六型人不仅屈从于超我，也屈从于他人的要求，尤其是那些所谓的盟友或权威人士。可以说，第一型人有一个内在的“批评者”，第六型人则有一个内在的“委员会”。这两种类型的共同之处在于他们在做违规之事时都有负罪感，第一型人是在违背自己理想的时候，第六型人是在违反承诺、信仰和权威的时候。他们的负罪感来源于强烈的道德感，对环境进行规划的需求是二者相似性中的要点。第一型人和第六型人很少把自己和对方弄混，但旁人却往往被他们的相似性迷惑。并且，一个具有第五型翼型的第六型人比具有第七型翼型的第六型人更容易被误认为第一型人，因为这样的人在第六型的整体特征基础上又加上了严肃认真的特点。

不过，这两种类型很好区分，他们的整体情绪的基调彼此毫不相干。一般状态下的第六型人紧张、优柔寡断、摇摆不定、消极。他们在与他人的交往中很难达到平衡，要么太过顺从或依赖，要么走向另一个极端，变得反叛、难以控制。有时他们夹在两个极端中间，变得犹疑踌躇，不知如何是好。

这些特点在一般状态下的第一型人身上几乎无迹可寻。他们情绪模式的基调是自我控制、不带个人感情的高效、有条有理和合乎情理。第一型人决不会优柔寡断，他们了解自己的想法，对任何事情都有自己的意见，并且乐于向别人表达意见。第一型人有主见，并且努力说服他人接受他们认为最合时宜的办法。第六型人则没有什么主见，他们依赖反复的认证、后备手段、熟悉的程序来帮他们作决定，已经经过了检验的想法或伦理原则也可以帮助他们。

一般状态下的第一型人非常善于自我控制，他们能把自己的情绪管理得井井有条，常常意识不到自己的焦虑程度。一般状态下的第六型人则需要跟自己反复无常的情绪斗争，很难对此置之不理，虽然他们不常表现出来。第六型人相当的焦虑，而且他们自己也能清楚地意识到这种情绪。道德感带来的义愤是第一型人主要的负面情绪，害怕、怀疑和焦虑则是第六型人主要的负面情绪。另外，虽然第一型人在处理不当的时候会讽刺辱骂他人，但他们很少会失控，更不会动手打人。而第六型人则比较容易失控，有时会歇斯底里，甚至爆发暴力行为。

如果真的混淆了第一型人和第六型人，这种迷惑可能源自二者的过度活跃的超我。他们都是相信“应该”和“必须”的人，认为要担负起所有的责任，而不注重自身的需要。他们都墨守成规，第六层级的第六型人是独裁的反叛者，同一层级的第一型人是好评判的完美主义者。如果他们的超我发展到极端，即使方式和原因不同，他们也都倾向于告诉别人该怎么做。第一型人说教、斥责、教训他人，而不管他们所用的名义是否跟他们有关系。（“你知道用空调有多浪费吗？”）他们也喜欢命令周围的人，告诉他们应该提高自己、变得更有效率。

第六型人也会说教，但不是因为他们有自己的标准，而是不想看到别人没有原则、不负责任的行为破坏他们希望保持的安全和稳定。如果别人“破坏规则”，他们会感觉愤怒和受到威胁，变得更加反复无常。第六型人把信仰和权威作为他们的人生指南，并把这些因素内化为自己的价值观。一旦他们认可了某种他们认为值得信赖的观念，只要碰到那些不像他们那样接受这些观念的人，他们就会充满敌对情绪。当第六型人没有足够的安全感时，他们越是焦虑，就越会固守于他们仍然相信的想法。如果别人对他们的信仰无动于衷，他们就会愤怒，和直接反对他们的信仰一样。比较乔治·布什（第六型）和戈尔（第一型），或者梅丽尔·斯特里普（第一型）和梅格·瑞恩（第六型），可以发现这两者的相似和不同。

第一型和第七型

第一型人一般不会把自己误认为第七型，但第七型人却偶尔会犯这种错误。如果第七型人长期处于压力之下，会表现出一些一般状态下的第一型人的行为，如追求完美和秩序，于是得出自己是第一型人的结论。虽然上述特征在极端的情况下会浮现出来，但只要很快地想想第七型人的生活，就会发现严格的自我控制、严厉的自我批评和对冲动的压抑显然不是第七型人的主要特征。

共同的理想主义和使命感也是让人混淆二者的原因。这两种类型都对世界和人类抱有理想，但表现方式却很不一样。第七型人对未来和事情的发展持乐观态度，第一型人却远非如此，他们的标准太高，必然对人类和世界感到失望。第一型人对自己担负的使命清清楚楚，第七型人对使命则只是一种感觉。对于第七型人来说，对使命的不确定性导致焦虑的产生。（“如果没抓住机会怎么办？”）

第七型人把自己误判为第一型的另一个原因是他们认为自己也是完美主义者，其实这两种类型所追求的完美非常不同。如果第一型人的完美主义者在一份100页的报告中点错了一个逗号，他们会因此严厉地自责好几天。如果第七型人的“完美主义者”在餐馆点了一份海鲜色拉，结果发现跟他们想象的不一样，那会让他们感到沮丧。实际上，第七型人把他们的挫折感和不耐烦误认为是对完美的追求。

这两种类型在其他方面也大有不同。第七型人喜欢冲动和冒险，他们会凭自己的灵机一动而随时改变计划。而计划的改变则会让第一型人感觉沮丧，他们一般不愿让事情的进程偏离既定的轨道。在社交方面，第七型人没有什么自我意识，第一型人则自我意识过强。在安排时间和按程序办事方面，第一型有条不紊、坚持己见。第七型人的时间观念则没有那么强，他们对墨守成规抱着怀疑态度。第七型人有好奇心，心态开放，也常常因此分心。第一型人更专心，更专注于目标，但同时也更顽固和心胸狭窄。第七型人容易受焦虑情绪影响，第一型人则会慢慢地愤怒。比较一下乔治·威尔、朱莉·安德鲁斯（第一型）和拉里·金、卡梅隆·迪亚兹（第七型）就会明白。

第一型和第八型

第一型和第八型都属于本能三元组，这两种类型的人都有强烈的意志，都属于行动导向型，对于为人处世都有鲜明的观点。然而，第一型人在奉劝别人做（他们认为）正确的事情时，总是站在道德要求的角度上——因为这样做是对的。他们想说服别人接受他们的正确观点，如果别人坚持自己的理由，他们会因此发怒。再看看第八型人，他们依靠自己的信心来说服别人，希望通过自己的勇气和个人魅力让别人改变注意。（“我不知道这是否正确，不过这是我的方式。”）第一型人力图改变别人，第八型人力图驱使别人。

二者最容易混淆的地方是他们都关注公正，但其实他们的正义感是不一样的。第一型人把公正看得至高无上，很多法官、律师、检察官都是第一型人。第一型人思考得很多的东西是如何给人类提供一套合理的标准，以及如何管理一套公平、公正的系统的细节。各个发展层级的第一型人都重视公正并寻求公正（即使他们的解读会大大偏离初衷）。在大多数情况下，公正是一个原则，是他们理想的一部分。他们为公正而奋斗，无论在何处发现不公正的现象，都希望能纠正，否则，他们将不能坚持自己高尚的道德标准，那会让他们感觉内疚。

对于第八型人而言，维护公正是他们面对不公时的本能反应。一般来说，第八型人不会费心思去考虑正义的问题，不过当他们看到弱者被伤害、被欺负时，他们会毫不犹豫地出手相助。对他们来说，公正并不是一个抽象的原则问题。第八型人把自己看成别人的保护者，如果是健康的第八型人，他们的确就会成为保护者。他们更多的是为“自己人”寻求公正，例如他们的家人、朋友、同事、同族，等等，他们希望他们关心或想要保护的人得到公正的待遇。那些保护小镇免受强盗威胁的牛仔，或者为工友争取公正待遇的工会领导，都是这类正义的代表。第八型人的正义感通常涉及权利的平衡，而第一型人希望确保善有善报、恶有恶报，二者有所不同。

当然了，在病态的表现中，两种类型都会极端不公。即使第一型人的行为极为残酷，他们也认为自己所做的是对的，他们都是为了被惩罚者好，或者至少是为了社会好。第一型人要为他们的严厉行为找到根据，第八型人则不会这么想。对那些不健康的第八型人来说，他们采取正义的行为只是为了复仇。（“你伤害了我或我爱的人，我要毁掉你。”“他欠我的，我得让他付出代价。”）毫无疑问，这两种“正义”都会受到人们的质疑。

另外一个混淆第一型人和第八型人的原因，可能是因为第一型人希望拥有第八型人的权威和影响力，因此他们会把自己误判为第八型。即使第一型人完全服从于自己的理想，他们可能也会认为自己有攻击性冲动，而误以为自己属于“攻击型”。第八型才毫无疑问是绝对的攻击型。另一方面，第八型人却从不认为自己是第一型人，他们认为第一型人懦弱胆小、没有血性，只有那些不够强大的人才会重视道德。但是，虽然第八型人自己不认为自己属于第一型，别人却有可能产生这种误会，因为人们认为他们是改革者。的确，一些天生的领导者，包括第八型的领导者，他们会在需要的时候进行改革。对比一下第一型的教皇保罗二世、拉尔夫·纳德、希拉里·克林顿，和第八型的李·亚科卡、弗兰克林·罗斯福、芭芭拉·沃尔特斯，会对他们的差异有清晰的认识。

第一型和第九型

一般来说，对第一型和第九型这两种类型的误会可能是因为对翼型和基本类型的混淆：这个人到底是带有第一型翼型的第九型人还是带有第九型翼型的第一型人？在某些情况下，如果所拥有的翼型比较强大，这可能很难判断。这两种类型都比较理想主义、思辨，还有一点内倾，也都不喜欢生气。第九型人通常不愿意卷入纠纷，这一点可以帮助我们区分两种类型。他们喜欢维持平和的生活，即使他们坚持自己的意见，一般来说他们也不愿意与人争辩，尤其是那些和他们感情亲近的人。但是，对第一型人来说，原则永远是第一位的，他们会努力说服他人接受他们的观点，即使这样会引起混乱和争端。（“真理就是真理。”）

虽然第九型人工作努力，但是他们也认为休息是必要的。他们能享受闲暇时光，停止休息投入工作会让他们一时不适应，反之亦然。而第一型人则是工作狂，让他们卸下重任忙中偷闲是非常困难的。不创造价值会让他们感觉焦虑（就像第三型一样），他们渴望重新投入工作，以避免来自超我的罪恶感。

二者处理压力的方式也有区别。当第九型人向第六型转变时，他们首先在感情方面变得疏离、具有对抗性，最终变得更加焦虑和反抗。而当第一型人向第四型转变时，他们首先会急切地说服他人自己是正确的，然后变得更情绪化和急躁。可以比较一下第一型的特德·科佩尔、梅丽尔·斯特里普和第九型的沃尔特·克朗凯特、安迪·麦克道尔。

对第二型和其他类型的误判

第二型和第一型

见“第一型和第二型”。

第二型和第三型

同样地，翼型和主要类型的混淆可能造成对这两种类型的误判。具有第一型翼型的第二型人很难被误认为是第三型，具有第四型翼型的第三型人一般也不会被误认为是第二型。而具有第三型翼型的第二型人和具有第二人翼型的第三型人都具有魅力，希望受到喜爱，喜欢取悦他人，因此容易被混为一谈。例如，人们通常认为“富有魅力”是第二型人的特点，因此会产生误会。但实际上人人都能以某种方式表现他们的魅力，而第三型人也的确非常迷人。因此，区分二者因何在他人眼中具有魅力至关重要。从根本上看，第二型人通过为他人做好事、把注意力放在他人身上来取悦他人。（“你怎么样？好像看起来不太好啊。”）第二型人给他们很多让人感激的关心，以期望别人把自己看成朋友或熟人。他们取悦他人最主要的动机是创造密切的关系，拉近与他人的距离。

第三型人则通过展现最完美的自己来取悦他人。他们很少在别人身上浪费精力，而倾向于以让人难以抗拒的杰出表现引起别人的注意。而且虽然他们喜欢成为大家注意的焦点，也喜欢交往，但他们实际上害怕亲密的关系，当交往密切起来时，他们会感觉不适。

第二型人和第三型人在其他几个方面也有重要的不同。第二型人有野心，但他们不愿意直奔目标，觉得那样做太自私。第三型人则完全受目标驱使，而且如果没有做到最好会让他们觉得对不起自己的天赋。第二型人多愁善感，容易动感情，第三型人则内倾得多，不容易流露感情。第二型人在失去耐心之前一直试图取悦他人，但当他们趋向第八型时则会最终爆发。第三型人总是表现自己的完美，但是趋向第九型时则会变得更加冷淡。不妨比较一下第二型的史蒂维·旺德、杰里·刘易斯和第三型的思里·斯廷、迪克·克拉克。

第二型和第四型

之所以会混淆第二型和第四型，主要是因为这两个类型都属于情感三元组，并且非常注意人际关系方面的起伏。不过即使有这些类似之处，二者也不容易发生混淆，混淆通常是因为判断面过于狭窄。举个例子，如果第二型人最近刚刚经历了一段情绪低落期，或者刚结束一段重要的感情，那么他们容易把自己误认为第四型。他们可能认为第四型就是沮丧型，既然自己有沮丧情绪，那么就有可能是第四型。事实上，所有类型都有情绪低落的时候，感觉悲伤或孤独并不意味着你是某个特别的类型。第二型人也有可能觉得第四型非常浪漫，如果他们觉得自己也有浪漫气质，就可能认为自己是第四型。第四型女性如果生长于一个传统的、或者宗教气氛浓厚的家庭，就可能认为自己属于第二型，但所有类型的女性都可能是这样。一些长期处于压力之下的第四型人则会表现出一些第二型人的行为特征。

但是区分这两种类型的人并非难事。第二型人更喜欢接近他人，有时甚至有点儿过分。第四型人没有那么外倾，而希望别人主动来接近自己。第二型人希望拯救别人，第四型人需要别人的人拯救。第二型人非常关注他人的感觉，而往往忽视自己的感情和需要。第四型则非常了解自己的感情状况，但意识不到自己对别人的影响。可以对比一下第二型的比尔·科斯比、萨莉·斯特拉瑟斯和第四型的詹姆斯·迪恩、朱迪·嘉兰。

第二型和第五型

第二型和第五型极为不同。这两种类型的人本身极少把自己和对方搞混，但别人可能偶尔会被迷惑。令人惊讶的是，一些第五型人更容易被误认为是第二型，不过是在比较特定的情况下。因为第五型人很难建立情感的联系，所以他们往往对仅有的几个人有很强的依赖性，在这种情况下，他们非常不希望所爱的人离开自己，这一点显然和第二型人类似。

除此之外，这两种类型基本上是互相对立的。第二型人情感外倾，而且以人为导向的，第五型人比较冷淡，是九型人格中真正的孤独者。二者都容易感到被人拒绝，但第二型人会试图说服他人，而第五型人则远离人群以避免受到伤害或进一步被孤立。第二型人感情用事，对于太费脑子的方法或者复杂的点子和步骤，可能会感到紧张甚至生气。第五型人则会对感情用事感到紧张或恼怒，而对需要很强理解力的观念和复杂的东西则会感觉得心应手。第二型人喜欢接近他人，第五型人则相反。试试比较第二型的巴里·马尼洛、T.贝里·布雷泽尔顿和第五型的菲利普·格拉斯、奥利弗·萨克斯。

第二型和第六型

对第二型和第六型的误判很常见，因为二者共有一些重要的特征。这两种类型的人都很热情、都希望受到别人的喜爱。不过准确地说，第六型人希望得到别人的肯定和支持，而第二型人则希望被人爱、被人看做重要的人。二者都乐于取悦别人，不过第六型人会表现得爱玩、有点儿笨拙，通过戏谑和玩笑来让别人对他们产生感情。一般状态下的第二型人也希望得到别人的好感，但更多的是通过一种秘而不宣的优越感，他们的热情友好实际上在暗示是他们给予了对方爱和友谊、肯定和建议，而不是在向他人寻求友谊，即使这是他们最初的目标。

简而言之，第二型人和第六型人的感情基调完全不同。第六型人谨慎地选择一定的目标对象进入他们的生活，第二型人则广撒大网，不加选择地散播他们的感情。第六型人希望建立能支持自己的伙伴关系，努力变得更独立，但如果这种关系太亲密，他们就会感觉烦恼。第二型人希望跟他人关系密切，和所爱的人在一起，关系越亲密无间越好。

根据荣格所说的情感类型，可以判断出这两种类型都是情感型的，第二型是外倾情感型（详细内容请参见，《九型人格》第58～59页），第六型则属于内倾情感型

(详细内容请参见《九型人格》，第182页)。第二型人情感外露，热情外倾，很容易向别人表露他们的想法。相反，第六型人对他们的感觉没有十足把握，有时会给人以含糊不清的印象。在糟糕的情况下，一般状态下和不健康的第二型人会更加掩饰他们的内心，甚至对自己也要完全隐瞒真正的动机，极端具有操纵性。相反，一般状态和不健康状态下的第六型人常常有过激反应，有意弄混自己的感觉，非常多疑。

实际上，第六型人会受到焦虑、优柔、多疑的打击，他们希望能相信他人(尤其是权威人士)，让别人帮助自己重建自信和独立。所有人都会焦虑，第二型人也不例外，但他们不会有犹豫和多疑的烦恼，也不会向权威寻求答案。相反，他们会把自己塑造成权威，回答人生所有疑问，并把他们的建议推广到他们的影响范围内。简而言之，一般状态和不健康的第二型人相信他们只能从那些依靠他们的人身上获取爱，而一般状态和不健康的第六型人则因为自己对他人的依赖日益增加而感到担心，而事实上他们的依赖性的确在日益增加。不健康的第二型人会遭受精神折磨、迷恋爱情，不健康的第六型人多疑、反复无常，在连续体的最后几个发展层级中，二者的区别显而易见。试对比第二型的默弗·格里芬、老萨米·戴维斯和第六型的约翰尼·卡森、梅尔·吉布森。

第二型和第七型

第二型和第七型都会变得情绪化和歇斯底里，所以容易被误判，虽然第七型人的情绪变化得更快。一般状态下的第二型人热情、感情外倾，甚至有戏剧性，但是他们在表达热情和对他人的欣赏时会遇到困难。第二型人的情感比较深沉(属于情感三元组)，他们的感情与他们的自我意识、行为以及跟他人的互动紧密联系。

一般状态下的第七型人表达情绪的方式非常戏剧化，但他们的情感通常持续时间短、影响范围广——从高兴到轻浮再到反复无常，最后是愤怒、沮丧、辱骂、侮辱这样非常负面的情绪。第二型人虽然也需要表达他们的情绪，但会慢一拍。(除非是非常不健康的第二型人，否则他们一般不会公开表达对他人的愤怒，也不会像第七型人那样表达极端的情绪。)

虽然这两种类型都喜欢社交，享受和别人在一起的感觉，但他们与人交往的方式明显不同。第二型人天生热情、友善，对别人充满兴趣，他们喜欢成为家庭或社区的中心和灵魂人物，他们渴望做别人的好朋友，希望别人向他们寻求关注、建议和支持。第二型人想成为对别人重要的人，和别人保持密切的关系，但有的时候他们做得太过分，变得爱管闲事、瞎操心，以至于不了解别人是否真的需要自己。

不同的是，第七型人并不介入他人的生活。他们不认为自己是家庭或社区的中心，而只是想成为冒险集体中的一员，和他人在一起能增强他们的乐趣。第七型人不喜欢一个人吃饭喝酒，不喜欢一个人去电影院，不喜欢一个人度假，但这并不意味着他们是最好的爱人。然而，跟别人一起能让他们从自己所做的事中获得更多的乐趣，别人能增加他们所寻求的兴奋和刺激感。第七型人愿意为享乐埋单，他们会为经济条件不如自己的朋友买票、请朋友吃饭或到郊区度假，等等。第七型人显得很慷慨，虽然他们的目的并非帮助需要帮助的朋友，而是和别人一起，以保证自己度过愉悦的时光。

一般状态下的第二型人希望被人需要，但一般状态下的第七型人对于那些依赖他们的人却没有这种耐心，因为依赖会榨干他们的资源，限制他们的自由。第二型人对他们的朋友有占有欲，因为他们认为自己在朋友身上投入了大量的时间和精力，他们可不想看到朋友离开。一般状态下的第七型人则没有那么黏人，（“好吧，如果你不想跟我在一起，没关系，我有的是朋友。”）第七型人会向其他人一样投入爱情，但拒绝纠缠不清。一旦他们明白这段关系难以继续，就会快刀斩乱麻。他们会在一段时间内感到难过，但从不后悔自己作出的决定。第二型人也会结束一段感情，但完全放弃对他们来说却难得多。

最后，虽然第七型属于行动导向型，但第七型人也会表露感情，从根本上讲，他们还是属于思维三元组的。他们才思敏捷，脑子里满是有趣的可能性和想法。而第二型人可能也聪明、有知识，但他们是真正的情感型，他们的能量来自感情和亲密关系。第七型人很有可能把自己误认为第二型，第二型人却不大可能误会自己是第七型。利奥·巴斯卡利亚、安·兰德斯（第二型）和蒂莫西·利里、琼·里弗（第七型）的对比清楚地显示了二者的区别。

第二型和第八型

虽然第二型和第八型之间有很大的不同，但也不难理解为什么人们会混淆这两种类型。有的第二型人会发现自己喜欢强迫和操控，这明显是第八型人的特点。一个极富攻击性的第二型人会发现自己在处理和工作有关的事物时，希望拥有领导和处罚的权力。由于这样那样的原因，第二型人有时会误认为自己是第八型。第二型女性尤其如此，因为文化方面的原因，她们特别需要强调这些特征。

值得注意的是，这两种类型都会跟潜藏的抗拒情绪斗争，虽然他们在处理类似事物时会采用不同的方式。这样的情绪决定了这两种类型都拥有冲动的关系，也决定了第八型人在和人发生冲突时会表现出狂怒，而第二型人则会在掩藏他们的依赖和操纵欲时表现出愤怒。

二者都有强烈的意愿和自我意识，倾向于控制别人，这可能是产生混淆的原因。第八型人会公开表现出进攻性、控制欲和自我中心倾向，但他们在交往中非常直接。如果他们感到不满，就会毫不迟疑地让别人知道他们的愤怒和失望。第二型人也可能有攻击性、强迫性、自满和自我中心，但这些情绪在一层薄薄的爱的面纱之下，具有隐蔽性和间接性。即使对某人感到非常生气，他们也很难公开地表达不满。于是，他们会采取间接的办法，试图通过暗示——有时会失败——来让别人符合自己的要求。不同的是，不那么健康的第八型人会直接对别人提出要求，如果还是不满意，他们会用更强硬的办法，甚至可能采取威胁的方式。他们会让人明白他们富有斗争精神。而如果第二型人觉得不满，他们会通过戏剧性地展示自己所受的伤害，来让别人产生负罪感。第二型人不会像第八型人那样，为了自我保护或扩大势力范围而操控别人，他们是为了不让人离开而控制别人。当然了，如果第二型人处于极大的压力之下，他们会越来越像第八型人，因为第八型是第二型的解离方向。试试比较第二型的特蕾莎修女、芭芭拉·布什和第八型的英迪拉·甘地、前得州官员安·理查兹，就会对二者有更深入的了解。

第二型和第九型

第二型和第九型有不少相似之处。这两个类型的人都喜欢与人交往，都把他人的需求放在自己的需求之前，都相信奉献，喜欢保持积极状态，等等。但是，二者的不同之处也是显而易见的。

通常一般状态下的第九型人会把自己误认为第二型，但第二型误认为自己是第九型的情况却不常见。一些一般状态下的第九型人（尤其是女性）认为第二型是爱心型，如果她们觉得自己充满爱心，就会认为自己理所当然是第二型。但是，爱心并非第二型的独有特征，所有类型（包括第九型）的人都同样有爱别人的能力。所有的类型都有一些共同特点（例如攻击性和焦虑），但不同类型表达爱的方式是不同的，必须予以区分。

实际上，第二型人和第九型人爱的方式就大有不同。第九型人缺乏自我意识，很少把重点放在自己身上。他们不爱抛头露面，乐于助人，非常愿意从感情上支持他人，而不需要引起别人对自己的注意，也不需要得到相当的报答。当然，即使第九型人希望付出的爱能得到回报，他们对此也会很有耐心，并且不计较回报的多少。（一部分是因为第九型人私下里不想让别人打扰他们的生活，不想受别人太大影响，他们可以跟人保持关系，但是在他们感觉舒服和自立的情况下也可以保持独立。）一般状态下的第九型人往往把他人理想化，也容易坠入爱河，对自己所爱的人，他们只看到自己愿意看到的一面，而不是别人真正的样子。而一般状态下的第二型人对别人有准确的认识，他们了解别人所受的伤害、别人的需要和脆弱之处。第二型人可以通过了解来接近他人，成为他人需要的人。

和一般状态下的第九型人不同的是，第二型人对自己的类型有清晰的了解。他们非常善于同情，但是并不特别谦卑，也不特别随和。他们有自我意识，而是非常了解自己的感觉和美德，而且乐于跟别人谈论。

从最好的层面上看，健康的第二型人和第九型人一样无私和谦逊，但是一般状态下的这两个类型的人则有明显的不同：第二型人希望别人需要他们，希望成为对别人而言非常重要的人，希望别人向自己寻求支持、指导和建议。一般状态下的第二型人有点儿像在“追求”别人，他们总是冒险微妙地引导别人依靠自己。他们往往为了让人认为自己无私、完美和充满爱心，而为别人做一些事情。和一般状态下的第九型人不同（他们在碰到冲突时会变得安静、超然、几乎没有反应），第二型人会毫不犹豫地告诉别人他们有多自私，而且以毋庸置疑的态度让别人相信自己应该感激他们。简言之，当他们变得不太健康的时候，第二型人的自我开始膨胀，他们会变得越来越看重自我、带有攻击性，而第九型人的自我则变得更加含蓄、回避和散漫。

健康的第九型人会和他人保持安全的空间。他们随和、包容，因此人们跟他们在一起感觉很安全。健康的第九型人几乎不可能去操纵他人，或者让他人因为没有给予对方足够的回报而感觉内疚。（健康的第九型人更有耐心，也更虚心，这两种特征都值得第二型人学习。）但是，他们不像第二型人那样热心为他人服务。第二型人则会脚踏实地地着手处理困难的问题，他们有第九型人所没有的精力和耐心。另外，健康的第二型人所提供的帮助有直接的、个人的关注点：这是对“你”和你的需要的反应。一般来说，第二型人会实实在在地伸出援手，而第九型人则只是希望他人生活愉快，会让他人感觉舒服和安全，但不会提供实际的援助。（第二型人在爱心方面的实际性值得第九型人学习。）通过比较艾琳娜·罗斯福、利利安·卡特（第二型）和丽迪·伯德·约翰逊、贝蒂·福特（第九型），可以发现二者的相似和不同。

对第三型和其他类型的误判

第三型和第一型

见“第一型和第三型”。

第三型和第二型

见“第二型和第三型”。

第三型和第四型

对第三型和第四型的误会大概也来源于翼型和主要类型的混淆：具有第四型翼型的第三型人和具有第三型翼型的第四型人。二者的主要区别可以从他们对感情的态度中看出。第三型人往往看重任务、效率和表现。当然他们也有感情，但如果有事情要处理，他们就会把感情放在一边——而且对很多第三型人来说，他们总是有事要做。对不太健康的第三型人来说，感情就像路障，必须处理，但是非常有碍于效率。第三型人希望首先处理他们的事务，然后在时间允许的情况下，再处理感情。

第四型人则恰恰相反。第四型人自然也希望完成他们的任务，但如果遭遇感情问题，他们会首先停下手中的事务，处理完感情问题后再回到原来的任务上来。越是不健康的第四型人，越是需要更多的时间处理感情问题。在第三型人看来，第四型人在感情问题上的全身心投入，可能是不专业或不成熟的表现，而第四型人则把第三型人对优秀表现的追求看成是虚伪和空虚。

第三型人更有可能误认自己为第四型，第四型人则不太容易认为自己是第三型。如果第三型人所成长的家庭特别重视艺术性的自我表现的话，更容易发生这种误会。他们可能错误地认为只有第四型富有艺术创造性，而忽视了第三型也出过一些杰出的艺术家。可以比较第三型的芭芭拉·史翠珊、理查德·基尔和第四型的莎拉·麦克拉克伦、杰里米·艾恩斯。

第三型和第五型

第三型和第五型之间的差异很大，混淆这两种类型的一个重要原因是一般状态下的第三型人（尤其是如果他们很有学问）会认为自己是“思考者”。人们对第五型人先入为主的看法是他们是“有学问的思维型”，因此一般状态下的第三型人会把自己看做第五型。这种误会一定会发生在第三型人身上，因为第五型人不太可能认为自己是第三型。有时一般状态下的第三型人身上寄予了父母的梦想，因此，如果一个第三型人的家庭重视智力、创造力和学识才华，那么他们会自然而然地认为自己应该成长为一个有价值的人。那么，如果对九型人格理论的认识不够深，或者因为一些对九型人格的错误解读，可能使一些第三型人希望成为第五型。

一些第三型人也是思想者，具有原创精神，他们也可能在学术上取得成功，或者是优秀的学生。但是，仅仅具有上述特点并不一定是第五型。再说一次，误会通常是因为人们把关注点局限于某几个特点，而不是全面地看待一种类型，包括某个类型的中心动机。

这两种类型有一些非常明显的差异。他们所思考的对象很不一样：第五型人属于过程导向型，他们没有那么在乎结果，为了获取知识，他们会特别沉迷于抽象的思想，实际上，追求的过程就是他们的目标。这个过程本身让第五型人着迷，他们也会做那些有意思、但不一定带来让人满意的结果的事情，他们好像从来不在乎自己的发明创造是否给自己带来名和利。无论在何种情况下，第五型人都会按照自己的想法行事，即使没有任何可以预见的结果。他们的想法甚至也不必带来什么发现，创造自己的内心世界就值得让他们付出。一般状态下的第五型人总是可以数年如一日地执行某项任务，直至工作或他们自己让他们筋疲力尽。

另一方面，第三型人一般不会仅仅为了自己的内心而坚持一个目标，如果他们所追求的成功或认可没有实现，他们会很快改变自己的兴趣和职业。而且，一般状态下的第三型人会（有意无意地）为了某种个人目标而追求学问：为了给他人留下印象、为了出名、为了成为行业翘楚，等等。在追求学问时，第三型人最重要的目的并非对知识的热爱和智力上的发现带来的兴奋，而是为了实现他们的长远目标，并获得别人的认可。一般状态下的第三型人渴望成功，并喜欢谈论他们在学术上的成就，但一般状态下的第五型人则对他们的工作和发现守口如瓶。而且，一般状态下的第三型人会寻求达到目标的最有效的方式，而第五型人有时则全凭兴趣，会采取一些完全不现实的方式。

另外，第三型人善于交际，衣冠楚楚，他们知道如何表现得惹人喜爱。第五型人比较孤独，不修边幅，在解决问题、完成工作之前，外表对他们来说远没有兴趣那么重要。一般状态下的第五型人非常了解他人对自己的看法，而一般状态下的第三型人则几乎注意不到别人对自己的好意。一般状态下的第三型人希望别人认为自己有吸引力、善于交际，也会遵守和建立社会准则。第五型人则比较古怪、不合群，完全不把社会准则放在心上。比较一下第三型的米歇尔·蒂尔森·托马斯、卡尔·萨根和第五型的格伦·古尔德、斯坦利·库勃里克。

第三型和第六型

第三型和第六型不常被混淆，不过的确有相似之处。这两个类型的人都重视工作和表现，但在工作场合扮演着非常不同的角色。第三型人喜欢唱独角戏，他们也和别人合作，但希望表现突出，成为工作中的佼佼者。他们需要别人知道和认可他们的成绩，尤其是那些外倾的第三型人，他们可能是永不疲倦的员工。第六型人也是好员工，但除非他们在压力之下向第三型转变，否则他们对成为焦点只会感到不舒服。（“枪打出头鸟。”）第六型努力工作是为了应付他们的超我，为了建立安全感：他们希望向别人证明自己的可靠性。第三型人更圆滑老练，而第六型人则比较紧张、容易尴尬，不过有的时候这种气质非常讨人喜欢。

另外一个让人误会的原因来自第六型在性方面天生的易变性（详细内容请参见《九型人格》，第339～342页）。简单地说，第六型人和第三型人一样重视培养个人的吸引力，但第六型人对自身欲望的不安全感更加明显。另外，第三型人往往塑造一种冷酷的、感情矜持的形象，第六型人则会表现出一种更变化无常而强烈的感情。试比较第三型的汤姆·克鲁斯、惠特妮·休斯顿和第六型的汤姆·汉克斯、邦尼·雷特。

第三型和第七型

第三型和第七型都野心勃勃（详细内容请参见《九型人格》，第344～347页），喜欢成功带来的快乐。二者都乐于追求财富和社会地位，但又有差异：第七型人通过占有身外之物来证明自我的存在，而第三型人则通过社会地位来证明自己的价值，从而建立自我意识。

第七型人喜欢物质生活，而且希望拥有各种各样的让人激动的经历，因为这样的经历让他们感觉富有生气。他们寻求刺激，他们的自我意识因为生活经历而得以加强，不管别人是否意识到他们得到了什么。对他们来说，寻求和得到经验所带来的刺激非常重要，无论是否有他人参与。例如，不管别人是否知道，乘坐游轮头等舱在海上航行都会给他们带来快乐。而对第三型人来说，这样的旅行是他们的成功的象征——他们“做到”了，所以让别人知道他们有这样的经历非常重要。

另外一个例子是，如果第三型人很有钱，他们会雇一个家庭女教师来照顾孩子，他们自己全心工作，也会让别人知道他们有能力雇这样一个人。而不同的是，第七型人之所以雇一个家庭女教师，则是为了让自己摆脱照顾孩子的拖累去享受旅游。

处于狂热状态的不健康的第七型人会有一种不切实际的妄想，非常类似极端自恋的第三型人对自我的感觉，这是在传统的九型人格研究中混淆这两种类型的基本原因。其中的差异在于，第七型人过度迷恋自己的计划，他们对自己的将来有很高的预期，而第三型人则对自己实现目标的能力过度迷信。当第七型人心神迷醉的时候，在他们看来什么都有可能发生。另一方面，不健康的第三型人则对自我价值过分自信：自恋、爱出风头、容易夸大自己的成就。

这两种类型虽然不同，但他们都有自恋倾向，他们对自己的爱和利己之心逐渐膨胀，这是产生误会的一个原因。但是，一般来说，一般状态下的第七型人并非真正的自恋狂，他们可能有自私、自我中心、贪心、不敏感等特点，但并非时时顾影自怜，他们对一般自恋狂容易受到伤害之处也不特别敏感。第三型人则是典型的自恋者，他们更加注意提防让自己丢脸露丑的事情。因此，过分自恋的第七型人会试图避免伤害和焦虑，而过分自恋的第三型人则会为了避免失败而矫枉过正。

总的来说，区别这两种类型的最简单的办法是区分他们总的感情基调和模式。一般状态下的第三型人冷静、自制，希望别人认为他们能控制一切，不会受感情或私人问题的影响。而第七型人则容易紧张不安，很少能像第三型人一样完美地自我控制。他们不会严厉地审视自己，而有一些有趣、口无遮拦、庸俗无礼、蛮横的特点——很少会为了公众的看法而刻意修饰自己的行为和态度。试比较第七型的贝特·米德勒、霍华德·斯特恩和第三型的沙妮娅·特温、布赖恩特·冈贝尔。

第三型和第八型

第三型和第八型都富有进取心（详细内容请参见《九型人格》，第344～347页），混淆二者主要是因为一般状态下的第三型人和第八型人都比较好强。

一般来说，第八型人和第三型人都野心勃勃、富有竞争精神：他们都希望在人群中突出自己。不同的是，第八型人非常自信，他们不愿意花时间去说服别人，并不是因为他们害怕，而是希望别人主动为自己让路。他们为了物质、政治和性方面的主动权而奋斗，而并非纯粹为了社会地位什么的。例如，第八型人一般不会拿自己和他人比较，更绝对不会像第三型人那样。基于同样的原因，第三型人会误认为自己是第七型人或第五型人（他们都寻求自我满足），而且第三型人更有可能认为自己是第八型，而第八型人则不会这样。

虽然二者表面上有一些相似之处，其实不同点才是真正值得注意的：第八型人是领导者、决定者和当权者，他们希望世界按照他们的想法运转。他们希望有广泛的影响，建立伟大的事业，而且以此作为自己的大胆和意愿的证明。他们强硬顽固，对那些阻碍他们的人或事物可能表现得相当冷酷。他们的自我非常强大，得到某种形式的荣誉对他们来说至关重要。实现个人的权力欲是他们主要的行为动机，没有什么是模棱两可的，更没有什么需要遮遮掩掩或口是心非。

相反，对于第三型人来说，权利并非关键动机：取得一定的成功和威信，让自己感觉有价值才是最重要的。而且生活中有重要人物了解自己的成就对他们来说也很重要。（相反，第八型人不需要知名度，他们不太在乎别人的认可。）如果说第八型人是天生的领导者，第三型人就是天生的管理者和技术人员。另外，第三型人害怕失败是因为他们觉得失败是自己的耻辱，是对自己能力的否定，这是最令他们恐惧的。相反，第八型人则把失败看成一个吸取教训的机会，让他们变得更加强大。第八型人忙于实现自己的目标，根本没有时间关心他人的看法，第三型人的自我意识则几乎取决于他人的看法，他们极其渴望被别人需要。如果说一般状态下的第八型人好斗、具有威胁性，那么排除那些喜欢逞强的人，一般状态下的第三型人则比较有外交策略，他们更容易放弃自己的观点：第三型人不能在压力和公开的对抗面前坚持太久。对比一下第八型的特利·萨维拉斯、贝蒂·戴维斯和第三型的史泰龙、莎朗·斯通。

第三型和第九型

第三型人和第九型人都有很强的适应能力，都要寻求别人的接受，因此容易彼此混淆。而且这两种类型的人在认识自己和了解自己的需求时都会碰到困难，但这种情况在第三型人身上不那么明显。当第三型人在解离方向上向第九型转变时的确很像第九型人，他们对自己的目标缺乏投入和动力。

二者的区别非常明显。第三型人可能是工作非常主动积极的人，他们开始工作的时候总是带着成功的意愿。他们一定要达到目标，很难让自己放慢节奏休息片刻。第九型人可能在生活中非常成功，但他们通常都有朋友或配偶在不断督促他们向成功进军。一般来说，第九型人很难做对自己有利的事，但是和第三型人比起来，他们更能放松自己。第三型人希望引起那些他们觉得重要的人的注意，第九型人却不愿意引人注目，而且很容易低估自己。第三型人为自己的目标兴奋，第九型人为了闲暇舒适兴奋。试比较第九型的罗纳德·里根、乔治·卢卡斯和第三型的比尔·克林顿、托尼·罗宾斯。

对第四型和其他类型的误判

第四型和第一型

见“第一型和第四型”。

第四型和第二型

见“第二型和第四型”。

第四型和第三型

见“第三型和第四型”。

第四型和第五型

第四型和第五型都是内倾型（详细内容请参见《九型人格》，第344～347页），这两种类型的人都有个人化倾向，都偏离主流文化的标准，都具有很高的创造性，因此容易被误会。而且具有第五型翼型的第四型人和具有第四型翼型的第五型人尤其容易被混淆。

因为对类型的简单理解，第五型人更容易误会自己为第四型，第四型人则不会认为自己是第五型。一些第五型人认为第四型是感情优先的类型。第五型人更重视知识，如果他们认为自己感情深沉，就会假设自己属于第四型。（第五型女性尤其如此。）另外，第五型人往往被描述为科学家和工程师，而第四型人是富有创造力的艺术家。实际上，第四型人成为科学家的可能性的确比其他类型要低，但是成为艺术家的第五型人却和第四型人一样多，虽然艺术类型有所不同。

第四型人专注于自己的事情，感情让人难以捉摸，他们表达感情方式不一，而且需要对方对自己作出情感上的回应。第四型人的艺术创作通常都是自传性质的，描绘他们的家人、朋友、他们过往的经历、单相思，以及他们的主观经验。第五型人有强烈的感觉，愿意与人分享，他们的感觉会补充他们的思想和想象，引导他们走向更抽象或更有想象力的创作。他们的创作没有那么富有自传性，而是对现实生活的反映。（“我描绘了我所看到的！”）第五型人的艺术创作往往更具经验性、荒诞不经。虽然这两种类型比起其他类型都对人生的黑暗面有更深刻的认识，但第四型人更着重于对爱情的失望，以及缘于童年时期的痛苦感受，第五型人则更侧重于描绘内在的空虚和感情上的百无聊赖。第五型人往往透过表面来了解事物的真相，而第四型人却为感情所触动，并将之宣泄出来。试试比较第四型的英格玛·伯格曼、安妮·赖斯和第五型的大卫·林奇、克莱夫·巴克尔。

第四型和第六型

虽然第四型和第六型非常相似，但区别也很明显。主要的不同在于第六型人容易接近，他们不自觉地留意别人的感情，因此别人很容易喜欢他们，跟他们建立值得信赖的关系。而第四型人却并不喜欢跟他人接近，他们只在乎自己内在的感情状况。第四型人往往感觉生活孤独（即使并非真正如此），而且觉得很难跟他人建立联系——建立这种联系在第六型人看来非常容易。第四型是真正的内倾型，不爱交际，第六型则是内倾和外倾的融合体，综合了两方面的特性。

第六型人可能会因为两个原因认为自己是第四型，这是误会得以产生的主要来源。首先，一些第六型人拥有第四型的一些负面特征（例如沮丧、自卑、自我怀疑、无望等），如果他们意识到自己的这些性格特征，可能会认为自己是第四型。区别在于二者的动机不同。例如，所有的类型都有情绪低落的时候，但第四型人有这种感觉是因为他们失去了展现自己的机会，因此对自己感到失望。如果在寻求自我时，发现自己看不到正确的路，并会付出代价，他们就会感觉沮丧。如果不健康的、情绪低落的第四型人让自己陷入这种情况，或让这样的事情发生，他们一定对自己非常生气。

有所不同的是，第六型人之所以会情绪低落，是因为他们担心自己所做的事情会让朋友或上司对自己产生不满。他们的沮丧感是对自我贬低的反应，来源于担心上级对自己不满，进而会惩罚自己。因此，可以说第六型人的沮丧来自被压抑的焦虑。这和第四型人是不一样的，第四型人的沮丧源于被压抑的对自己或他人的憎恨。

第二，我们一般把第四型归于个人主义者一类，有的第六型艺术家可能因此认为自己是第四型。但是，就像前面已经讨论过的，艺术天分并非第四型人的固有特征，第六型人也完全有可能成为某一种艺术家。不仅如此，这两种类型的艺术创作还有很大的不同。

一般来说，第六型人往往成为表演型的艺术家，而第四型人则喜欢独自创作。所以第六型人常常成为演员、音乐演奏家，而不是诗人或剧作家，表演别人的作品比自己创作让他们感觉更好。如果一个第六型人的艺术家是创作型的，他们也会比较保守，倾向于在既定框架内进行创作；否则他们就走向另一个极端，变得非常反叛，处处反抗传统，就像那些摇滚明星或经验主义小说家，他们的创作总是故意与传统作对。在这两种情况下，保守和反叛都是他们艺术的重要方面。第六型的艺术家创作的主题常常包括归属感、安全感、家庭、政治、国家和共同的价值观。

不同的是，第四型的艺术家更加个人化，他们倾向于走自己的路，探索自己的情感轨迹和其他主观的个人化体验。他们的创作一般不会局限于既定的框架，也不会故意反叛。他们一般不会把政治或共同经验作为自己的创作主题。在沉浸于创作之中时，他们更喜欢选择的内容包括自我的感情体验、过往经历，以及他们自身的黑暗处和闪光点。通过倾听发自内心的声音，甚至是一般状态下的第四型人也能和所有人交谈，但是也有可能完全失去沟通的能力，至少是跟他同时代的人无法对话。他们可能会走在时代前沿，这不是因为他们故意反叛或打破传统，而是因为他们创造出了一种属于自己的方式来表达观点。对第四型人来说，传统并不重要，个人的真实才重要。传统对他们而言不过是舞台上的背景，让他们表现自己。比较一下第四型的鲁道夫·努列耶夫、柴可夫斯基和第六型的米哈伊尔·巴雷什尼科夫、约翰尼斯·布雷厄姆斯，可以进一步发现他们的相似和差异。

第四型和第七型

第四型和第七型极为不同，除非是对两种类型中的第六层级的认识过于表面化，否则很难认为二者有相似之处，进而产生误判。

但是，这两种类型都可能表现得比较极端，比如第七型人容易在外在的、物质的方面（奢侈品、拥有财富等）走向极端，这时误会可能会产生。处于第六层级的时候，第七型人会变得厌烦、冷酷、无情、自私、不关心他人。我们会把这种人归为极端物质主义者。

同样处在第六层级的第四型人（自我放纵的艺术家）也会趋于极端，不过是精神方面的极端。一般状态下的第四型人在精神上自我放纵，他们放任自己的感觉和想象，无论他们的感觉或想象有多么不现实和荒诞无稽。他们沉溺于感情和狂想之中，以巩固他们的自我意识。因此，第四型人的自我放纵更加内倾和个人化，总是以他们的精神世界为中心。他们在精神上的夸张表现在矫揉造作、不切实际的行为上，一种娘娘腔式的颓废和纵欲是第四型人和第七型人的相似性的关键所在。这两种类型都可能变得颓废和淫荡，第七型人这样做是希望借此保持“愉快”并远离焦虑和负面情绪。相反，第四型人沉迷于性、酒或毒品，是为了强化感情中的虚幻感受，消除良知带来的刺痛。

这两种类型的人都喜欢精致的、昂贵的东西，但又有所不同。第四型人没有那么物质，他们珍惜美丽的东西，只是因为这些东西的美丽会唤醒他们内心的感情。海滩捡来的一枚石子，或者带花苞的树枝都能引起他们的审美愉悦，让他们感到满足。第七型人却不是这样，虽然一般状态下的第七型人也喜欢拥有美丽的事物，但他们却越来越无法欣赏和发现此类事物的美丽和价值。他们希望拥有美丽的事物并非为了欣赏，而是拥有此类事物能给他们带来安全的感觉。从更根本的层面上讲，真正让第七型人感到兴奋的是：他们觉得自己需要某种新的东西。这种欲望带来的刺激能巩固他们的自我意识，一旦他们拥有了想要的东西，便会很快失去兴趣，让他们“想得要命”的鞋子最终只会跟其他很多双鞋子一起放在架子上。如果看上了别的东西，那他们垂涎了好几个星期的皮衣马上就会成为“那件旧衣服”。如果第七型人情绪低落，他们可能会认为自己是第四型。实际上，第七型人和其他人一样会因为失去、悲伤和沮丧而情绪低落。但是，他们会尽快寻找正面的情绪来让自己感觉好起来。为了避免感情受伤，他们甚至可能会疯狂地投入到某件事情中去。而第四型人却不然，他们能对痛苦和悲伤更加泰然自若，因为这就是他们很重要的类型特征。总而言之，一般状态下的第七型人热衷于寻求快乐的生活体验，而第四型人则能欣赏苦难之美——这是非常不同的。比较一下第四型的鲍勃·迪伦和第七型的埃尔斯顿·约翰，以及第四型的英格玛·伯格曼和第七型的史蒂芬·斯皮尔伯格，就能充分地发现不同。

第四型和第八型

首先要说的是，第八型和第四型非常不容易混淆，但是偶尔也会发生。更常见的是第八型人把自己误判为第四型，因为他们认为自己热情、有强烈的感情，这往往是事实。同样，第八型人也会回忆起童年时期所受的伤害，从而认同第四型人的疏离和孤独感。但是他们处理此类感情的方式和第四型人极为不同。第八型人会试图让自己坚强，并摆脱此类情绪，因为他们需要保持自己的独立性和个人权威。而第四型人发现，要摆脱童年的伤害很难，而且他们也不想摆脱。第四型人并不一定想脱离人群，如果可以给他们提供时间和资源来厘清他们的感情，发展他们的创造性，他们也愿意依靠他人。

第八型人的确会感觉内心脆弱，但他们为了让自己坚强会反抗所有没有安全感和软弱的感情。他们会把此类感情看做是没有责任感的自我放纵。第四型人则会表现出他们的脆弱，但他们要比自己认识到的更加坚强和有控制力。实际上，他们的适应能力很强，也能忍受感情上的艰难和损失，那样的艰难和损失可能会让大多数其他类型的人崩溃。在某些方面，第八型人有点像第四型人。试比较第四型的罗伊·奥维森、约翰尼·德普和第八型的弗兰克·西纳特拉、肖恩·潘。

第四型和第九型

有些一般状态下的第九型人因为有某种类型的艺术天赋或创作倾向，而认为自己是第四型。但是，就像“爱”并非由第二型人独占一样，艺术能力也不为第四型人所独有。其他类型也常常会产生艺术家。

虽然如此，第四型的艺术家还是比第九型的艺术家更加个人化，更善于自我表现。第九型人的艺术创作通常是理想化的、神话的、有原型的——常常是在现实世界基础上虚构的幻想中的完美世界。他们常常是讲故事的天才，故事常常是“……最后他们快乐地生活在一起”。（在第九型人的想象世界里，都是大团圆的结局。）与此相反，第四型人的艺术创作更加个人化和现实，他们（以及其他人）的艺术创作深深渴望着爱情、完整性和有意义。他们常常创作悲剧，在对损失和伤痛的理解中得到救赎（例如田纳西·威廉姆斯和琼尼·米歇尔）；第九型人则比较平凡，他们在日常生活或单纯的局面、安全的幻想中得到满足（沃尔特·迪士尼、J.R.托尔金）。

这两种类型之所以会引起误判，是因为他们都属于比较孤僻的类型(详细内容请参见《九型人格》，第334～337页)。第四型人远离人群，是给自己一些空间来面对自己的感情。而第九型人则在感觉受到某种情形或某些人的威胁时离群索居，以避免给自己带来焦虑和不安的情绪波动。此时他们会斩断和其他类型的联系(或者在第一时间不会认可其他类型)，而代之以一种孤立的、理想化的看法。一般状态下的和不健康的第九型人把所有可能引起负面情绪的事物都拒之门外，以避免不愉快。第四型人则不是这样，他们反复咀嚼自己的悲伤。第四型人从不与自己的感情疏离——恰恰相反，他们渴望看清自己的感情，有的时候甚至有点儿过分。

这两种类型都有点儿害羞、心不在焉、糊涂、与世隔绝。不同之处在于第九型人既同外部隔绝，也同自己的内心隔绝，第四型人则跟给他们带来伤痛的事物隔绝。（到最后阶段尤为如此。）第九型人透过玫瑰色的玻璃看世界，他们的观点让人舒服，第四型人则从阁楼的小窗观望这个世界，并且感觉不好受：好像每个人看起来都比他过得更愉快、更顺利。比较一下第四型的马勒和第九型的阿伦·科普兰，以及第四型的索尔·斯坦伯格和第九型的诺曼·罗克韦尔。

第五型和其他类型的误判

第五型和第一型

见“第一型和第五型”。

第五型和第二型

见“第二型和第五型”。

第五型和第三型

见“第三型和第五型”。

第五型和第四型

见“第四型和第五型”。

第五型和第六型

第五型和第六型都是属于思维三元组，如果受过教育，这两个类型的人都爱钻研很深的学问。基于一些易于理解的原因，第六型人认为自己是第五型的情况更常见。在这两种类型中，第六型人更具有线性思维和分析能力，因为他们对纠错、预测和创造可以重复使用的方法充满兴趣。因此，和流行的看法不同的是，学术和高等教育领域中的第六型人比第五型人更多。学生所受的教育要求他们和导师一起工作，引用数据，引用权威的话来支持自己的理论，在撰写论文是遵从正确的程序——所有这些都为第六型人所看重。

第五型人的思维方式则没有那么强的直线性。他们对发现业已建立的理论的疏漏之处、发展能动摇现有结构和方法的反传统理念更有兴趣。一般来说，第五型人比第六型人在自己的立场和创造性方面更加强硬，但是同样也很不实际。第五型人在作出决定时只愿意信任自己的想法——他们觉得其他所有的人都没有自己那么知识渊博。第六型人则疯狂地寻找一个值得信赖的人，因为他们对自己下结论的能力不够自信。这两种类型的不同可以从翁贝托·艾柯（第五型）和汤姆·克兰西（第六型）、彼得·加布里埃尔（第五型）和布鲁斯·斯普林斯廷（第六型）的对比中看出。

第五型和第七型

这两种类型不容易误判，但也的确存在一些相似点。第五型和第七型都属于思维三元组，这两个类型的人都很好奇、有探索精神，喜欢尝试新方法。这两个类型的人都有搜集的癖好，也都容易紧张和神经质。但他们的性格特点不同，所重视或回避的事情也有差异。

第五型人往往更孤僻内倾，花很多时间独自做一件事，如独自阅读、听音乐，等等，他们更喜欢理性的享受。第七型人更喜欢社交，更加活跃。他们也喜欢阅读，但是不耐烦坐太长的时间。第五型人注意力很集中，而第七型人则拥有更为开阔的视野和综合能力。第七型人是九型人格中的乐观主义者，总是看到事物积极的一面，而且会回避黑暗的、悲伤的、沉重的话题。第五型人则恰恰相反，他们认为乐观主义者不切实际，他们更为人生中黑暗、可怕和空虚的一面所吸引。

当然了，压力之下的第五型人会趋向于解离方向，这使他们看起来有点儿像第七型人。这个时候，他们心烦意乱、不能集中，让他们看起来更像一般状态下的第七型人。但是一旦压力被释放，他们马上就会回复集中、内倾的状态。比较一下第五型的加里·拉森、斯坦利·库勃里克和第七型的罗宾·威廉姆斯、伦纳德·伯恩斯坦。

第五型和第八型

第八型和第五型很少被误判，但这两种类型的人又有一些共同的特征，他们都常把自己看做群体之外的人，也容易认为自己受到了排斥。他们都非常自立，并且愿意和任何威胁他们独立的人抗争到底。他们都喜欢直接的交往方式，都有攻击性，都希望保护自己脆弱的一面。

因为第八型人在压力之下会向第五型转变，所以会误认自己为第五型人，这会让他们想起以退为进的策略，思考将来的行动。但是，第八型人更善于处理所要面临的问题，他们在追求目标时更加自信。而第五型人则不同，他们更容易在他人面前退缩，为了避免依赖别人而放弃自己的需求。

第八型人对自己身体的感觉更加自然而亲近，因此，他们更务实，更愿意动手去做，也更感性。第五型人更喜欢精神活动，他们对自己的身体有一种矛盾的看法。脚踏实地对第五型人来说是个问题，这种问题在第八型人身上则绝对不会发生。可以比较一下第五型的詹姆斯·乔伊斯和第八型的海明威。

第五型和第九型

我们应该对第五型和第九型做一下详细的对比，因为很多第九型人误认为自己是第五型，尤其是那些受过很好的教育、非常有学问的第九型女性会把自己误判为第五型，而第五型人则不会认为自己是第九型。（我们在讲第二型时讨论过，一般状态下的第九型女性也会把自己误认为第二型。）

在所有的人格类型中，第九型人最难给自己定位，因为他们的自我意识难以确定。一般状态下的第九型人对自己是谁没有什么看法，因此很难开始给自己定位。（我们可以看到，他们认为自己是第五型或第二型，或什么类型都不是，所以很难继续给自己定位。如果没人指导，在这种困境之下，第九型人往往耸耸肩，放弃给自己定位，也放弃探索自己的内心，这尤其糟糕。）

即使相对健康的第九型人的自我意识也比较模糊，这是因为他们太容易接受他人对他们的看法。另外，一般状态下的第九型人不能确定自己的类型也是因为这会带来焦虑，有时甚至令他们极其厌烦。只要是给他们带来烦恼的事情都会被他们忽视。不管怎样，他们都不愿意反省自己，而更愿意享受舒适的感觉。自我认识糊里糊涂，因而心情愉快，对一般状态下的第九型人来说，这比深刻的自我认识重要得多。

这些情况在第五型人身上完全不存在，在很多方面这两种类型的人都截然相反。第九型人温柔、随和、耐心、包容、合作，喜欢让人轻松的想法。而第五型人则紧张、果敢、神经质、好争辩，倾向于不平凡的想法。第九型人喜欢并信任他人，有的时候简直太轻信了。相反，第五型人则容易怀疑别人，有时过于多疑和抗拒。这两种类型都采取人格分裂的方式来保护自己——他们从自己的感情中疏离——他们也都属于九型人格中的内倾型，但是（就像我们在讲第四型和第九型时已经讨论过的），即使他们之间存在共同点，那也是非常表面的（详细内容请参见《九型人格》，第344～347页）。

不管有多少相似之处，和第九型发生混淆的主要原因来自“思考”这个观念。第九型人认为他们是第五型，因为他们觉得自己有深刻的思想，因此，他们一定是第五型。

出现这个问题是因为两种类型的人可能都非常聪明，虽然从整体上看，第五型人可能是9种类型中最有创新精神、最注重精神的人。（如果第九型人非常有才智，他们可能跟第五型人一样杰出，但他们同时也可能对自己的才智过于谦虚，甚至因此在一定程度上降低了他们的价值。）虽然才智可以从不同渠道获得，但是否有学问并不能让一个第九型人成为第五型。既然所有类型的人都会思考，因此仅仅是思考本身并不足以断定一个人的人格类型。

第九型人和第五型人的思考的根本不同在于，第九型人是印象派的，容易进入具有普遍性或宏观性的空想不能自拔。一旦得出某种结论，第九型人一般不会进行更深入的思考，也不会对自己的想法提出疑问，他们一旦完成什么事情也很难有下一步的行动。而不同的是，第五型人的思考要集中和深刻得多，就像激光装置或显微镜一样深入思考的焦点。他们喜欢对细节刨根问底，他们把自己完全投入到研究、学术和复杂的智力活动中去。他们有深刻的思考，如此投入以致完全隔绝了其他的感觉。而即使是非常聪明的第九型人也不太能集中精力，当感觉厌烦或不安时，他们会很快失去兴趣，并转移自己的注意力。

第九型人往往以理想主义的方式来解决问题，而第五型人则首先思考有什么问题，然后思考问题的起源，再回到问题，不断重复。第九型人非常会讲故事，他们能以简单而有效的方式与他人交流，和孩子也是如此。第五型人常常只跟少数人交流，对自己的想法有所保留。（而且，他们的想法太过复杂，以致很难与人沟通，除非是个别擅长此道的专家。）第九型人通常不考虑行动的后果；第五型人则对预测每件事的影响极有兴趣。第九型人把他们的世界理想化，常幻想出一个正义永远战胜邪恶的理想世界。第五型人喜欢分析现实世界，他们创造的世界让人害怕，邪恶总是占上风，或者对正义造成威胁。第九型人有简单化的趋向，第五型人则趋向复杂化。第九型人喜欢回忆，第五型人喜欢展望。第九型人喜欢想象，第五型人则是理论家。第九型人超然物外，他们是理想主义者，第五型人则是虚无主义者。第九型人乐观，第五型人悲观。第九型人随和、没有攻击性，第五型人紧张、让人烦恼。第九型人平静，第五型人焦虑。第九型人最终会选择放弃，第五型人则保持狂热。

聪明、受过良好教育的第九型人的思考方式倾向于把现实简单化，会把深奥难懂的表层剥去，直达事实的核心。他们会以自己希望的方式看待事物，认为现实状况让人舒适自在、不太危险、简单而不会令人畏惧。而第五型人的思考则比较复杂。他们希望得出一个广泛适用的理论，以之解释所有的事情，一般状态下的第五型人最后会陷入越来越复杂和抽象的处境中。他们的想法重视细节，技术性高，非常关注某种方法的前瞻性和结果。在极端的情况下，第五型人有这种危险的倾向，他们无视现实，把现实看做他们的成见和担心的反映。他们可能会歪曲自己对现实的想法，现实会比实际情况更消极，更具有威胁性。

世界让第九型人感觉轻松，他们思考的方式反映了他们希望融入世界的内心愿望。第五型人则害怕自我被世界吞没，他们下意识中会对世界进行抵抗，常尝试用自己的智慧来控制世界。因为这两种类型对世界的看法如此不同，他们之间的区别也非常大。比较一下查尔斯·达尔文（第五型）和沃尔特·迪士尼（第九型），爱因斯坦（第五型）和吉姆·亨森（第九型），可以更清楚地认识这两种类型的相似和不同。

对第六型和其他类型的误判

第六型和第一型

见“第一型和第六型”。

第六型和第二型

见“第二型和第六型”。

第六型和第三型

见“第三型和第六型”。

第六型和第四型

见“第四型和第六型”。

第六型和第五型

见“第五型和第六型”。

第六型和第七型

如果混淆了第六型和第七型的基本类型和翼型，例如具有第七型翼型的第六型人和具有第六型翼型的第七型，这个时候就可能会产生误判。这两种类型都属于是思维三元组，两个类型的人都会受到焦虑感的驱使，不过他们应对焦虑的方式大为不同。第六型人在遇到焦虑的时候非常烦恼，这会使他们更加焦虑。他们会反抗自己的担忧，而且，焦虑会让第六型人变得更加悲观，对自己以及前途更为消极。他们不但怀疑自己，也会怀疑他人的目的。

和第六型人不同，第七型人是极端的乐观主义者，他们通过把注意力分散到让他们高兴的事情上来消除焦虑。第七型人尽可能地压抑对自身的怀疑，而保持乐观的心态。第七型人会否认灵魂中的黑暗一面，而第六型人则对此念念不忘。但是，第六型人的责任感非常强，在完成自己的使命之前，他们会一直努力工作。而第七型人做事则或多或少有些冲动，他们不希望自己身上被寄予太多的预期。他们喜欢来去自由，并且认为第六型人那种强烈的使命感非常有限制性，也非常无聊。第六型人则会认为第七型人的生活方式过于轻浮和不负责任。总而言之，第六型人喜欢有组织、有指导，而第七型人则对二者都抱有排斥态度。比较一下第六型的戴维·莱特曼、戴安娜王妃和第七型的吉米·卡里、卡罗尔·伯内特。

第六型和第八型

第六型人和第八型人都有攻击性，不过只有第八型人具有彻底的攻击型人格特征。第六型人既会抗拒自身的担忧，也会抗拒他人，而且常常在不同状态、不同程度之间犹疑不定。他们容易产生矛盾心态，有被动的进攻性，也容易逃避。相反，第八型人有强大的自我意识和意志，他们会一直推动他人，直至得到想要的结果。他们几乎不会表现出温柔，也很难服从他人的意愿。他们不需要取悦他人，或用自己的行为去迎合他人。第八型人不会向他人寻求保护，反过来，他们会保护那些努力工作或忠诚的人。

这两种类型非常不同，他们在第六层级上也非常相似——但只是在第六层级上。在这种情况下，第六型人（专制的反叛者）和第八型人（对抗性的敌人）会表现出相似的攻击性——好斗、挑衅、有威胁性、情绪急躁、暴力倾向、仇恨他人，等等。不过，第八型人出现这种情况是由于他们为了得到自己想要的东西而不断给他人施加压力，以致变得富有对抗性、好斗。第六型人出现此类状况时原因却不一样——他们怀疑或担心自己变得有依赖性。第六型人因为不想被别人驱使而变得好斗，第八型人则因为想驱使别人而变得好斗。

关键的不同在于：如果第六型人面对的压力大到一定限度，他们最终会屈服，他们的抵抗会崩溃；而第八型人则会继续强硬下去，并给对手以新的威胁。

两种类型的不健康状况下都比较危险，而讽刺的是，第六型人在此类状况下可能更加危险，他们因为太过焦虑，有可能对他人发起冲动而愚蠢的攻击。相比之下，第八型人则比较理性，他们会考虑向目标前进的每一步将会付出的代价。但是，如果最终两种类型都变得暴力，第八型人要更危险，因为他们更加残酷无情，他们膨胀的自我让他们觉得有能力而且必须压制对手，直到完全毁灭对手。第八型人最终会变得狂妄自大(而且他们在毁灭对手之后，自己可能也会被毁灭。)相反，第六型人最终可能会屈服（而且被他们自己的恐惧毁灭）。比较一下第六型的G.戈登·利迪、迈克·泰森和第八型的亨利·基辛格、穆罕默德·阿里，就会更清楚二者的相似和差异。

第六型和第九型

第六型人和第九型人常被混淆。这两种类型的人都注重安全感，希望维持现状。他们都以家庭为重，比较谦逊。但是，观察他们的影响最容易把他们区分开来。

简单地说，第九型人喜欢保持轻松、镇定。他们的工作稳步发展，很少受到生活中的高潮低谷的影响。而第六型人则不太会掩饰自己的感觉，他们很容易受意外影响而变得惊慌失措。第九型人能保持内心的宁静，第六型人则需要不时跟他人交流，以宣泄内心的担忧和怀疑。如果认为自己碰到了困难，第六型人明显更加紧张和具有防备性。第九型人在碰到问题时则表现得无动于衷，虽然在这种表面的平静下实际上可能隐藏着对矛盾和问题所带来的烦恼的强烈不满。第六型人对所有不了解的情况心存疑虑——在和别人接近之前他们需要考验别人。第九型人则通过分散注意力来保护自己，他们往往容易相信他人——有时简直是轻信。

当然了，在压力之下的第九型人会趋向于解离方向，他们可能会表现出一般状态下的第六型人的一些特征，基于这个原因，一些第九型人会误认为自己是第六型。不过这种过分的焦虑通常不会持续太长时间。比较一下第六型的乔治·布什、达斯汀·霍夫曼和第九型的杰拉尔德·福特和吉米·斯图尔特。

对第七型和其他类型的误判

第七型和第一型

见“第一型和第七型”。

第七型和第二型

见“第二型和第七型”。

第七型和第三型

见“第三型和第七型”。

第七型和第四型

见“第四型和第七型”。

第七型和第五型

见“第五型和第七型”。

第七型和第六型

见“第六型和第七型”。

第七型和第八型

第七型和第八型都是具有进攻性的类型（详细内容请参见《九型人格》，第344～347页），而且在某些方面有相似的地方。这两种类型的人个性都很强，能追求他们想要的生活，但是他们的目标和追求的方式有所不同。

第七型人最基本的兴趣在于多样性——他们希望获得尽可能多的经历，希望在可能的范围内拥有尽可能多的体验。第八型人则对体验的深度更感兴趣——他们不那么在乎多样性，而更喜欢在他们喜欢的事情上获得更多的体验。第八型人对权力也有兴趣，他们希望通过权力来保证自己的独立性和对周围环境的操控。第七型人则对权力没有那么大的兴趣，只有在自由受到侵犯的情况下才会采取必要的行动。

第八型属于本能三元组，第八型人根据自己的本能作出决定。他们喜欢脚踏实地，虽然偶尔会有些情绪波动，一般来说他们都会保持一种现实的态度。第七型则属于思维三元组，第七型人可能会有闪光的好点子。他们有的时候会走到计划、安排或兴趣的前面，在脚踏实地和坚持既定目标方面可能有所欠缺。他们认为自己是理想化的乐观主义者，而第八型人则认为自己是讲究实际的现实主义者。试比较第七型的迈克·迈尔斯、戈尔迪·霍恩和第八型的曼尼·戴维托、罗丝安妮·巴尔。

第七型和第九型

这两种类型一般很难混淆，因为一般状态下的第七型人属于九型人格中的极度外倾型，而一般状态下的第九型人则更加轻松和容易满足，他们比第七型人低调得多。

混淆的主要原因是因为第七型人和第九型人都显得非常忙碌，他们看起来都非常快乐。而且，二者的保护机制也很类似，他们都会压抑心中的黑暗一面——第九型人是为了维护自己在他人眼中的形象，第七型人是为了压制可能的悲伤和焦虑。

二者的相似点在于他们的情绪结构——在荣格的理论模式中，这两个类型都是情感强烈的类型，第七型外倾，第九型内倾(详细内容请参见《九型人格》，第213～214页，278～279页)。很明显的是，即使对第七型人只有肤浅的认识，也能发现他们极度外倾，而且用感情来主导他们的行为，而第九型人的内倾特征则没有那么明显。这说明了为什么第九型人的内心世界那么模糊，难以描述（这也说明了为什么别人很难了解这种类型和荣格的人格类型的真实关联)。

第九型人把和他人的融合带来的情绪内化，以此来指导自己的行为——他们和他人融合，并把这种融合理想化。他们的自我意识来源于和他人一起时带来的感觉，就像一个孕妇对未出生的孩子产生的发自肺腑的爱。体内的孩子让她得到做母亲的感觉。同样，他们也会和自己内在的情绪建立联系（自我定位），也通过跟他人的联系来保持自我意识。因此，第九型属于荣格所说的内倾情感型。

这种内倾性说明了第九型人的内心世界，他们的内心世界难以触摸，被保护在他们的内心深处，因此不会被轻易打扰和改变。只有在处理外界事物时，第九型人才会被误认为是第七型人。

一般状态下的第七型人会非常活跃，忙于各种各样的事情，而其中很多都无法完成。他们忙东忙西来让自己高兴，同时以此逃避无聊和焦虑的情绪。同样地，第九型人也很没有耐心，容易焦虑，他们也通过忙碌来逃避这些情绪，他们用各种差事和乐趣来填满生活，他们要求不高，没有什么威胁性。他们不喜欢冲突和太刺激的感情。而不同的是，第七型人喜欢刺激。在情况恶化时，他们变得苛刻、极端和狂躁，而第九型人则变得被动、无动于衷和不负责任。第七型人喜欢刺激，第九型人则尽量避免刺激，更不喜欢情绪的大起大落。关键的不同是一般状态下的第九型人不希望把情感带进行为中（因为这可能会影响到他们对自己的认同），而第七型人希望在他们的行为中获得更多的情感体验（因为他们几乎没有主观的个人认同）。

而且，第九型人和第七型人所寻求的快乐并不相同，第七型人寻求的是一种兴高采烈的兴奋感。而第九型人喜欢保持一种平静的满足感，不希望太兴奋或让人不适。实际上，只要他们愿意，他们可以对任何形式的刺激都无动于衷。第九型希望别卷入任何事，以免产生强烈的情感反应，而一般状态下的第七型人则恰恰相反。就像我们看到的，这两种类型在很多方面都不一样。考虑一下J.F.肯尼迪（第七型）和罗纳德·里根（第九型），贝特·米德勒（第七型）和英格丽·褒曼（第九型）的区别，可以更深刻的了解这两种类型的差异。

对第八型和其他类型的误判

第八型和第一型

见“第一型和第八型”。

第八型和第二型

见“第二型和第八型”。

第八型和第三型

见“第三型和第八型”。

第八型和第四型

见“第四型和第八型”。

第八型和第五型

见“第五型和第八型”。

第八型和第六型

见“第六型和第八型”。

第八型和第七型

见“第七型和第八型”。

第八型和第九型

具有第九型翼型的第八型人可能会被误认为是具有第八型翼型的第九型人，不过这种误判并不常见。第八型人明显比较武断，而且不介意跟别人争论以确立自己的观点。实际上，第八型人常常“自找”冲突和争论，这让他们觉得自己充满精力。而第九型人不喜欢与人发生冲突，为了保持和平的局面，他们甚至会违心地同意他人的观点。但是当这两种类型退化时，第八型人会变得更加愤怒、有进攻性和集权；第九型人则变得更加被动、疏离和情绪低落。试比较第九型的吉娜·戴维斯、沃尔特·迪士尼和第八型的苏珊·萨兰登和约翰·休斯顿。

对第九型和其他类型的误判

第九型和第一型

见“第一型和第九型”。

第九型和第二型

见“第二型和第九型”。

第九型和第三型

见“第三型和第九型”。

第九型和第四型

见“第四型和第九型”。

第九型和第五型

见“第五型和第九型”。

第九型和第六型

见“第六型和第九型”。

第九型和第七型

见“第七型和第九型”。

第九型和第八型

见“第八型和第九型”。

第三部分　新的联系，新的方向

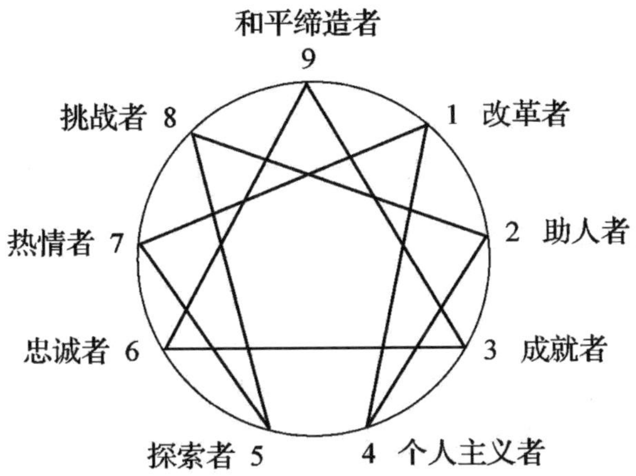

第七章　中心

“中心”这个概念源于这样一种说法：人类的能力或智慧由3个部分组成。本能中心，传统上认为对应着腹部；情感中心，和感情或感觉有关，对应着心脏；思维中心，包括认知功能，对应着大脑。

在《九型人格》一书中，我们讨论了3个中心的基本功能（和三元组有关），也解释了一些与之相关的基本特征。一些由其他宗教传统发展而来的系统也从不同的方面描述了“中心”（例如，印度的查克拉系统[①]），但都惊人地相似。我们对中心的了解主要来源于葛吉夫，他把这3个中心称为行动–本能中心、感情中心和智慧中心，分别对应着本能中心、情感中心和思维中心。

通过体验，我们可以发现3个中心（或三元组）表现的方式和我们通常所想的不一样。例如，很少有人认为他们“根据本能”来获得自我认同。实际上，大多数人很难完全靠本能认识自己。对于我们很多人来说，很难区分我们自身的不同组成部分。现代教育也完全没有教我们怎么做。

把3个中心分开研究很方便（就像《九型人格》那样），但实际上，这3个中心运作的方式非常相似。一旦其中之一被触发，其他两者的各种反应和防御功能会一起运作起来，以保持自我意识。任何一个中心的反应都会激活其他两者的运作。

自我意识对压力和威胁的反应包括：让身体变得紧张、缩紧，或者转移对和现实直接相关的方面的注意（本能三元组的行为）。紧张和疏离感为我们建造了一个让我们感觉更为安全的屏障。但是，它们也让身体产生紧张、让注意力涣散，也让我们失去了和自己的本性以及真实特征的联系。

---

① 查克拉，梵语，音chakra，意指“圆”、“轮子”，也译为脉轮或气卦。在印度瑜伽的观念中，指分布于人体各部位的能量中枢，尤其是指从尾骨到头顶排列于身体中轴线的能量中枢。——译者注

因此我们必须创造一个代替品来代替真正的个性，于是我们开始从他人那里吸收一些情感模式，这些情感模式和我们对它们的反应一起，构成了某种认同，代替失去的本体(情感三元组的行为)。一段时间以后，我们建立起自我认同、人生阅历、爱和恨、个人关系、对事物的理解，以增强我们的感觉。这种虚假的认同并非真正的自我，因此常常有暴露的危险。所以，我们不得不保护那种虚假的认同，也必须保护内心的空虚和脆弱。

这种行为唯一可能的结果就是深深的焦虑和恐惧。为了达到目的，我们只能采取一些策略来应付生活，这种生活将取代来自本体的更直接的内心体验（思维三元组的行为)。因此我们被置于这样的境地：我们要做自认为必须做的事情，却没有得到真正的本体的支持。由于我们的内在缺陷或者来自环境的威胁可能随时撕开虚假自我的面纱，于是恐惧产生了。

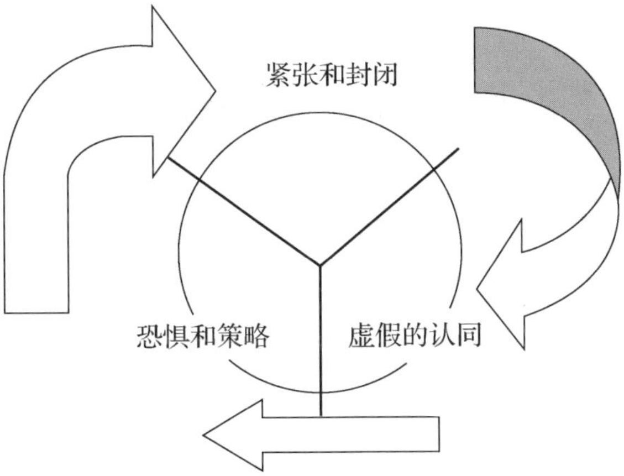

图 7–1　一个中心如何强化另一个中心

恐惧会让我们建立更多的屏障，以进一步与现实隔离，让身体紧张起来(以本能三元组的循环为例)。结果，我们的存在感越来越少，同时又需要进一步投入到虚假的自我中，并且制定策略维持这个虚假的自我。这必然会产生更多的恐惧，如此循环不息。

可以看出，自我的结构就像是挑花线游戏，由一些行为及其带来的反应之间的张力组成。不管我们着力于3个中心中的哪一个——身体的抗拒和紧张，虚假的自我认同，以恐惧和精神策略来维护我们的自我结构——三者都会暂时出现在我们关注的范围之内。因此，如果我们开始探索虚假的认同，马上就要面对抗拒性带来的恐惧和问题。如果我们开始探索身体的紧张，我们也马上就要面对虚假的认同，以及由此产生的恐惧。如果我们直接着手研究恐惧，就会发现身体的紧张和抗拒，以及掩盖着恐惧的虚假自我。

顺理成章，我们可以从三者之一着手，揭开我们的个性机制之谜。当我们这样做的时候，就会发现3个三元组所提供的3种本体性的特点，正是我们的人格想要努力模仿的。我们会发现现实和我们的真实存在(以本能三元组为例)：我们是真实的，就在此处，在当下，而不是压力和想象的边界。我们可以直接感觉到真实的自我(以情感三元组为例)，而不是那个通过情感反应、想象和对自身的有限认知而建立的自我。我们深知自己的独特和价值，也能感受本体所带来的多种特质。我们能发现一种平和的、广泛的、宁静的认知，而不是焦虑和绝望地寻求“解决”人生问题的方法（以思维三元组为例）。我们充满自信和安全感，这直接来源于我们的存在基础，而不是来源于对外界环境的反应，也不是来源于从别人那里借来的策略。

在这种情况下，身体支持着心灵的开放、情绪上的安宁，以及存在的基础。重

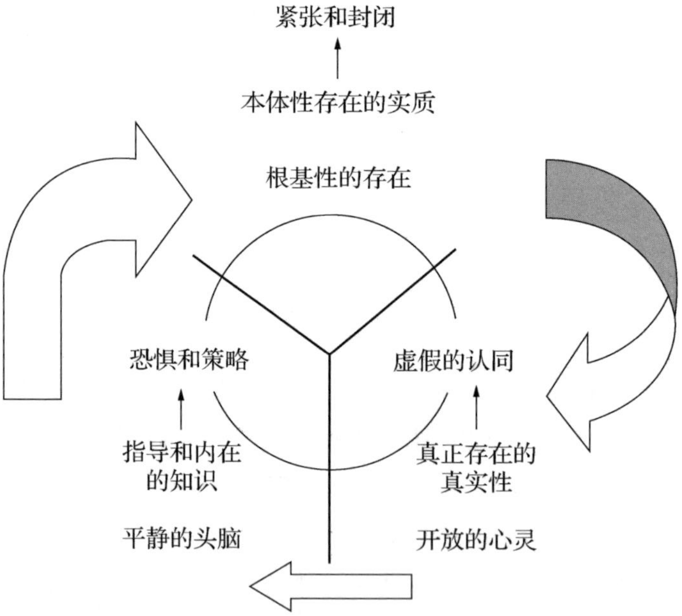

图 7–2　本体性特质与人格特质的关系

申一下，我们在讨论这个话题时，好像3个中心是彼此分离的、有顺序的活动，而当我们讨论本体性特质或人格的不同组成部分时，我们可以发现三者实际是一体的：没有任何一个可以脱离其他两个独立运行。

3个中心的失衡

葛吉夫认为，人类更大的内在潜能——也就是高级意识的某些方面——是另外的两个中心的表现，他称之为“高级感情”中心和“高级智慧”中心。但是，葛吉夫也说我们不需要补充或发展这两个高级中心。相反，他认为这两个中心完全可以使用，它们已准备好通过我们的行动来展示自身。葛吉夫说，我们之所以很难体会这两个高级中心的活动，是因为3个“常规”或者说低级中心的混乱或误用。换句话说，低级的思维、情感和本能中心被扭曲了，失去了平衡，以至于我们感觉不到来自高级中心的“信号”。

如果我们仔细思考一下三元组的主题，就会发现葛吉夫理论的正确性。例如，我们很少听到来自心灵深处的召唤和指引，因为我们的大脑中充斥着太多的声音，而且已经被白日梦、焦虑、性幻想和假想的对话所侵蚀。同样，我们也很少能开启爱和同情的力量宝库，因为我们的感情已被习惯性的反应、欲望、愤怒、沮丧或自恋所扭曲。在这样的情况下，心灵的自然特质无法得到实现，因为我们的内心空间已经充斥着其他东西。

葛吉夫称这些其他东西为“格式化的设置”（the formatory apparatus），是低级中心的混乱所带来的副作用。低级中心的混乱并非天生的，而是因为教育我们的人自身的低级中心也很混乱。根据葛吉夫的说法，现代社会很少有人能正确地对待他们的低级中心。例如，我们可能会通过感觉来思考，或者通过直觉来感受，但是很少能建立起思考和直觉之间的联系。其他混乱的联系当然也有可能存在。

有意思的是，格式化的设置和混乱的中心正是我们的人格基础。识别一个人的个性并非借助于中心的正确机能，而是通过中心误用产生的副作用。我们已经知道，如果我们的中心恢复正确的机能，那么我们的人格特征也将不复存在。我们可能仍然具有某种人格特征，但是这种人格特征将会非常不同于我们的日常经验。

葛吉夫这样解释我们的困境，他把人格描述为一幢“乱七八糟的房子”，就像一幢有很多仆人却没有管家的大房子。在这样的房子里面，缺少监督的仆人不做他们的本职工作，而只做他们想做的工作。厨子开着豪华汽车，司机在种花，花匠在做饭，女仆在管理财务。结果，什么都达不到预期的目标——没有一个人的工作用得上他们受过的训练——而且这幢大房子处在一种虽豪华但无序的状态，甚至是一种极为混乱的状态。在仆人们把房子弄得井井有条之前，管家不太可能回家。为了达到这个目的，仆人们必须回到他们的本职工作上去，也就是说，我们必须按照中心正常运行。

从精神实践的角度看，我们的人格是临时拼缀而成的，目的是把各个中心联为一体，直到组成一个更加主动和自然的联合体。糟糕的是，这导致了两个问题。首先，导致了3个中心的失衡。其次，在这种情况下，很难让3个中心联系到一起。强大的意识可以恢复中心的正确机能，但在人格已经起作用的情况下很难正常工作。因为在很大程度上，人格只是一种虚假的结构，靠中心的能量维持自身，是中心失衡的反映，也是这种失衡的补充。而且，我们在多大程度上靠人格结构来获得自我认同，我们就在多大程度上与作为一个有意识的人的特质相脱节。

实际上，葛吉夫提出了一个极具挑战性的观点：当我们处于一般状态下的自我意识中时，我们不处于任何一个中心中。我们并不是真的在感觉、在思考，甚至不是真的在我们的身体之中。我们身在别处，也就是格式化的设置之中，这是一种几乎完全跟我们的实际体验无关的意识状态。当我们以一般状态下的意识开始观察时，就会陷入一种冲动、反复的人格反应中，而不能反映我们所经历的真实世界。这和三元组大有联系。

任何一个中心都有可能和其他中心失去平衡，甚至它自身也会失去平衡。因为存在3个中心，简单的排列组合可以说明，有9种可能的组合方式会造成混乱。因此，9种人格特征正是基于3个中心——思维、情感、本能——的9种可能出现的失衡。

我们可以把思维功能简称为“T”，情感功能简称为“F”，本能功能简称为“M”，代表“活动的本能中心”（我们也可以把本能功能简称为“I”，但那样不易与“T”区分）。看看下面的示意图，你会看到9种由T、F、M构成的类型，每一种都有下画线、连接线或方框。这个示意图是一种快速记忆方式，表示在一般范围内，每一种类型中的3个中心的失衡状态。

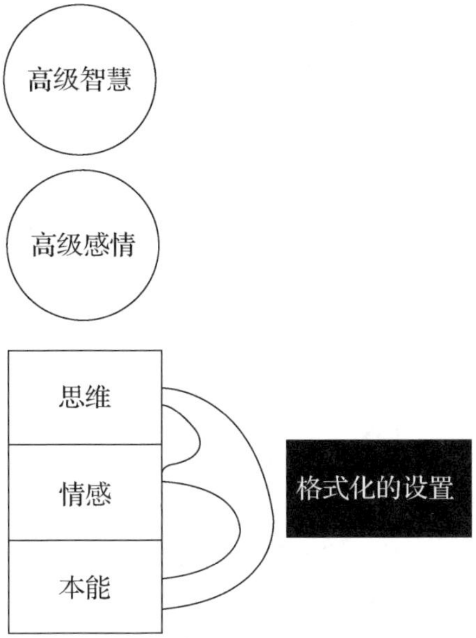

图7–3　混乱的中心示意图

我们在第四章的讨论中，提到了在健康状态和一般状态（第三层级和第四层级）、一般状态和不健康状态（第六层级和第七层级）之间各有一个“临界点”。我们也指出需要有极端条件或特别的意图，才能贯穿这些稳定层级之间的界限。很明显，在这个临界点会发生一些重要的事情，通过观察3个中心的失衡，我们对此会有更全面的认识。

当我们的发展层级降低时，在每一个“临界点”上都会有一个中心因为人格影响而失去平衡。因此，在健康的范围内，只有一个中心受到人格影响，而在健康状态和一般状态之间（第三层级和第四层级），一个“临界点”被贯穿了，另一个中心也失去了平衡。在一般状态下的范围内，有两个中心由于人格影响而产生混乱。第二次贯穿发生在第六层级和第七层级之间，标志着一个人开始向不健康状态转化，这时候，3个中心都变得扭曲了。这时就需要外来的干预，一个不健康的人可以把外在的力量（治疗、心理医生等）作为一个稳定的中心暂时获得认同。

尤其值得强调的是不健康状态，这时，第三中心也出了问题，而这在健康状态到一般状态的范围内是不曾出现的。这引发了一个有趣的现象：我们发现，对那些处于一般状态下的人来说，首先处理第三中心的问题非常有帮助，第三中心通常不是典型的认同症结。[①] 因为我们通常是从第一中心及其与第二中心的互动中获得认同的，而第三中心通常不在我们的自我认识范围之内。我们可以把这个部分看做处女地、从未开发过的精神领域。

基础人格类型（第三、第六、第九型）和第二人格类型不同的是（第一、第二、第四、第五、第七、第八型），它们需要通过不同的途径成长。基础人格类型需要直接处理问题的中心，也就是那些有方框的中心。（见图7–4）

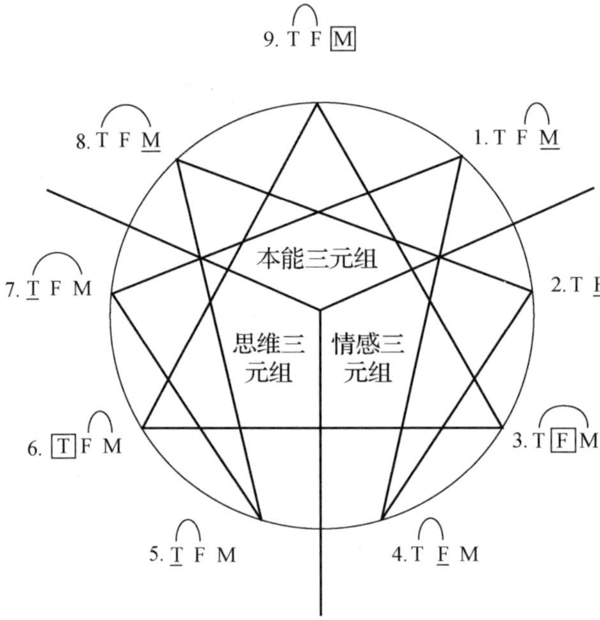

图7–4　中心的失衡

图例：

＿　下画线表明判断类型所依据的主要中心

□　方框表明方框中的中心和其他中心隔绝

⌒　连接线表明两个中心之间的联系或混乱关系

---

① 建议大家看一下我们的同事赫利和道森的研究，他们对中心的问题进行了重要的研究工作，并得出了相近的结论。他们强调发展第三个中心的重要性，称之为“被压抑的中心”。我们也同意理解第三个中心对于人的成长和治疗是极为重要的。正如此前说的，我们对于中心的理解来自于对葛吉夫研究成果的认识，同时在一些重要的方法上又与他不同。葛吉夫的著作《我是什么类型》就在探索另一种视角。

对于基础人格类型来说，有问题的中心的表现不一定是被压抑、被限制或“打破”了，确切地说，它们被隔绝起来、被框了起来，或者和其他功能失去了联系。你也可以认为，这个中心和其他的中心处于不同的时空。正是因为这个原因，一段时间之后，基础人格类型的人会忘记这个中心的存在，使其缺少发展的可能。在某个方面，我们也可以说，基础人格类型存在问题的中心需要从经验中吸取教训。这种情况一旦发生，属于基础人格类型的人就会意识到，运用这些功能是安全的。从个别类型看，第三型人需要明白，他们可以了解自己的情感，不必被他人排斥；第六型人需要明白，他们可以遵循自身内在的指引，同时获得他人的支持；第九型人需要明白，他们可以相信自己，同时保持和他人的联系。

对基础人格类型的人的治疗从一开始就会遇到更多的困难：这些人会通过直接处理失衡的中心，强迫自己直接面对问题。但是，一旦被隔绝的中心（方框中的字母）经过一定程度的整合，发展就会非常迅速。因此，可以说基础人格类型的人的发展之路是变革式的，而第二人格类型则是进化式的。第二人格类型的人的发展可能开始得比较容易，但是速度比较缓慢，中心之间的平衡是渐渐恢复的。[①]

9种人格类型及其失衡

接下来我们将讨论9种人格类型，从情感三元组的第二型开始，说明我们所说的符号有什么实际意义，并对3个中心的失衡提出一些简单而实用的治疗建议。这些内容不仅对那些寻求改变的人来说非常有趣，对治疗专家也是如此：对于“中心失衡”的认识是了解人格结构和治疗策略的关键所在。

第二型：助人者 $\mathrm{T}\ \underline{\overset{\frown}{\mathrm{F}}}\ \mathrm{M}$

如图7–4所示，字母“F”下面有一道横线，这说明第二型人主要根据他们的情感中心获得自我认同。然而，就像我们在第三章关于三元组的讨论中已经提到的那样，当第二型人的人格开始起作用时，情感中心的真正特质就会受到限制。因此，

---

① 见九型人格. 332～334.

为了弥补这种限制，第二型人会通过行动来表明他们的爱——他们会为别人付出。简单地说，他们会“将他们的感情付诸行动”，而不仅“体验感情”。通过F和M之间的连线，我们可以看出这样做的原因：在一般状态下的范围内，第二型人的情感中心“F”受到了本能中心“M”的干扰。

第二型人的情感和本能的力量混在一起，让他们很难区分这两个中心的功能。我们甚至可以说，他们的情感受到了本能反应的干扰。结果，他们的感觉和来自于别人反应的自我认同压倒了他们的本能（他们的力量感、自卫本能和感受自身实在性的能力）。他们通过对他人的感觉来努力发展自我意识（这种意识来自于本能）。如果他们逐渐认同这样的方式，就会越来越重视他人，而且停止对自己的关注。他们也混淆了对于他人的情感和本能的反应。如果不按照情感行动——例如给他人以爱的信号——他们就不能单纯地“体验情感”。本能中心也会支配我们的习惯，而且如果本能中心和情感中心一起作用，就会不由自主地谈论自己的情感反应，包括闲话、抱怨和过分的反应。这可能会让人们得出这样的结论：第二型人比其他类型的人感情更丰富。这不一定是正确的，因为第二型人只是“表现”出更多的感情，他们总是被迫通过行动来表现感情，因为F、M两个中心的混乱不断加剧。他们的感情只是最容易被人察觉到而已。

如果第二型人的健康程度继续退化，这种不平衡会进一步加剧，最终导致他们的第三个中心——思维中心——也陷入这个情感-本能的混乱局面中。在不健康的状态中，第二型人的思维会被情感需要和本能的混乱严重扭曲，产生一种否定的、自我辩护的、纠缠不清的想法。同时，活动-本能中心也会在持续不断的不平衡感的压力之下崩溃，情感问题可能真的会损害人们的健康。我们已经发现，第二型人常常暴饮暴食或滥用药物，把他们精神上的不平衡发泄到身体上。

与之相对，一般状态下的第二型人会扭转这个过程，通过发展思维中心来减轻对人格的认同。很多第二型人说自己会受到情感的过度影响，以至于难以找到内心的平静或确定该做什么。他们说很难看到全局，也很难和观念联系起来。他们也常常说他们会对线性的、口头的交流感到不自在。所有这些自我封闭的行为都强调了一点：第二型人最不擅长运用他们的思维中心。

但是重要的是，我们要记住，虽然第二型人缺乏对思维中心的认同，但这和他们的智力活动没有关系。他们也可以具有非凡的智力，但他们更加认可情感和本能中心，很少依赖他们的智力天赋。正确认识思维中心非常必要：思维中心真正的本体性特质和发展平静的头脑中的内在指导相关，而不是和读很多书或成为学者相关。

最后，第二型人通过区分他们的情感反应和基本的本能反应和需求，可以建立最健康的特质。为了把感情和行为分开，他们必须更加注意自己真正的感情和动机——尤其是在出现负面感情的时候。如果能够控制感情而不立即行动，他们的情感中心就会开始趋于平衡，同时抑制创伤的出现，得到治愈。这样，他们就不需要通过强迫性的爱和为他人付出来给心灵建造更多的屏障。心灵的基本特质开始通过一种平衡的、富有同情心的方式表现出来，让第二型人能够自如地同时关注自己和他人。

第三型：成就者 T [F] M

第三型属于基础人格类型，关于它的描述和属于第二人格类型的第二型和第四型有所不同。基础人格类型中的每一种类型都处于其所在三元组的中心，这意味着在该三元组的功能方面面临着最大困难(或者说，在表现基本特质方面的障碍最大)。第三型人的问题和情感中心有关。当然他们也有情感，但他们的情感和其他两个中心——思维和本能——没有恰当地联系起来（带框的F说明了这个问题），好像情感中心和其他两个中心之间的联系发生了短路。作为本能三元组的中心，第三型人在体会心灵的本体性特质方面存在的问题最严重。因此，他们的人格被强烈驱使去弥补重要的价值和认同方面的缺陷。和第二型人以及第四型人不同，第三型人和他们的情感中心相当疏远，转而向思维和本能中心寻求价值和认同感。

结果，第三型人的人格最终分裂成两种模式：情感模式和机能模式。大多数时候，第三型人会运用他们的机能模式，这在一定程度上是思维和本能的结合。在这种情况下，他们会以“我行动故我在”作为自己的行动方针。他们有能力、头脑清醒，充分显示出他们冷静的职业精神。但是，偶尔他们也会转向感性，对事物有深刻的感受。当他们处于情感模式中时，一般状态下的第三型人办事效率就没那么高了，此时他们只能感受。

很多第三型人都说，即使处于一般状态下，他们也不能在感觉的同时行动。他们相信自己一旦开始感觉，就无法行动了，反之亦然。这是因为许多人，包括他们的父母，都会因为他们把感情置之度外、表现杰出而奖励他们。

如果第三型人对杰出表现的需要增强了，他们就会立刻关闭情感模式，尽快转向机能模式。当健康程度下降时，他们会更加依靠行动来得到认同，而一旦情感爆发出来，他们就会觉得受到威胁和冲击。因此，他们会尽可能地远离情感。他们的情感和行动之间的距离越大，他们的情感就变得越发无意识，这种无意识就越发主导他们的行为——他们的行为难以控制，最终破坏其行动能力。

当第三型人变得不健康时，他们的情感模式和行动模式之间的屏障就变得越来越难以突破。在这种情况下，人和事都可以从情绪上影响到他们，但因为他们的情感完全处于压抑状态，因此很难得到发展。久而久之，妒忌、愤怒、敌意和沮丧等感情累积起来，最终会影响他们的行动能力。这会让他们更加害怕自己的情感，从而与情感更加疏远。

如果这种隔离状态为时过长，没有得到发展的情感的压力就会阻碍其他两个中心的运行。如果思维中心处于不平衡状态，不健康的第三型人就会形成强迫性的思考模式，尤其会纠缠于成功、财富，以及他们认为应该对他们的感情问题负责的人。当本能中心出问题时，不健康的第三型人会出现滥用药物、自我忽视、无法执行有效行动的症状。

通过自我发展，健康的第三型人不需要过分依靠某一个特别的功能来证明自己（像第二型人或第四型人那样），他们会把自己的情感和其他功能联系在一起——发展自己真正的情感，并充分地意识到这些情感。健康的第三型人在他们所参与的任何行动中都需要情感，并了解自己真正的情感状况，即使这会降低他们的效率，或短期内不那么为他人所认同。这样，他们越来越少受制于无意识的情感反应，心灵更深处的本体性特质就会显示出来，并蓬勃发展。

第四型：个人主义者 T $\overset{\frown}{\underline{F}}$ M

第四型人也属于情感中心型，所以“F”有下画线。和第二型人一样，第四型人也专注于认同和价值的问题，不过他们在处理情感中心的隔膜问题上采取不同的方式。第二型人通过投入行动来掩盖他们对情感中心的缺失感。而第四型人则通过思考自己的自我认同和价值来解决这个问题。即使是健康的第四型人也要通过他们的感觉和反应来给自己定位，但这种定位让他们对情感中心的障碍有一定的认识。他们知道一些东西。

我们从第四章的讨论中已得知，一般状态下的第四型人通过想象来强化他们的感情状态，现在我们对此会有更深刻的认识。因为第四型人围绕感情来确立自我认同，任何感情的缺乏都是非常危险的。因此，他们必须持续不断地运用思维中心来人为地刺激其情感中心。实际上，这可以帮助我们了解为什么他们那么迷恋浪漫关系、情欲、浮华的幻想和暴风骤雨般的关系。一般状态下的第四型人会创造一种五彩缤纷的幻想生活，来维持和强化他们的情绪和情感，甚至是负面的情绪和情感。换句话说，他们会陷入某种情绪之中，思考能维持这种情绪的事情。第四型人缺乏某些真正的心灵特质，他们这种缺失的潜意识没有受到彻底的压制，因此很难真正化解任何情绪，包括负面情绪，那会帮助他们遮掩感情的空洞。

如果第四型人陷入不健康状态中，被屏蔽的情感中心不仅会和他们的思维中心混在一起，同时也会与行动-本能中心混淆起来。不健康的第四型人倾向于滥用药物，或沉溺于任何他们认为能满足欲望的食物。行动-本能中心会被扭曲的情感占据，陷入一种堕落的、自毁性的行为，这有害于他们的健康、幸福和行动能力。在最糟糕的情况下，他们会选择自杀，不顾及自身基本的生存本能，而被感情的一时冲动和绝望所打倒。

相反，健康的第四型人虽然也依据感觉定位，但他们并不会错误地用思维中心来强迫自己。他们能感觉到自身的缺失，这常常成为其创造力的源泉。如果他们感觉自己缺少什么，这个心灵的空洞就会从内部开始弥合，这会让他们真正地、长期地感觉到自身的价值和认同。

第五型：探索者　T͡F M

第五型人主要根据思维中心来获得自我认同，由字母“T”的下画线表示。但是在一般状态下的范围内，思维中心会和情感中心混在一起，在不健康的状态中，甚至还会和行动-本能中心失去平衡。

即使是健康的第五型人也可能会用思维来认同自己（“我思故我在”），他们开始以自己的思想而不是思考过程的来源和背景来定位自己。他们的自我感觉和保持一定的思维强度有关，也和对事物本性的洞察有关。但是，他们对思考的迷恋可能是对思维中心重要特质被屏蔽——尤其是对内在指引和平静的头脑的屏蔽——的一种补偿。

当第五型人向一般状态退化时，思维和情感开始产生混乱。情感作用于他们的思维之上，让他们的想法变得更加活跃和真实。通过理念、幻想及其他思维活动获得的认同感变得更加强烈。因此，一般状态下的第五型人开始生活在自己创造的世界中——对他们来说，这比真实的世界还要真实。就像他们所说的：“我不需要跟人有任何关系，我自己在脑子里就能搞定一切，我知道接下来将会发生什么。”这也会导致对游戏、网络和其他现实替代品的迷恋，我们在前面已经讨论过第五型人的这类特征。

同时，情感的力量被深深卷入第五型人的精神活动中，以致很难行使其本来功能。换句话说，感觉不能用来感受感情。如果这种趋势进一步发展，一般状态下的第五型人会继续和他们的自我认同及价值观疏离，他们更加难以与其他人建立情感联系。深度认同自我的第五型人甚至无法意识到自己对此类联系的需求。

在不健康的状态中，情感对思维的作用进一步加强，行动-本能中心也将失去平衡。第五型人紧张的内心世界变得比真实世界强大得多，他们甚至会失去基本的物质需求：他们的饮食变得不规律、不健康，睡眠常常受到打扰，卫生保健和基本的生活用品也极为有限，甚至完全没有。他们变得极为孤独、古怪、仪容不整、与世隔绝，并且完全不能照顾自己。极度不健康的第五型人也有自杀的倾向，这是对人生的全盘否定。

相反，当第五型人向健康状态发展时，他们会通过学习区分理念和情感——当感情发生时，认识到它们，同时学会观察自己的想法而不是以此来认同自己——来发展自己。他们可以通过学着包容行动-本能中心得到这样的发展，也就是说更加关注自己的身体和物质世界。当他们更加入世、更少一些对自身思想的认同时，他们就会开始注意到一些纯粹的意识——平静的头脑——他们可以在关注思想的同时关注情感和本能，以及内在和外在世界的方方面面。渐渐地，他们的自我认同会从理念和思想附属品转向宁静内心中更为广阔的特质。

第六型：忠诚者 T F M

第六型的心理模式类似于第三型，这两个类型的人都属于基础人格类型。在这一类型中，思维而不是情感和其他两种功能的隔阂更大（由带框的“T”表示）。作为思维三元组的中心，第六型人最难拥有平静的内心，也最难信任自己的内在指引和认识。结果，就像第三型人向外部世界寻求确立自我认同和价值感一样，第六型人也向外寻求指引和支持。

和第三型人类似，第六型人也有两种心理模式：思维模式和责任模式。当第六型人处于责任模式时——受到情感和行动-本能中心的某种联合驱使——他们和第一型人与第二型人有相似之处。他们活跃、乐于奉献、忠诚，并对自认为必须做的事情有高度的责任感。这种模式也常常让他们产生强烈的感情反应。这种反应之所以产生，是因为当他们处于责任模式中时，他们的思维中心不能为其提供洞察力、辨别能力和对正在经历的事情的客观认识。

相反，当第六型人处于思维模式中时，他们就能接受各种不同的想法和观念，但却无法把这些想法整合到生活中，也不能以平衡的方式评价这些想法。这是因为他们的思维并非建立在其经历、情感和身体的基础之上。这种情形带来的焦虑让他们无法相信自己的想法，转而向外界寻求指引。

在评价这些外来信息时，第六型人往往依靠情感反应和第六感。我们可能认为，他们为了彻底地了解信息，甚至会喜欢上传递信息的人。当然，他们的确认同了某些外来的思想体系，用以代替他们的内在指引，这会让他们的生活暂时轻松些，但也耽误了他们发展、了解和感觉自身的指引和支持的能力。

第六型人的感觉特性表现在他们的奉献上，表现在他们对信任的人的忠诚上，就像一个军人为了营救战友而扑向敌人的手榴弹一样。因此，一般状态下的第六型人并不只是“行动者”，而是“行动-直觉者”。这可能引发他们个性中的热情、责任感和忠诚，但是在不健康的范围内，这也可能引发他们对人或事物的愚忠——或恰恰相反，一种对个人或群体的非理性的偏见。

当第六型人向不健康状态退化时，他们的思维和情感之间的距离拉大了，结果不健康的第六型人更加渴望拥有一种包含一切的指引和支持体系。同时，由于他们自己的思维、情感与本能之间的联系进一步减弱，他们的想法也更加脱离现实。他们扭曲现实的想法将引发并损害他们的情感和本能，结果就是荒谬和偏执，非理性的恐惧还会带来强烈的仇恨。当扭曲的思维方式影响到本能时，不健康的第六型人会把他们的谬论付诸实施。在极端的情况下，非常不健康的第六型人可能会诉诸暴力，但是这种暴力不一定针对个人，因为其基础是扭曲的思想而不是受伤的感情。这种行动的原因可能包括政治、意识形态或社会经济。

为了发展自身，健康的第六型人所做的无需把注意力集中在某个特别的功能上来认同自己（就像第五型人或第七型人那样），他们应该把思维中心和其他两个中心联系起来。第六型人必须学会给思想足够的时间，让自己慢下来，让心灵静下来。这可能会带来更多的焦虑，因为除了用以认同自己的想法和信仰，他们很难相信别的事物。但是一旦完全沉浸在内心的平静之中，他们便会发现存在于自己心灵深处的重要的支持和指引。

第七型：热情者 T F M

“T”下面的下画线表明第七型人也属于思维三元组。和第五型人、第六型人一样，第七型人的思维中心的基本功能也会遇到障碍：他们缺乏“平静的头脑”，这种能力可以让心灵保持冷静，并让真正的洞察力和内心的指引得以显现。为了突破这种障碍，他们用自己的本能中心来激发和促进思考。（“好！我的脑子开始冷静下来了，我们做点什么吧！”）

虽然我们可以根据第七型人的行为来定位他们，因为他们非常活跃，但实际上我们更应该根据他们的思想来认识他们。虽然他们看起来极为活跃，但在做某事的同时常常在想着别的事情，这一点就可以说明以上看法。对于一般状态下的第七型人来说，他们的注意力往往没有集中在他们所做的事情上，而是集中在他们的预期上。如果放任自流，就很容易走向那些令他们困惑的混乱特质。

当然，如果一般状态下的第七型人用行动来促进思考，他们就不会对自己的行为完全满意，也不能和行为密切联系在一起，而且，他们也不能把足够的余力或关注投注在他们所思考的事情之上。因为感觉和真实的想法之间存在着隔阂，一般状态下的第七型人很难完全接受他们的感觉。这就是为什么他们总是寻求特殊的环境和经历的原因，这些环境和经历足够刺激，能够影响他们。但是，他们并不会等待更安静、更深刻的感觉出现，而是急于投入某种活动，以强化他们所拥有的经历——用本能来刺激思维。

对于第七型人来说，情感是第三中心，是一个开放的领域：这是他们的自我应用最少的一部分。当然，这并不是说他们不会感觉，而是说他们的注意力更多地被他们所思考和正在做的事占据了，因此不容易被内心的感觉所触动——这才是这个中心的真正意义。一般说来，第七型人有感情，也能被感动，但是他们很少在这些情感上流连，只想及时行乐。他们往往会混淆刺激、兴奋（直觉特征）和歇斯底里（恐惧反应）之间的界限。他们会把高度刺激和快乐、幸福混为一谈。我们在讨论情感三元组时已经说过，心灵的真正功能和我们对情感的成见并无关联。总而言之，一般状态下的第七型人在思考和行动方面表现得很突出，却很少探索内心的真正价值。

但是对那些不健康的第七型人来说，焦虑让他们把思维中心和本能中心发挥到了极致。为了进一步刺激思考，情感中心也会被利用起来。他们能体会到主要的情绪波动，感情波动加剧。在这样的情况下，歇斯底里的反应和恐慌带来的冲击开始起作用。情感中心此时也像思维中心一样极度活跃，成为他们的一部分。

实际上，第七型人应该做的与上述行为恰恰相反，他们应该把本能和思维区分开，让思想放慢速度。这不可避免会带来焦虑，因为思考正是他们最显著的特征，思考的冷却会让他们感觉虚无，好像生命之泉已经干涸。但是只要坚持这个过程，最终平静的头脑就会出现，而那种需要逃离到思考和行动中去的欲望则会消失。第七型人会因此对壮丽的现实世界完全开放，并且意识到他们已经找到了自己一直在寻求的完整性。

第八型：挑战者 T F M

第八型人主要根据其行动-直觉中心获得认同，以带有下画线的“M”表示。第八型人和他们的体能、活力、迫切的体验和反应有着紧密的联系：他们总是有一种冲动，并且凭着这种冲动行事。健康的第八型人有丰富的本能力量和有力的驱动力。他们从身体中得到强有力的认同，希望保护自己的身体并按照身体的要求行事。本能力量总是推动他们采取行动，并很难放弃自己的主张。

但是，对于一般状态下的第八型人来说，这种本能力量会跟他们的思维中心混在一起（由“T”和“M”之间的连线表示）。这种混杂造成一种精明的人格，这种人格既不是完全自发的（本能），也不是真正客观的（思考）。他们总是为自己策划，不停地考虑他们本能的需求：安全、金钱、性、食物，等等。因此，他们的思维中心不再自由而开放地探索现实、倾听内心的指引，他们的本能也不再对现实和境遇自由地作出反应——结果，一般状态下的第八型人可能会做出不明智的选择。

一般状态下的第八型人的本能力量给人的印象是一种对生活的热情，或者是一种固执地坚持自己权利的需要。而对于不健康的第八型人而言，他们的自我判断过于依靠本能力量，因而情感中心和思维中心会失衡。在这种情况下，他们的热情消失了，转而陷入一种对控制和生存的冷酷需求。他们不再关心他人，甚至对自己的情感需要也非常冷漠。一旦处于失衡的状态，他们的内心就会变得黑暗、充满仇恨。他们的原始冲动、被扭曲的思想和受伤害的情感都会让他们满怀仇恨地与生活抗争。这样的结果会对所有相关的人造成伤害，我们在第三章中已经讨论过了。

上述情况说明，第八型人能够利用情感直接获得好处。在一般状态下，他们是有感情的，虽然在很大程度上还没有得到开发。他们可以通过对情感中心的关注而获得更多的平衡。因此，很多第八型人可以通过做义工或者帮助弱者得到治疗或满足。不管碰到什么不公平或可怕的事情，他们都可以运用自己的本能力量让他人免遭厄运，从而让自己远离愤怒和伤痛。

第八型人也可以通过区分自己的思维和本能冲动来发展自己。这样做可以让他们更多地发现自己的内心世界：他们仍然是行动导向的，但是也可以从行动中找到更多内在的稳定和平静。当第八型人的思维中心与本能中心划清界限时，他们可以进一步接触自身的清醒和内在的指引。这样的发展最终将给他们带来自我意识、力量，以及他们一直寻求的完整性。

第九型：和平缔造者　T͡F M

第九型人是本能三元组中的主要类型，本能中心与其他两个中心存在隔阂(由带框的“M”表示)。与第三型人和第六型人类似，第九型人也有两种心理模式，这两种模式在各个程度上都互不相关。第九型人要么采取“本能模式”，要么采取一种我们称之为“白日梦模式”的思维和情感的混合模式。

在本能模式下，第九型人通常处于静止状态，或者虽然有所行动，但是不需要思维或情感参与其中：他们按部就班，而且身体活动非常简单。第九型人说，当他们处于这种状态时，他们对自己的行为和当时的心理状况都感到很舒服，并没有什么特别的想法或感觉。他们感觉身体放松，可以做需要他们做的事情，而感觉不到人格其他部分的存在。而在白日梦模式下，第九型人和他们的本能力量相分离，他们所有的体验都归结到跟刺激和目的相同的层级上。他们可以看到所有的可能性和前景，却感觉不到自我意识的分量和自己的内在需求。什么都是有可能的，但没有什么是急不可待的。第九型人可能有一些已经进行到一定程度的计划，但却不去激发必要的内在力量来最终实现这些计划，因为他们根本触及不到自己的本能力量。

处于白日梦模式下时，第九型人会有很多想法和感觉、精神上的愉悦、行动计划以及幻想。他们也会非常有创造力，但难以推进计划实施和坚持不懈地努力，因为他们和自己的本能力量之间没有联系。更多地立足于身体会让第九型人的经历和成就更为真实，因此他们会觉得更加充实。就像第三型人和第六型人一样，第九型人总是处于某一种状态：或者感觉舒适和踏实，但对世事漠不关心；或者富有创造力和洞察力，但不付诸行动。

第三型人向他人寻求自己的价值和认同感，第六型人则向他人寻求指引和支持，和他们一样，第九型人也通过与他人的互动以及通过他人的认同而获得生命力和立足之本。许多第九型人不为自己开辟生命之路，而是告诉自己，他们想要的实际上就是成为别人生活的一部分。这导致了一个基本的矛盾：他们希望融入他人来实现自我，得到活力，但又建立起一种人格结构来维持自己的独立。因此，一般状态下的第九型人会在想象中和他人融洽相处，却可能在现实中忽视和他人交往和联系。在某种不自觉的程度上，他们甚至不喜欢与他们有联系的人，但会被他人的力量、活力或精力所吸引——为此，他们可能会维持一种有害的或有困难的关系。

和第三型人以及第六型人一样，第九型人在他们的中心力量——即本能力量——上升时会感到有威胁。他们常见的意识状态是空虚的梦想和置身事外的感觉，但此时他们会突然变得紧张或兴奋，使他们的平静受到破坏。一般状态下的第九型人会尽快使用各种办法冷却他们突然冒出来的冲动，恢复置身事外的安全感和中立状态。如果这种情形持续下去，他们会变得更加麻木、疲惫和漠然。由于他们的经历对他们毫无影响，因此不太健康的第九型人会完全像一个沉默的旁观者一样从生活中飘过。

另一方面，为了发现对生活的真正需要，一步步实现需要，第九型人必须打破本能中心、思维中心及情感中心之间的障碍。他们必须意识到，他们能够真正拥有自己的力量。他们可以逐渐让自身强有力的本能力量（尤其是愤怒）上升到意识中，这样，他们可以通过意识让这种能力转化成他们所寻求的力量和稳定。

第一型：改革者　T F͡M

第一型人的自我主要通过屏蔽或压制本能中心来获得认同，由带有下画线的“M”表示。他们总是难以触及自身的本能力量，也很难感受真正的自我。为了弥补这种不足，他们利用情感的力量来刺激自己投入行动。这种情感和本能力量的混乱导致愤怒——没有什么比愤怒的爆发力更大的了。（“孩子们饿了，我们却什么都没做！”“房间这么乱，我再也受不了了，我得打扫打扫！”）当然了，所有人偶尔都会用情感来激发自己，但是一般状态下的第一型人却总是依此行事。

这种模式让一般状态下的第一型人很难放松，也因此阻碍了他们和来自本能中心的流动性、当下性、稳固性和连通性的联系。一旦他们认同这种模式，就需要保持对自己或他人的愤怒，以弥补实质性的缺失。结果就是，一般状态下的第一型人如果没有潜意识的情感反应的干预，就不能行动，没有行动，也就不能感受到自己的情感。即使他们认为自己很理性，实际上也要受强烈的情感的驱使。第一型人对他们所做的事充满激情，而且也会对他们的现状和计划满怀热情。

第一型人常被认为是理性的思考者。但是，如果我们考虑一下思维中心的真正功能——宁静的开放的头脑——我们就可以发现，这并非大多数第一型人的特点。当然，这跟他们的思维能力或智力没有任何关系，他们在思考深刻的问题方面可能非常出色。但是思维中心并不是他们自我构建的真正基础。

相反，第一型人是喜欢现实想法的实践者。他们不会花很多时间去寻找开放式问题的答案，也不会花精力去追求不会带来实际结果的知识。而且和第九型人一样，第一型人有非常复杂的人生观，但目的是为了保护和支持他们的行为，而不是寻求新的可能性，更不是平静的头脑。实际上，原则、坚定的信念、生活的规则才是本能中心的表现。看看我们自己，我们会发现，强烈的观点事实上来源于我们的“腹部”。（“救救鲸鱼！”“事业第一，娱乐第二！”）当然，思维会支持这些观点，但观点的来源并非思维中心。

对于不健康的第一型人来说，思维常常被混乱的本能和情感所打扰，导致愤怒的、纠缠不清的念头和僵化的观念。一般状态下的第一型人如果违背了自己的原则，即使是在微不足道的方面，他们也会感觉负疚，而不健康的第一型人则会通过把各种冲动和矛盾行为合理化来欺骗自己。为了掩饰那些他们会自责的行为，他们会扭曲原则和失去理智。

另一方面，如果第一型人可以通过让头脑冷静下来，更多地关注第三中心——思维——就会对他们有所帮助。这会让他们认识到自己的观点和信仰的本体。他们的观点和建议中可能有很多真理，但他们达到真理的方式不一定是唯一的，也不一定是最好的。这有助于他们找到更好的、更灵活的方式，传播他们感知到的真理。让头脑冷静下来，可以消除他们内心的判断和批评，这样他们可以让自己和周围的环境更直接地关联起来，增强识别正确的行动过程的能力。

通过区别情感反应和本能冲动，第一型人也可以从中获得帮助。他们不会试图从激情和信仰中获得存在感的代替品，而且也会学着忍受行动–本能中心中的缺失感。如果能这样做，他们就可以和本能中心的可靠性、稳定性和自立性联系起来。他们的行动会变得更主动，而且更放松，同时，情感中心也不再跟本能中心纠缠不清，深刻地感觉到本体的价值和连通性的出现。他们不再觉得必须为了“获得”自身的存在而追求完美。他们对他人和自己都抱着同样的热情。

表7–1和表7–2会更清楚地说明各个中心之间的联系。

表 7-1　基础人格类型中心失衡一览表

类型	被以下中心分离并无意识地激发	依赖与其他两个中心的融合	把自己分裂为两种模式
第三型	情感中心	思维中心和本能中心	机能模式和情感模式
第六型	思维中心	情感中心和本能中心	思维模式和责任模式
第九型	本能中心	思维中心和情感中心	本能模式和白日梦模式

表 7-2　第二人格类型中心失衡一览表

类型	主要通过以下中心获得认同	在一般状态下，认同中心和以下中心混杂	在不健康的状态下，这种模式导致以下中心失衡
第二型	情感中心	本能中心	思维中心
第四型	情感中心	思维中心	本能中心
第五型	思维中心	情感中心	本能中心
第七型	思维中心	本能中心	情感中心
第八型	本能中心	思维中心	情感中心
第一型	本能中心	情感中心	思维中心

心理模式的深层含义

如果我们进一步研究各个中心之间的失衡，就会发现一些有趣的模式，它们有着重要的实际影响。

首先，如果我们采用卡伦·霍尼的人格类型模型来分析（详细内容请参见《九型人格》，第344～347页），就会注意到，之所以能够区分每一种类型，是因为每种类型都有第三中心。其中“退缩型”（第四、第五和第九型）都以本能中心作为他们的第三中心和有待发展的中心，而思维中心和情感中心在一般状态中纠缠在一起。退缩型不依靠他们的身体或本能来获得认同，令人惊讶的是，他们真正的内心感觉（并非幻想）只能通过身体的感觉得以体验。这3种类型都对幻想、想法和情绪的真正深度有错误认识，这是思维和情感中心的混乱和不平衡造成的。

“屈从型”（第一、第二和第六型）的思维中心是他们的第三中心和有待发展的中心。在一般状态中，他们的自我依靠本能中心和情感中心的关联来获得认同。这3种类型都缺乏开放的感觉和内心的指引，这种感觉和指引只能来自于冷静的善于接受的头脑。这3种类型用思维和内心指引的无限性和流动性代替了信仰、理论体系、规则和程序。他们很难面对生活中的模棱两可和不确定性，他们有一套抽象的系统和价值观，渴望确定性，也渴望明确知道自己和别人的立场。

“进攻型”（第三、第七和第八型）都以情感中心作为他们的第三中心和有待发展的中心。在一般状态中，他们依靠思维中心和本能中心之间的关联获得认同。情感中心以及内心给予我们一种能力，让我们能触及到我们的经历，并从经历中得到感动。它也给予了我们与自己以及他人的真正关联感，这为我们提供了价值和自我认同的源头。进攻型靠紧张的行动来获得刺激，通过这种方式补偿他们的自我认同的缺失。紧张的行动取代了真正的开放和从体验中得到的影响。另外，成功、胜利和地位带来的自我膨胀也替代了心灵所能给我们的真正的价值和认同。

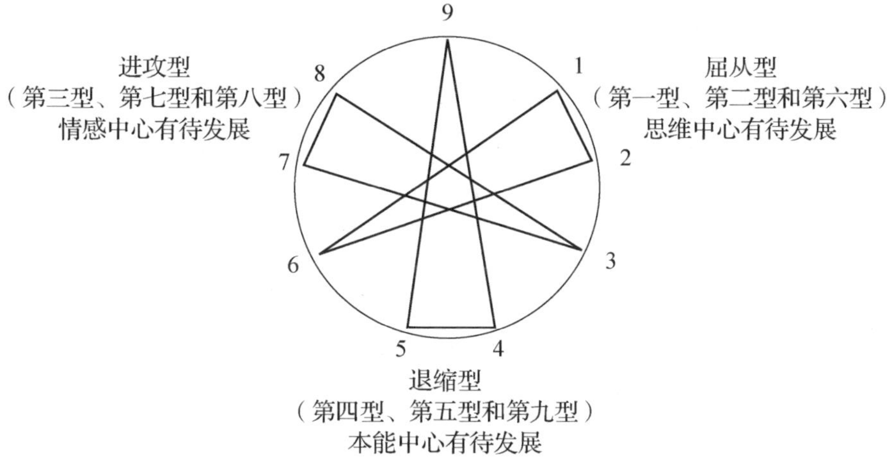

图7–5　有待发展的中心

治疗措施和3个中心

做一些“一般维护”，通过恰当的运用来发展并巩固我们的第三中心至关重要。第三中心带给我们更大的稳定性，这样我们在开展更进一步的工作时，就可以摆脱另外两个中心的纠结，依据其他因素来定位自己。这也说明了为什么处于一般状态下的人在处理个人事务时比不健康的人容易得多。当一个人趋向不健康层级时，3个中心都会出现失衡现象，他就会产生一种典型的防御状态。干扰任何一个中心都会威胁到他的整个自我防御系统。对不健康的人的一种有帮助的治疗方法就是必须向3个中心都提供支持，即使在极端的情况下也是这样，如果没有给予第三中心必要的重视，就没有机会打破自我防御系统。缺少感知能力会让这个不健康的人卷入与其他两个中心的纠缠中。

对那些处于一般状态中的人来说，调整第三中心很快就会给他们的人格带来客观性和平衡。但是，我们只有同时关注第二中心，才会取得真正持续的突破。如果一个人一直致力于第三中心，而忽视其他两个中心的混乱，他可能会变得更稳定，但一般来说，却无法向本体性认识进一步发展。

我们已经知道，根据卡伦·霍尼的人格类型模型的解释，每天的基础活动就是发展第三中心。因此，退缩型（第四、第五和第九型）的人需要参与身体活动，屈从型（第一、第二和第六型）的人需要平静的头脑，进攻型（第三、第七和第八型）的人需要打开心灵。

除了这些基础活动，根据卡伦·霍尼的人格类型模型的解释，第二个关注点是解开人格之“结”。能力组（第一、第三和第五型）的人接下来要做的是开放他们的感觉。促进他们成长的催化剂会发挥作用，让他们暂时感觉到痛苦，并释放被封闭的感情。而对于反应组（第四、第六和第八型）的人而言接下来要做的是寻求宁静的头脑，并重新梳理他们的思维和情感。促进他们成长的催化剂则会让他们看到自己扭曲的情感和对现实的错误解读。对积极组（第二、第七和第九型）的人而言，接下来的关注点将集中在他们的身体上，让被封闭的能力开始流动。促进他们成长的催化剂也会起作用，通过直接感受自己的身体来释放他们的恐惧和被屏蔽的情感。但是，细心的读者可能注意到了，对于基础人格类型（第三、第六和第九型）来说，基本活动和第二个关注点都基于相同的中心。我们已经知道，基础人格类型的人的内心活动包括开放被隔离的中心，并将它与另外两个中心进行整合。

表7–3列出了处于一般状态下的各类型的人的基础活动和治疗措施。请注意，对于那些不健康的人来说，这些治疗措施不那么有效，他们有必要向治疗专家或

咨询中心寻求适当的帮助。

虽然对中心的失衡有各种各样的治疗措施，但只有意识本身才可能激发和协调这些不同的治疗措施。我们的意识程度和人格类型中的问题是成反比的。当我们的意识得到充分的发展，并能整合所有的3种功能，也许会发生奇迹：我们会发现，真正的认同超越了3个中心的任何一个。因为我们的低级中心变得有条理，进入平衡状态，所以我们的高级智慧和高级感情中心就能突破和改变我们的意识。我们能发现真正的自我，获得价值和指引，并能切实地感受自身和存在的核心。我们也会发现，真正的自我比我们能想象的任何事物都要珍贵、美丽和神秘。

也许通过这些讨论，我们可以认识到，我们的精神和情感的健康以及最终的自我认识的程度都取决于3个中心的有序和联系。我们也会发现，当人格摇摆不定时，实际上我们只是根据某一个中心来给自己定位，而且往往是一个无序的中心。当我们能够让两个中心同时发挥作用时，就会对自己的状态具有一定的洞察力，能够客观看待。但是，只有当3个中心共同起作用时，我们才能具有彻底的客观性，才能和现实形成真正的联系。再进一步，如果能把3个中心合为一体，我们就可以在高级中心下行动——高级中心具有高度的智慧和魅力（被苏菲派称为“巴拉卡”）。

表 7-3　不同类型的人的基础活动和治疗措施

类型	基础活动	进一步的治疗措施
第一型	培养平静的头脑	释放悲伤，处理感情，尤其是沮丧和愤怒的感情
第二型	培养平静的头脑	释放被身体压抑的能量，尤其是被压抑的需要和敌对情绪
第三型	开放心灵	释放悲伤，处理感情，尤其是自卑和羞怯感
第四型	关注身体	重塑被扭曲的思维模式和情感，尤其是对自己和他人的负面解读
第五型	关注身体	释放悲伤，处理感情，尤其是抗拒和无力感
第六型	培养平静的头脑	重塑被扭曲的思维模式和情感，尤其是由焦虑和计划带来的紧张情绪
第七型	开放心灵	释放被身体压抑的能量，尤其是被压抑的悲伤和懊悔
第八型	开放心灵	重塑被扭曲的思维模式和情感，尤其是对恐惧和脆弱的回避情绪
第九型	关注身体	释放被身体压抑的能量，尤其是被压抑的愤怒和恐惧

一旦3个中心能够正常运作，我们就拥有了作为人类与生俱来的所有能力。我们开朗、快乐、有同情心、有判断力，我们知道不同的时候应该做不同的事。而且，各个部分协调运行、相辅相成，效果大大超出了个别部分单独运行时所能达到的效果总和。拥有3个中心的人能够对现实需要作出反应，而不再被无意识的不满和恐惧感所驱使。

当然，我们不能仅仅希望达到平衡状态，我们可以通过存在、通过持之以恒地寻求我们所处环境的真实状态，让自己更加放松。因此，中心揭示了为什么存在和意识对于精神实践至关重要的另外一个原因：存在是统一3个中心联系的媒介。把3个中心联系起来并非自我的责任，实际上，自我总是片面的，不可能创造出一个完整体。我们的责任是尽量展示存在，这样我们才能得体行事。存在本身就可以协调本能、心灵和头脑，这样就可以创造一个完完全全的人。这就是精神实践的真正目标。

观察中心的另外一种方式就是观察它们的正确运行，这样我们可以了解当中心脱离混乱后会给完整的人带来什么。精神导师A. H. 阿玛斯[①] 写过大量的著作，研究本体的种种特质，关于自我的各部分结构之间的联系，以及我们的本体特质的深层因素。根据他的观点，每一个中心都带来了一种不同特质，对于认识本体性自我来说，这些特质是必不可少的。

思维中心的正常运行带来开放的心态和“允许”的能力。基本的情况是，头脑变得冷静，并且允许产生任何印象。当头脑变得冷静时，我们无需抗拒当下产生的各种印象，而是用各种想象的画面来填充我们的意识。有什么就是什么，在这种情况下，我们会感到安全并得到支持。

情感中心会“品味”我们的经历，让我们对经历有深入的体验。正是在这个中心中，此刻的特质才能体验得到。我们以开放的心态和心灵所具有的最高敏感度，把我们和我们的经历联系起来。如果没有心灵的参与，我们就不能真正触及所有经历的价值。情感中心也代表着热爱真理的那部分自我。通过心灵的参与，我们热爱所有已经发生的真相，而不再满足于真相的缺失。

---

① 哈米德·阿里，笔名A.H.阿玛斯，创办了圆满学院，并提出了钻石途径，这是一种动力机制，融合了传统的灵修方法和现代深层心理学，从而具有更强大的力量。

本能中心的功能是让“当下”成为实在。没有当下，我们可能也能以开放的心态面对我们的感想，也能通过心灵得到深刻的体验，但是我们会因此依赖这些特质获得自我定位。我们会迷失于这些特质之中。立足于我们的身体，我们能意识到我们拥有经历这个事实。这样我们才能完全处于当下，拥有现在，感觉到自身的活力。我们对经历敞开怀抱，并投入其中，同时对来自内部和外部的观念都保持着开放、博大和接受的心态。

当我们的意识得到充分的发展，把3种功能融为一体，奇迹就会出现：我们会发现，真正的自我不存在于任何一个个别的中心之中。用葛吉夫的话来说，低级中心不再混乱并趋于平衡，因此我们的高级智慧和高级情感中心会改善我们的意识。我们会发现真正的自我，我们拥有价值、指引，我们从心底里对自身感到踏实。我们也会发现真正的自我比我们能想象的任何事物都要珍贵、美丽和神秘。

本体性自我的终极本体超出了我们所理解的3个中心的实际情况。它不是思维、情感或本能，而是涵盖了这3个方面。本体是一片超越歪曲和固着的平和广阔之地：那是意识之源，万物由此而生。

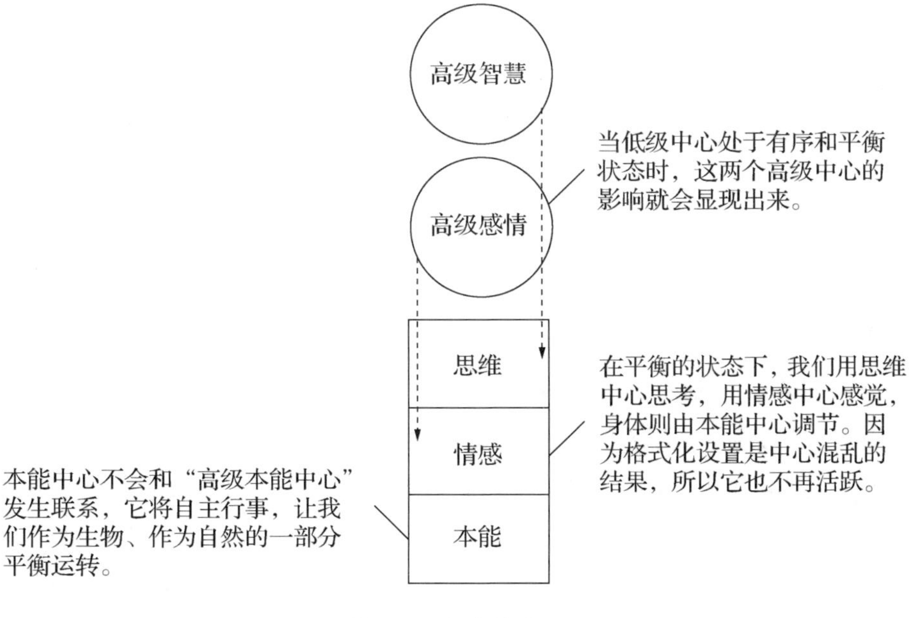

图7–6　有序的中心

第八章　九型人格在心理学上的延伸应用

九型人格理论与许多不同研究方向相互联系着，因为它代表着最令人捉摸不透、错综复杂的人性。无论在哪一领域中，只要人类需要表达自我，九型人格都可以帮助我们加深理解。它是心灵的象征，心灵所创造的一切都与它紧密相关。九型人格理论体系涉及许多不同的领域，反映了人类与自己、他人、世界之间的联系方式。如同人类的本性一样，九型人格理论体系中也蕴涵着丰富的内容。

一方面九型人格令人感到兴奋无比，另一方面又让人有些无所适从，因为它引领着我们超越心理学的范畴，进入其他许多人类活动领域。它既古老，又现代；既具有个体性，又具有普遍性；既神秘，又具有科学性和客观性；既存在于心理学的范围之内，又蕴含着宗教意味；既明了易懂，又玄妙深奥。下面我们将进一步说明将九型人格理论与其他知识体系之间的关联。

九型人格的普遍性

由于版面和时间、能力有限，在此我们无法进一步展开探讨九型人格理论与其他知识体系之间的关联。然而，当九型人格得到更加广泛的认知之后，九型人格引发的不同思想理论的相互影响将继续发展下去。任何发现都会让直接参与其中的人受益，同时也会让所有的人受益，但目前我们还不知道这些关联会产生什么样的结果。

在第七章中，我们将分析九型人格与第四版的《心理障碍诊断与统计手册》(DSM-IV) 中所列举的人格障碍是如何相互对照的。《心理障碍诊断与统计手册》是心理医生的重要参考资料。这本书详细举例说明了九型人格与弗洛伊德、荣格、卡伦·霍尼、埃里克·弗洛姆、亚伯拉罕·马斯洛、蒂莫西·利里、西奥多·米隆、麦尔斯·布里格斯等人的学说之间的关联，同时为未来的研究指出了几个研究方向。

表 8-1

来自科学传统	来自神秘主义传统
学院派心理学	古希腊哲学
弗洛伊德及其追随者	毕达哥拉斯学派
荣格及其追随者	中东文化
霍尼，马斯洛	伊斯兰教
弗洛姆与文化心理学	苏菲派
定量心理学	葛吉夫及其研究
问卷	依察诺和阿里卡
实验验证	神话学
治疗方法	占星术
人际关系	命理学
人事管理	卡巴拉
广告及其他	象征主义
实际应用	查克拉
哲学	冥想术
政治学，新闻学	精神分析与咨询
文化批评，社会学	神学与宗教研究

九型人格与《心理障碍诊断与统计手册》

九型人格最令人惊叹之处就在于它与其他类型学的一致性，特别是以心理学和精神病学为依据的类型学。这一点极有说服力地证明九型人格展示了关于人性的客观真理。在某种意义上，可以说现代心理学的研究结果证实了九型人格理论中的的诸多洞见，更值得注意的是，九型人格理论也证实并澄清了现代心理学中的一些发现。

另外，同样令人惊叹的是，心理学一直本能性地向一种动态类型学发展。尽管学院派心理学有很长一段时间无法克服其对类型和类型学的偏见，但从不同理论角度来看，心理学家逐渐对“人格类型”形成了一系列全面、系统的理解。熟悉九型人格的人认为是理所当然的一些观点，对心理学家们而言却是令人兴奋的新发现。

下面的两段简短的引文出自一位权威的精神病学家，谈到了第三版《心理障碍诊断与统计手册》中的内容，这两段文字指出，精神病学已经逐渐朝类似九型人格的理论发展。

> 这里有一个含蓄而合理的假设：各种人格特征与其相应的病症（人格障碍）都呈现为连续形态，也就是说，正常特征和人格障碍之间的种种区别在本质上是武断的。我认为，第三版《心理障碍诊断与统计手册》最重要的成就就在于发现人格类型的普遍性和证实这些人格类型的重要性。”（约翰·甘德森. 当前关于人格障碍的思想观点. 20～21.）
>
> 我相信，第三版《心理障碍诊断与统计手册》的主要优点就是，它的多轴向构成形态更方便我们对人格与病症间的关系做更进一步的研究，并且——也许是在《心理障碍诊断与统计手册》中，或者在未来的诊断教科书中——我们可以对人格障碍进行定位……把它们看做各种人格类型的自然发展结果或是延伸来进行整理。”（同上，34.）

上述许多工作已经在本书及《九型人格》一书中完成了，我们认为，这将对上文提到的“未来的诊断教科书”的出现作出重要的贡献。人格类型正是一种“多轴向”的类型学，它能够涵盖第四版《心理障碍诊断与统计手册》[①]上所列出的各种人格障碍和精神疾病，同时也对应着各种人格类型和其他人格障碍。

此外，我们对于9种发展层级的研究进一步证明了这个“合理的假设”，即“各种人格特征与相应的人格障碍呈连续分布状态”。当代心理学家在其研究领域中的许多开创性发现已经在九型人格理论中得到了阐述。如今，我们需要做的就是阐明九型人格与《心理障碍诊断与统计手册》（以及其他类型学）之间的相通性，同时用心理学家可以接受及运用的语言让他们认识到九型人格理论中的潜在力量。

---

① 以下提到本书，均指第四版。——编者注

≈

在比较九型人格中的各种人格类型与《心理障碍诊断与统计手册》中的人格障碍之前，让我们先来定义一下“人格特征”与“人格障碍”。

> 人格特征是感知、联系、思考外界环境与自我的永久性模式，它存在于一系列社会及个体语境之中。只有当人格特征缺乏弹性、与环境相脱离，并导致重要的功能障碍或主观压力时，它们才会成为人格障碍。（心理障碍诊断与统计手册. 630.）

以非专业术语来解释，人格特征（如愤怒、害羞、易兴奋、同情心）是我们人格的组成要素。这些特征构成了更宏观的模式，这些模式又构成了我们大部分的个人以及人际生活。然而，如果我们正常的人格特征变得“缺乏弹性、与环境相脱离”——如果它们变得对我们自身或他人或二者都有消极影响和破坏性——它们就会变成人格障碍的基础。

九型人格中的各种人格类型包括了健康的和一般状态下的发展层级，与只关注处于连续发展过程末端的病态表现的《心理障碍诊断与统计手册》中描述的人格障碍相比，九型人格理论所涵盖的内容更为丰富。

在比较九型人格与《心理障碍诊断与统计手册》的时候，我们发现，人格障碍只对应着每个类型中的某些发展层级，而非整个类型。每个类型通常会有两种或两种以上的人格障碍，但一般出现在不同的发展层级上。在第五层级，人格特征开始变得“缺乏弹性、与环境相脱离”，随着病态特征的恶化，随后便会产生严重的冲突，最后变得越来越不健康。因此，九型人格中的每一个类型都对应着一种以上的人格障碍（而且常常如此），因为人格障碍就是以不同发展层级中脱离环境这一特征为基础的。

举例来说，某种人格障碍可能会出现在第五层级，另一种则可能出现在第七层级，还有一种可能出现在第九层级——这些全部发生在同一种人格类型中。对于这种情况，《心理障碍诊断与统计手册》会将其视为 3 种不同（但相关）的人格障碍，但在我们看来，这 3 种人格障碍都是一个更大的整体中的一部分，是某种变得不健康的人格类型中的一部分。

同时，我们也可以发现，在精神病形成的过程中，存在着不同层次和模式：一个处在第六层级的人的人格障碍要比处在第八层级的人的人格障碍轻得多。在某些病例中，一个人可能会从第六层级退化到第八层级，而在其他病例中，某人可能同时存在几种密切相关的人格障碍，例如，某个人同时具有第七层级和第八层级的人所具有的人格障碍，并且还有其翼型所带来的人格障碍。因此，我们要理解这一点，即人格障碍是一个更大的整体——处于不同发展层级的同一种人格类型——的一部分，理解了这一点，将会使我们对患者的病情和发展方向有更清晰的认识，有助于简化精神治疗的“诊断”工作，这常常是根据个别病例直观得出的。

理解同一人格类型在不同发展层级可能出现的人格障碍，有助于医生更好地了解到患者过去的遭遇、现在的状况，以及未来可能的发展方向。心理学家们也可以为患有不同的人格障碍的各个类型的人设计更合适的治疗方法，也可以在不同类型的人组成的治疗组中更有效地与其他人进行互动。简而言之，了解各种人格障碍之间的相关性能够帮助医生更好地了解患者。

本章的专业性会更强，可能会超过一般读者的期待。然而，说明九型人格与人格障碍之间的关联是极为重要的，主要有两个原因。首先，阐明二者之间的关联有助于建立九型人格的知识基础，以便让更多的专业心理治疗师和受过教育的一般大众接受。我们必须证明，九型人格和精神病学的研究成果不是相互矛盾的，事实正好相反，九型人格能够帮助我们更清楚地了解精神病的种类，从而为精神病学中的各种类型提供更广泛的语境。

其次，阐明九型人格与人格障碍的相关性是对当前一些有关九型人格的错误理解的一种非常重要的修正。有关九型人格的论文和书籍中存在着不少关于这些相关性的错误认识。不仅是九型人格的老师和作者对这些相关性感兴趣，那些相信九型人格具有有效性和实用性的人也会对这些内容感兴趣。

哪些类型对应着哪些人格障碍呢？这个问题非常重要，因为各种人格障碍都是一般特征退化到“缺乏弹性、与环境相脱离”的结果。如果有一位教授九型人格的老师或作者将人格障碍与人格类型错误地结合在一起，那么，他很可能也会对人格障碍的病因做出错误的分析。换句话说，就像苹果不会长在柠檬树上一样，各种人格障碍也不是随意产生的，它们是整个人格特征的一部分，正是这些人格特征共同构建了一种人格类型。如果某种人格障碍被错误地归于某个类型中，必然会模糊这一类型的人格图画，从而产生错误的人格类型判断和错误的认识。

本章下面的内容将介绍每种人格类型的9个发展层级和在各个层级出现的相应的人格障碍。由于版面的限制，每个类型只引用一种《心理障碍诊断与统计手册》中讲到的主要人格障碍为例，以说明这两个理论体系是如何相互对应的。

有兴趣的读者也可以参考一下《九型人格》一书对相应的发展层级的描述，看一看精神病学中的分类是如何与我们的描述相对应的。比如，《心理障碍诊断与统计手册》中的消极-攻击型人格障碍对应着九型人格中的第六型。关于矛盾的悲观主义者的描述对应着处于一般状态下的第六型人的消极-攻击性特征（详细内容请参见《九型人格》，第192～194页）。对第六型的描述和精神病学教科书中的内容互为补充说明。我们在括号中标注了《九型人格》一书中涉及《心理障碍诊断与统计手册》谈到的各种情况的相关页码，而没有在此一一讨论。

表 8-2　第二型：助人者

第一层级：不求回报的利他主义者	
第二层级：关怀者	
第三层级：扶持性的助人者	
第四层级：热情洋溢的朋友	
第五层级：占有性的“密友”	
第六层级：自负的“圣徒”	躯体化障碍（446） 表演型人格障碍（655）
第七层级：自我欺骗的操控者	臆想症（462）
第八层级：高压性的支配者	
第九层级：身心疾病的受害者	转换障碍，歇斯底里的神经官能症（452）

表演型人格障碍（始于第二型第四层级）

“表演型人格障碍的主要特征就是无处不在的过度情绪化和渴望引起别人注意的行为。这种特征模式形成于成人期的最初阶段，表现在不同的具体情况下。”

“患有表演型人格障碍的人不断地寻求别人的关注，当他们不是众人注意的焦点时就会感到不舒服。他们总是非常活泼，表现夸张，试图将周围人的注意力都吸引到自己身上。他们会通过自己的热情、外表的开放、卖弄风情……来吸引刚刚认识的人。这种需求常常通过他们的行为［比如，谄媚、送礼物、夸张地描述其生理和心理疾病症状——他们所描述的这些症状每次复诊时都会发生改变（详细内容请参见《九型人格》，第 74 页）］。（第二型人和第七型人分别具有表演型人格障碍的不同方面的特征，并且常常难以区分，关于这两种类型的相同和不同之处，请参见第五章。）”

“表演型人格障碍患者的外表和行为在性方面常常表现出不恰当的挑逗性和诱惑性。他们的行为不仅指向那些具有性感浪漫取向的人，而且出现在社会、职业以及职业关系中，超出了社会语境中的正常范围（详细内容请参见《九型人格》，第 66 页，70 页，75～76 页）。”

“……沉溺于戏剧化的自我表演之中，矫揉造作，过于夸张地表达自己的情感，这些都是表演型人格障碍患者的特征。他们对于情感过度公开的表现可能会令他们的朋友和熟人感到尴尬。比如，过度热情地拥抱碰巧遇到的熟人，在并不太令人动情的场合下哭得难以抑制，或者大发脾气。”（心理障碍诊断与统计手册. 655. ）

躯体化障碍（始于第二型第六层级）

“躯体化障碍的主要特点表现为一再发作、多样而另有意味的躯体主诉。如果最终必须依靠医学手段来治疗（比如，服药），或者导致社会、职业及其他重要方面的功能障碍，那么我们就认为它具有临床意义。躯体主诉发病于 30 岁之前，并且持续多年。多种躯体主诉无法完全用已知的一般医学知识或物质的直接影响来解释。”

相关特征：“躯体化障碍患者常常用丰富夸张的词语来描述他们的症状，但其中缺乏真实具体的信息。他们大多有着相互矛盾的病史，因此，用核查清单式的方法进行面诊不如完整回顾了解患者的医疗和住院治疗，以发现躯体主诉频繁出现的方式。这些患者常常同时接受许多医生的治疗，这些治疗方法组合在一起可能会导致错综复杂的，有时甚至是危险的后果。明显的焦虑症和抑郁情绪非常普遍，而且在精神健康的环境下也可能会表现出来。”（心理障碍诊断与统计手册. 446.）

表演型人格障碍（第二型和第七型）、边缘型人格障碍，以及反社会型人格障碍（第八型）是最常相互关联的（心理障碍诊断与统计手册. 446～447.）。反社会型人格障碍对应着第八型，是第二型解离方向上的类型，而边缘型人格障碍常常在第四型人身上表现出来，而第四型是第二型人整合方向上的类型。

表 8-3　第三型：成就者

第一层级：真诚的人	
第二层级：自信的人	
第三层级：杰出的典范	
第四层级：有好胜心的成就者	
第五层级：以貌取人的实用主义者	
第六层级：自我推销的自恋者	自恋型人格障碍（658）
第七层级：不诚实的投机分子	
第八层级：恶意的欺骗者	
第九层级：怀有报复心的变态狂	

自恋型人格障碍（始于第三型第六层级）

“自恋型人格障碍的主要特征是夸张的行为模式（详细内容请参见《九型人格》，第 99～100 页），渴求得到他人的敬慕（详细内容请参见《九型人格》，第 100～101 页），缺少同情心，这些特征形成于早期成长期，表现在各个方面（详细内容请参见《九型人格》，第 103 页）。”

“自恋型人格障碍患者有一种不切实际的自大。他们总是过高地估计自身的能力，夸大自己的成就，常常浮夸炫耀，自命不凡。他们会理所当然地认为，在其他人眼中，他们的努力也具有同样的价值，当他们希望获得的其所应得的夸奖没有如期而至，他们就会感到震惊。他们对自身成就的夸张评价常常暗含着对其他人贡献的贬低。他们的头脑中常常充满了对于无限的成功、权力、才华、美丽或理想中的爱情的幻想。他们反复地玩味着那些‘迟到的’敬慕与特权，并将自己与著名的有特权的人相比较。”

“……自恋型人格障碍患者总是想要得到超乎其所应得的赞赏。他们的自尊总是非常脆弱。他们的头脑中常会假想自己做得有多好，而别人又会如何的尊敬自己（详细内容请参见《九型人格》，第96～98页）。这通常表现为希望得到他人持续不断的注意和赞赏。他们希望自己登场时能够得到大家的热烈欢迎，如果其他人对他们所拥有的一切并无垂涎之意，他们会感到非常震惊。他们总是在寻求赞赏，通常极富魅力。在这些人身上，有一种鲜明的特权感，他们不可理喻地希望得到特别的对待……他们对他人的愿望和需要缺乏感知，这与他们的特权感结合在一起，可能会使他们或有意或无意地利用他人（详细内容请参见《九型人格》，第103页）……只有当其他人看起来可以帮助他们达到目的或有助于提升他们的自尊，他们才会试图与对方建立友谊或浪漫的关系。（详细内容请参见《九型人格》，第103页）”

“自恋型人格障碍患者大都缺乏同情心，很难发现他人的欲望、主观感受以及情感。他们可能认为其他人都只关心自己的幸福……他们对那些谈论着自己的问题和担心的人充满鄙视和厌烦……当他们发现其他人的需要、欲望和情感时，他们很可能会轻蔑地将这些看做是懦弱和脆弱的表现。认识他们的人很容易发现他们非常冷漠，对其他人缺乏兴趣……”

相关特征：“脆弱的自尊让自恋型人格障碍患者对于批评和失败带来的‘伤害’极为敏感。虽然这并没有在外表上表现出来，但那些批评却总是萦绕在他们的心头，可能会让他们感到自卑、丢脸、没有意义和空虚。他们可能会以蔑视、愤怒或充满挑衅的攻击作为回应……持续的羞愧、自卑以及随之而来的自我贬损可能与社交退缩、情绪压抑、心境恶劣障碍或重性抑郁障碍交织在一起。”（心理障碍诊断与统计手册. 658.）这些症状也可以在第六层级到第八层级的第九型人身上看到。在某些情况下，这 3 个层级的人会耗尽精力，长期陷入无快感的抑郁状态。在其他情况下，想要摆脱这种抑郁状态的努力可能会使他们的情绪起伏不断，从表面上看，很像一个处于狂躁—抑郁状态中的第七型人，尽管这两种类型陷入抑郁状态的根源不同。要想进一步了解自恋型人格（第三型）以及从一般状态到不健康状态下的第七型人的人格特点，可以参见第五章。

表 8-4　第四型：个人主义者

第一层级：富有灵感的创造者	
第二层级：自省的直觉	
第三层级：自我表露的个体	
第四层级：富有想象力的唯美主义者	
第五层级：自我陶醉的浪漫主义者	回避型人格障碍（662）
第六层级：自我放纵的“例外”	自恋型人格障碍（658）
第七层级：自我疏离的抑郁症患者	边缘型人格障碍（650）
第八层级：饱受情感折磨的人	重性抑郁症（320）
第九层级：自我毁灭的人	

回避型人格障碍（始于第四型第五层级）

“回避型人格障碍这种病态的主要特点是社交障碍、不满足感、对于负面评价过于敏感。这些特点始于成长期早期，表现在不同的情况中。”

“回避型人格障碍患者会逃避到涉及人际接触的工作单位或学校中的活动，因为他们害怕受到批评、否定或拒绝。他们也许会谢绝职位的提升，因为新的责任可能会引来同事们的批评。回避型人格障碍患者会尽量避免主动结交朋友，除非能够确信对方会喜欢、接受他们，不加任何批评。他们不会参加集体活动，除非有人能提供持续、慷慨的支持与帮助。当对方可以毫无批评地接受他们时，他们也能的人与他人建立亲密的关系，但这对他们而言仍是十分困难的（详细内容请参见《九型人格》，第 128～129 页）……”

“回避型人格障碍患者满脑子想的都是在社交活动中受到批评，遭到别人的拒绝，他们很容易感觉到这些（详细内容请参见《九型人格》，第 129～130 页）。即使有人轻微地表示异议或提出批评，他们也会觉得受到了极大的伤害。他们害羞、安静、拘谨，似乎可有可无，因为他们认为任何关注都会令他们丢脸，或遭到拒绝。他们觉得，无论他们说什么，其他人都会认为他们说的是错误的，因此他们一言不发。”

“当对方表现出愚弄或嘲笑的意味是，他们的这种反应会变得更加强烈。尽管他们渴望积极融入社交生活，但却害怕将自己的利益置于他人的掌控之中（详细内容请参见《九型人格》，第 128 页）。回避型人格障碍患者在与他人的交往中表现得很拘谨，因为他们对自己信心不足、自尊心比较弱。在与陌生人交往时，他们对于自己的社会竞争力和人际吸引能力的怀疑表现得尤为明显。他们认为自己很无能，没有个人魅力，比不上其他人（详细内容请参见《九型人格》，第 135 页）。他们非常不愿冒险参加新的活动，因为这样可能会引来尴尬……有些回避型人格障碍患者可能会因为害怕穿着不够得体带来尴尬而放弃一次面试机会。边缘性躯体症状或其他疾病可能是他们逃避新活动的原因。”

相关特征：“回避型人格障碍患者总是很小心地评价他们所接触到的人的行为和表情。他们害怕而紧张的举止可能会引起其他人的嘲弄和奚落，这有转而加深了他们的自我怀疑。他们非常担心在面对他人的批评时，自己会脸红、流泪。其他人会这样评价他们：害羞、胆小、孤独、不合群……他们渴望得到别人的接受和喜爱，渴望与他人建立理想的人际关系（详细内容请参见《九型人格》，第 127～128 页）。”（心理障碍诊断与统计手册. 662. ）

分裂型人格障碍（始于第五型第六层级）

“分裂型人格障碍的主要特点是社会交往和人际交往能力不足，表现为对亲密的人际关系感到强烈的不安，也无力维系这种关系；感觉和直觉的扭曲；怪异的行为。这些模式始于成长期早期，表现在各种情况中。”

“分裂型人格障碍患者常常有一种关系观念（也就是说，有关偶发事件和国外大事的不合实际的解释，对这些人来说有一种特别的、不寻常的意义）（详细内容请参见《九型人格》，第 165～165 页）。这与关系妄想不同，有关系观念的人对

表 8-5 第五型：探索者

第一层级：开先河的幻想家	
第二层级：感知性的观察者	
第三层级：专注的创新者	
第四层级：勤奋的专家	
第五层级：狂热的理论家	
第六层级：挑衅的愤世嫉俗者	
第七层级：孤独的虚无主义者	分裂型人格障碍（641） 分裂样人格障碍（638）
第八层级：可怕的“外星人”	
第九层级：发作的精神分裂症患者	精神分裂症（274）

于幻想坚信不疑。有关系观念的人可能非常迷信，或满脑子想的都是外在于其亚文化圈标准的超乎自然的现象。他们可能认为，自己拥有特殊的力量，能够在事情发生前有所感知，或预先掌握他人的想法……感知上的变化可能会呈现出来（例如，感觉到另一个人出现了，或是听到一个声音在她的耳边低语）。他们的话可能包含着别有意义的措辞和语句结构，常常是松散的、支离破碎的、模糊的，但实际上却并非是漫无边际、不合理的（详细内容请参见《九型人格》，第 159 页）。他们的回答或者极其具体，或者极其抽象，有时会以非同寻常的方式应用词语和句子（例如，他可能会说，他在工作中并不健谈）。”

“由于分裂型人格障碍患者言谈举止不同寻常，因而人们认为他们古怪、不合群、衣着不修边幅、不注意社交礼仪。比如，他可能会避免与他人的目光接触，衣服污迹斑斑、不合身，无法和……同事们一起开玩笑（详细内容请参见《九型人格》，第 164～165 页）。”

“分裂型人格障碍患者的人际关系存在着某些问题，与他人在一起是会感到不自在。虽然他们可能会表达，因为缺少亲密关系而感到不愉快，但他们的行为却告诉别人，他们对于建立亲密关系的意愿越来越弱。结果，他们通常没有亲密的朋友和可以推心置腹的人，或是比一个一年级孩子的朋友还要少。他们在社交场合感到焦虑不安，当有不熟悉的人在场时，更是如此。他们也会在不得以的时候与他人交流，但更愿意一个人独处，因为他们觉得自己与众不同，难以与他人达成一致。”（心理障碍诊断与统计手册. 641～642. ）

表 8-6　第六型：忠诚者

第一层级：勇敢的英雄	
第二层级：迷人的朋友	
第三层级：忠实的伙伴	
第四层级：尽职尽责的忠诚者	
第五层级：矛盾的悲观主义者	消极-攻击型人格障碍（733）
第六层级：独裁的反叛者	
第七层级：过度反应的依赖者	依赖型人格障碍（665）
第八层级：妄想性的歇斯底里患者	偏执型人格障碍（337）
第九层级：自残的受虐狂	边缘型人格障碍（650）

消极-攻击型人格障碍（始于第六型第五层级）

“消极-攻击型人格障碍的主要特点是对一般社会和工作上的业绩要求表现出消极抵抗倾向……他们习惯性地愤怒、反对、抵制他人希望达到某种水平的要求。他们的反抗大多发生在工作环境中，但在社会交往中也时有发生。他们的对抗方式表现为拖延耽搁、玩忽职守、固执己见、故意怠工，尤其是对权威人物安排的任务更是以这种方式来回应（详细内容请参见《九型人格》，第 193～194 页）……他们觉得自己受到了欺骗，得不到回报，被人误解，长期抱怨别人（详细内容请参见《九型人格》，第 196～197 页）。当出现困难时，他们就将自己的失败归咎于他人（详细内容请参见《九型人格》，第 196 页）。他们郁郁寡欢、爱发怒、暴躁、容易与人发生争执、怀疑一切，并且固执。权威人物——比如，工厂的监工、学校的老师、家长，或行为像家长的伴侣——常常成为不满的焦点。”

“由于他们的消极主义和推卸责任的倾向，他们在评论权威或向他们表达自己的想法时常常带有轻微的挑衅意味。他们也会嫉妒、怨恨那些被权威认为是态度积极的伙伴，抱怨自己的不幸。他们对未来怀有一种消极的看法，可能会这样说“它不值得认真对待”、“美好的东西总是短暂的”（详细内容请参见《九型人格》，第 194 页，198～200 页）。一方面，他们想向他们认为给自己带来诸多问题的人表示充满敌意的蔑视，另一方面，又试图通过寻求宽恕或承诺在将来有更好的表现来使对方的态度缓和下来，他们的态度可能就在这两者之间来回摇摆（详细内容请参见《九型人格》，第 198 页）。”

相关特征：“消极–攻击型人格障碍患者的内心通常极为矛盾，犹豫不绝地在一项活动及其对立面之间摇摆不定。他们可能会以一种飘忽不定的方式行事，没完没了地与他人争执，对抗不同意见。他们的特征就是，在依赖于他人与渴望自作主张之间的一种紧张的矛盾。”（心理障碍诊断与统计手册. 733～734.）

表 8-7　第七型：热情型

第一层级：入迷的鉴赏家	
第二层级：热情洋溢的乐天派	
第三层级：多才多艺的全才	
第四层级：经验丰富的鉴赏家	
第五层级：过度活跃的外倾的人	表演型人格障碍（655）
第六层级：过度的享乐主义者	
第七层级：冲动的逃避主义者	轻躁狂发作（335）
第八层级：疯狂的强迫性的人	躁狂发作（328） 双向情感障碍（350）
第九层级：惊慌失措的歇斯底里患者	

表演型人格障碍（始于第七型第五层级）

“表演型人格障碍患者的主要特征就是过于情感外露，渴望得到别人的注意。这些特征始于成长期早期，表现在不同的情况下。（第七型与第二型有许多共同之处。）”

“当表演型人格障碍患者没有成为人们关注的中心时，他们就会感到不安，觉得自己得不到赏识。他们通常表现活跃、夸张，想把他人的注意力全部集中在自己身上，他们的热情、开放的外表、卖弄风情可能会让刚刚认识的人觉得他们充满了魅力。然而，当他们总是要求他人将他们自己作为关注焦点时，这些特质就开始变得索然无味、不受欢迎了。他们强行扮演着“聚会核心”的角色。如果他们不能成为关注焦点，他们就会做一些夸张的事，比如，编故事或制造某种场景，将注意力引到自己的身上（详细内容请参见《九型人格》，第224～225页）。”

“……表演型人格障碍患者说话的方式过于印象主义，缺乏具体内容。他们用夸张的方式表达强硬的观点，而其中的理由却常常模糊而暧昧，没有事实例子和具体细节的支持。比如，一个表演型人格障碍患者可能会认为，某个人是一个出色的人，但却不能举出任何特别的例子来证明其优秀特质，支持这一观点。”

相关特征：“表演型人格障碍患者在浪漫或两性关系中很难培养出亲密的感情。他们常常在与其他人的关系中扮演某种角色，比如，“牺牲者”或“公主”，自己却没有意识到……他们也可能会离间朋友，以获得持续的注意。当他们不再是人们注意的中心时，常常会变得沮丧不安。他们的内心中充满了新奇的渴望、热情与兴奋，对于一成不变的生活感到厌烦（详细内容请参见《九型人格》，第224～225页）。这些人无法忍受推迟享受快感，会对此感到相当沮丧，他们的活动通常直接要求获得即刻的满足（详细内容请参见《九型人格》，第230～231页）。虽然他们常常以巨大的热情开始一项工作或一个项目，但这种兴趣很快就会消失。他们常常会忽视长久的关系，以便将精力投入到新的关系之中（详细内容请参见《九型人格》，第228～229页）。”（心理障碍诊断与统计手册. 655.）

躁狂发作（始于第七型第七层级）

“躁狂发作指的是在一段时间内表现出反常的、持续性的心境高涨或狂躁的情绪（详细内容请参见《九型人格》，第229～231页）……这种情绪混乱伴随着至少3种其他症状，包括自我膨胀或自夸、失眠、咄咄逼人、思维跳跃、注意力不集中、日益卷入到以目标为直接导向的活动中、精神性运动激动、过度沉迷于很可能带来痛苦的结果的令人快乐的活动中（详细内容请参见《九型人格》，第230～233页）……”

“高亢的情绪也许可以用愉快、异常美妙、开心、兴奋等词语来形容。这种情绪混乱的特点就是对于人际、性或工作互动的持续性的、一成不变的热情……”

“他们讲话时总是充满紧迫感、声音大、速度快，别人很难插进话去。他们会不停地讲话，有时会连续讲几个小时，而不考虑一下他人的沟通意愿。他们有时会说一些笑话、双关语和可笑的不相干的话题。他们可能会表现得非常做作、言谈举止夸张……如果患者是容易发怒的人，讲话时就会伴随着诸多抱怨、充满敌意的评价和抨击（详细内容请参见《九型人格》，第230～231页）。”

“以目标为导向的活动日益增加常常会带来过多的计划，参与到多种多样的活动中（比如，性、工作、政治、宗教等各方面的活动）……他们可能会充满激情地投入新的商业冒险，而不考虑显而易见的风险和令人满意地完成每一次冒险所需的一切条件。他们的社交生活（比如，重新联系老熟人，或在任意时间打电话给朋友，甚至陌生人）越来越多，却几乎从不考虑这些活动本质上是侵扰、飞扬跋扈和苛求性的……”

“粗枝大叶、毫无根据的乐观主义、夸张，以及缺乏判断力常常使他们鲁莽地陷入享乐活动中，比如，狂饮作乐、粗心驾车、愚蠢的商业投资，以及出格的性行为……（详细内容请参见《九型人格》，第230～231页）。”（心理障碍诊断与统计手册. 328～329.）

表 8-8　第八型：挑战者

第一层级：宽怀大度的人	
第二层级：自信的人	
第三层级：建设性的挑战者	
第四层级：实干的冒险家	
第五层级：执掌实权的掮客	
第六层级：强硬的人	
第七层级：亡命之徒	反社会型人格障碍（645）
第八层级：万能的自大狂	
第九层级：暴力破坏者	

反社会型人格障碍（始于第八型第七层级）

“反社会型人格障碍的主要特点是无视、侵犯他人的权利，开始于童年时期或青少年初期，并持续至成年期……”

“……反社会型人格障碍患者无法恪守合法的行为，遵守社会规范，他们可能会再三做出会被逮捕的违法行为（无论他们是否最终被逮捕），比如破坏公共财产、骚扰他人、盗窃，或从事非法职业（详细内容请参见《九型人格》，第 261～262 页）（我们从与狱医的闲谈中得知，监狱中有大量的第八型人）。反社会型人格障碍患者无视他人的意愿、权力和情感。为了获得个人利益或快乐（比如，金钱、性、权力），他们常常说谎、操纵别人。他们总是说谎、用假名、欺骗别人，或借装病来逃避责任。冲动的行为模式可能会因为实现安排好的计划失败而表现出来……反社会型人格障碍患者容易发怒，具有攻击性，可能会多次卷入身体冲突之中，或是涉及身体伤害（包括殴打配偶、虐待孩子）的犯罪行为（详细内容请参见《九型人格》，第 263 页）……他们也可能会非常粗心大意，对自身和他人的安危毫无顾忌。他们的驾驶方式（比如，多次超速行驶、酒后驾车导致的事故，以及连环事故）就能表现出他们的特点。他们可能会沉迷于性行为或嗑药之类可能带来有害后果的高危险性活动，还可能疏忽或无法照顾好一个孩子，他们照顾孩子的方式可能会危害到孩子。”

“反社会型人格障碍患者总是极为不负责任……账单上的赤字、无法提供孩子的抚养费，或无法按正常标准供养其他需要供养的人都表现出他们在财务上不负责任的态度。他们对自己的行为所造成的后果没有丝毫愧疚（详细内容请参见《九型人格》，第 263 页）。他们可能对于自己给他人造成的伤害、虐待，以及占别人的便宜漠不关心，或者给出非常浮浅的解释（比如，‘生活是不公平的’，‘失败者咎由自取’，或‘他活该’）……他们一般不会弥补或纠正自己的行为。他们认为，每个人都试图‘帮助成功者’，一个人应该不择手段，以免被别人呼来喝去……”（心理障碍诊断与统计手册. 645～646.）

依赖型人格障碍（始于第九型第四层级）

“依赖型人格障碍的主要特点表现为极其需要他人的照顾，这导致依赖和顺从的行为，以及对分隔的恐惧。这种模式形成于成年期早期，表现在不同的情况下。表现出依赖和顺从行为是为了得到别人的关心，来自于一种自我保护，认为没有别人的帮助自己就没有足够的能力行事。（这在很大程度上和第六型很相似：第

表 8-9　第九型：和平缔造者

第一层级：有自制力的楷模	
第二层级：有感受力的人	
第三层级：有力的和平缔造者	
第四层级：迁就的角色扮演者	
第五层级：置身事外的人	消极-攻击型人格障碍（733）
第六层级：隐修的宿命论者	依赖型人格障碍（665）
第七层级：拒不承认现实、逆来顺受的人	分裂型人格障碍（638）
第八层级：抽离的机器人	分离性障碍（477）
第九层级：自暴自弃的幽灵	

九型和第六型都是依赖性的、顺从的，虽然表现方式和原因不同。）”

“如果没有别人的大量建议和肯定，依赖型人格障碍患者在日常生活中便很难作出决定（比如，穿什么颜色的衬衫，是否要带一把伞）。他们很消极，能够允许其他人（同行是某一个人）在他们生活中的大多数重要方面掌握主动、承担责任（详细内容请参见《九型人格》，第 288 页）。成年患者明显地依靠父母或配偶来决定他们应该住在哪，他们应该做什么工作，和哪些邻居交朋友……（与此相对，第六型会对他们所依赖的人作出回应或是反抗，并且很少像第九型那样‘消极被动’或是完全依靠别人。第六型人的依赖性基于他们对于确定性的需要，以借此抵抗焦虑，而这种消极的依赖和缺乏作决定的兴趣则是基于第九行人的渴望——事情没有发生任何改变，他们无需感到不安。）”

“依赖型人格障碍患者害怕失去别人的支持和赞同，因此常常很难对别人表示异议，尤其是对于那些他们所依靠的人（详细内容请参见《九型人格》，第 284～285 页）。他们觉得独自作决定是如此困难，以至于情愿对他们觉得不正确的事情表示赞同，也不愿失去他们希望能给自己提供指导的人的帮助。他们害怕遭到他人排斥，需要他人的支持与扶助，因此无法对这些人恰当地表示出自己的愤怒情绪……”

“依赖型人格障碍患者很难独立开展一个项目或是做事情（详细内容请参见《九型人格》，第 292 页）。他们缺乏自信，认为自己在完成任务的过程中自始至终都需要别人的帮助。他们会等着其他人发起某事，因为他们认为别人能够做得更好，这就像是一条法则……他们可能很怕自己表现得太富有竞争性，因为他们相信，这会让别人抛弃他们……”

“……他们对他人的一切想法都会表示服从，即使这些要求不合理，也依然如此（详细内容请参见《九型人格》，第 291～292 页）。他们对于维系与其他人之间的重要纽带的需要常常导致不平衡的、扭曲的关系。他们会做出惊人的自我牺牲，或是忍受口头、身体或性方面的虐待……他们会紧跟重要人物行事，以免独自一人，即使他们对正在发生的事情毫无兴趣或与此毫无关系，也会在一旁观看……”（心理障碍诊断与统计手册. 665～666.）

分裂型人格障碍（始于第九型第八层级）

“分裂型人格障碍的主要特征是对社会人际关系漠不关心，在人际交往中压抑自身的感情（详细内容请参见《九型人格》，第 291 页）……”

“分裂型人格障碍患者对亲密的人际关系没有兴趣，对于发展亲密的关系漠不关心，作为家庭或其他社会组织的一分子似乎也并不能给他们带来满足感。他们宁愿一个人消磨时间，也不愿和其他人在一起。他们常常离群独处，独来独往，总是选择无需与他人交流的活动项目或爱好……（第九型人和第五型人都可能有这种人格障碍，第五型人也会表现出强烈的精神分裂倾向。不健康的第九型人并非总处于分裂状态，因为他们会寻找一种能够依靠的关系，却发现了安全之源，他们在想象中将这一关系放在首要位置上。他们与真实的人相分离，这样就不会为自身的情感——特别是愤怒——和对于人际关系的实际需要所困。）他们喜欢机械的或抽象的东西，比如电脑游戏或数学游戏。他们可能对与另一个人的性经历毫无兴趣……”

“分裂型人格障碍患者通常看上去对其他人的赞同或批评漠不关心，不会为他人如何看待他们而苦恼（详细内容请参见《九型人格》，第 286～287 页）……他们常常表现出一种‘平和’的外表，看不出任何情感反应，也很少有动作或面部表情——比如，微笑或点头——的反馈。他们说自己很少体验到强烈的情感，比如气愤或快乐。他们常常压抑自己的情感，显得孤傲而冷漠。（一般到不健康状态下的第九型人与情感和现实之间的距离越来越远。）然而，在极为非同寻常的情况下，他们在自我表达的过程中会体会到暂时的舒服和愉快，他们可能会承认痛苦的情感，尤其是与社交有关的痛苦情感。”

相关特征：“分裂型人格障碍患者可能很难表达自己的愤怒，即便是面对直接的挑衅，这主要是因为他们给人留下了感情冷漠的印象（详细内容请参见《九型人格》，第 288～289 页）。有时他们的生活看上去似乎缺乏方向感，对于自己的目标犹疑不定（详细内容请参见《九型人格》，第 286～287 页）。这些人常常对不利的环境作出消极反应，难以对生活中的重要事情作出恰当的回应……”（心理障碍诊断与统计手册. 638～639.）

表 8-10　第一型：改革者

第一层级：睿智的现实主义者	
第二层级：理性的人	
第三层级：讲求原则的导师	
第四层级：理想主义的改革者	
第五层级：讲求秩序的人	
第六层级：好评判的完美主义者	强迫型人格障碍（669）
第七层级：偏狭的愤世嫉俗者	
第八层级：强迫性的伪君子	强迫性障碍（417）
第九层级：残酷的报复者	

强迫型人格障碍（始于第一型第六层级）

“强迫型人格障碍的主要特征就是，全神贯注于条理性、完美主义、精神和人际控制，缺乏灵活性、开放性和效率（详细内容请参见《九型人格》，第 316～318 页）……”

“强迫型人格障碍患者过度地全身心投入于工作和生产，而牺牲了休闲活动及友谊，这一行为并非出于经济上的需要。他们常常觉得没有时间用一个晚上或周末的一天出去郊游或放松一下。他们不断地推迟度假之类的活动，因此永远都无法实现。当真的花时间享受休闲活动或度假时，他们会觉得很不自在，必须随身带一些东西继续工作，这样，就不会‘浪费时间’了。他们可能会集中做一次大扫除（比如，重复多次打扫，直到‘人都可以直接舔地板了’）。（详细内容请参见《九型人格》，第314页）……”

“强迫型人格障碍患者过于小心谨慎，对于道德、伦理、价值观问题缺乏灵活性（详细内容请参见《九型人格》，第318～319页）。他们可能会强迫自己和他人遵守严苛的道德准则和严格的业绩标准，也可能会毫无保留地对自己的错误进行自我批评。他们严格地服从于权威和规则，坚守承诺，不会根据具体情况的改变来调整规则（详细内容请参见《九型人格》，第318～319页）……”

“强迫型人格障碍患者不愿把工作委派给其他人或与其他人一起工作。他们固执而不理性地坚持认为，每一件事都要按照他们的方式来完成，人们必须遵照他们的方式来做事。他们常常对如何做某事给出极其详细的说明（比如，有且只有一种修剪草坪、清洗餐具、造狗窝的方法），如果他人提出有创意的改变，他们就会感到非常惊讶和愤怒。有时，他们会拒绝别人的帮助，即使进度已经落后于时间表，因为他们认为，没有人能做对（详细内容请参见《九型人格》，第314~315页）。”

相关特征：“强迫型人格障碍患者在难以控制自己的身体或人际关系的情况下会变得不安或愤怒，虽然这种愤怒并没有以显而易见的方式直接表现出来（详细内容请参见《九型人格》，第303～304，314页）……在其他情况下，愤怒可能会通过对于一件看起来不太要紧的事情的合理的愤慨表现出来……”

“强迫型人格障碍患者常常以一种有力控制着的或矫揉造作的方式表达自己的情感，在感情外露的人面前会感到非常不自在。他们日常生活中的人际关系拘谨而严肃，在某些场合中他们刻板拘谨，而其他人则面带微笑，开心愉快，比如，在机场迎接爱人（详细内容请参见《九型人格》，第315～316页）。”（心理障碍诊断与统计手册.669～671.）

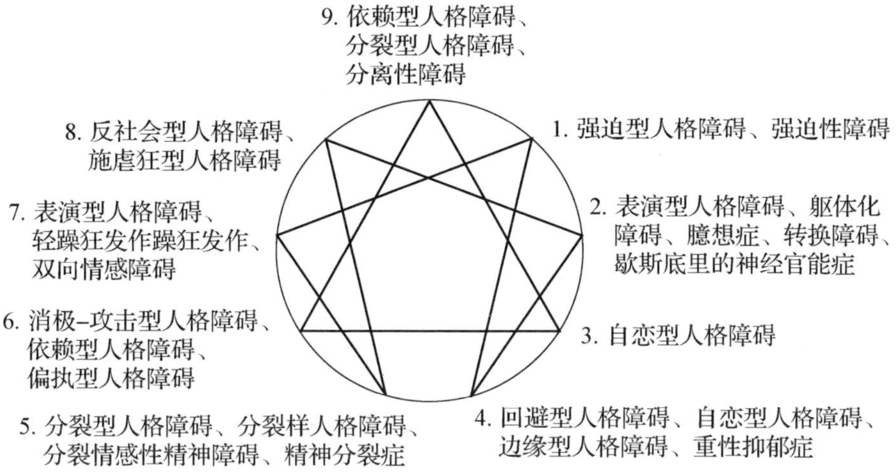

图 8–1　九型人格与《心理障碍诊断与统计手册》中讲到的精神性疾病

第九章　进一步的讨论

人格类型的源头

没有人确切地知道人格类型的源头。遗传因素和童年时期与父母（或其他重要的人）的关系似乎对人格的形成具有最重要的影响，但这两个方面都复杂难懂，尚未得到科学的认识。遗传可能形成了我们的基本气质，与父母的关系进一步强化了基本气质，当我们逐渐长大，它们就会对我们的健康程度产生深远的影响。当然，还有其他潜在因素影响人格类型，但从实用性角度看，没有必要在这里过多讨论。每个人都有一种基本的人格类型，这个类型是了解我们自身和他人的关键所在。

大部分九型人格导师可能都同意这一点，人格类型的源头尚未确知。我们的人格类型一部分源于基因，一部分源于胎儿时期，一部分源于后天的学习因素，这似乎可以确定。事实上，我们人格类型中的很多方面（但不是所有方面）在出生时（或者更早）就决定了，这似乎也可以确定。

在塑造孩子的人格方面，亲子关系很重要，但是在我们看来，亲子关系本身并不是决定性的因素。父母的人格类型显然不会"决定"孩子的人格类型。如果单靠基因就可以决定人格类型，我们可以预期某一对夫妇的所有孩子都属于同一类型，至少几率比较高。但是这并非事实。似乎有一种未知的遗传因素，让我们不能通过父母的性格预测孩子的性格。换句话说，即使我们知道了父母的人格类型，也不能事先知道孩子的人格类型。幸运的是，并不存在什么基于九型人格或其他我们所知的类型学的"生物遗传工程学"。

决定人格发展的先天结构或者基因结构常被称为一个人的"气质"。在某种意义上，我们通常可以在某个家庭中发现某些"底牌"，并在此基础上找到形成人格类型的基本特征。当然，一个人的“气质”并非他们有意识选择的结果，也不是他们父母选择的结果。我们在人格方面有意识的选择来自后天的发展，并与我们认同感的形成有关，特别是与“自我意识”的形成有关，这种自我意识允许或禁止某些感觉和特点出现在我们身上。

气质在人的童年生活中通过3个方面表现出来；心理学把气质类型划分为“高回应型”、“低回应型”和“中间型”。在九型人格中，这3种气质类型对应着卡伦·霍尼的3种人格类型模型（详细内容请参见《九型人格》，第344～347页），高回应型有攻击性，低回应型比较内倾，中间型则偏向中庸。例如，第八型、第七型和第三型很明显都是精力旺盛的高回应型，他们会让自己的愤怒——有时甚至是过激的反应——渗透到他们的生活中。

气质这个概念为解决另外一个儿童时期的发展问题带来了曙光，那就是孩子和父母气质的“匹配”问题。如果父母自身是低回应型的，那么一个高回应型的孩子对他们来说就是巨大的挑战，或者他们的神经官能几乎没有应付高回应型孩子的能力。相反的情况同样存在：父母可能是高回应型的，而孩子是低回应型的。两代人的气质相互吻合很困难，当我们对此不加考虑时更是如此。因此，基本问题是：“孩子和父母的气质相互匹配有多大的好处？孩子的需求和父母的需求有多么一致？考虑一下父母实际给予孩子的天生人格，他们对孩子的期望又有多现实？如果孩子跟父母的个性不相匹配，他们怎么能证实和反应父母的人格呢？”

虽然父母不能决定孩子的基本人格类型，但在孩子整体的个性模式定型方面的确扮演着至关重要的角色，尤其在决定发展层级（见第四章）上，孩子的自我意识和认同就是在此时形成的。虽然父母不能决定我们的人格类型，但能决定我们的健康程度。

例如，如果一个孩子出生在病态的家庭中，就很可能学习保护自己，而且所形成的自我也会带有一定程度的病态。有破坏性、有虐待倾向或者疏忽大意的父母自然会让孩子形成不同的适应能力，父母的本体将会严重影响孩子的人格，而且促使孩子建立更高的、超过需要的自我防御系统。

孩子为了保护自己，不得不切断和家庭的病态之间的联系，这种“切断”的程度可以通过孩子的行为发展程度来衡量。因此，两个基本类型相同的孩子可能最终形成不同的发展层级，这取决于他们成长的家庭的健康程度。例如，如果一个孩子的家庭情况不佳，就可能比同一类型的其他孩子的健康程度低。

我们对九型人格的研究进一步明确了这样一个常识，亲子关系（以及诸如健康、教育和可获得资源等其他方面的因素）对于孩子的健康程度有巨大的影响。一个人的人格类型不会告诉我们任何有关亲子关系的状况信息。但是，借助于发展层级的帮助，通过观察孩子为了适应现实并得到一定的安全感需要在多大程度上自我保护及其健康程度，我们可以得知一个家庭的健康程度。

主要影响因素群

主要影响因素群对于转变是非常重要的，因为它们揭示了我们诉诸于生活方方面面的无意识的情感背景。从技术层面来看，这和“客体–关系”理论有关。

现代心理学定义了3种基本的“影响因素”——用于构成人格基础的普遍情感状态，包括迷恋、沮丧和拒绝①。

无论一个人的人格类型是什么，这3种影响因素都在他们的生活中发挥着作用。而且，这3种因素是相辅相成的，一旦拥有其一，就拥有了全部。但是，每种类型的人都会受一种因素的主导影响，有些类型是较典型的“迷恋基础型”，有的是“沮丧基础型”，有的则是“拒绝基础型”。

“迷恋”意味着自我的需要与所认同的人或事物保持着一种自在的、稳定的关系。简单地说，我们需要坚持把握某种对我们有用的事物，可能是一个人、一份

---

① 这些基本概念来自于心理学中的“客体–关系理论”。这个理论的基本理念就是，一个主体的自我依赖于和其他事物的联系而存在。在生命的最初 3 年，我们开始区别和分离体验中的不同方面，以把自己和他人区分开来。这个现象是在研究婴儿和母亲的互动中发现的。那些著名的自我发展心理学家——例如玛格丽特·马勒——注意到一开始孩子不能把自己和母亲或者其他事物区分开来。婴儿的意识存在于一种所谓的“无区别状态”中。他们只有一些临时体验，没有独立的自我意识。逐渐地，婴儿发现，他的宇宙由一个自我和其他一些人组成（当然，包括母亲或“养育者的形象”）。于是婴儿开始区分自己和他人，把其中一些体验和特征分配给自己，一些给他人。接下来，心理学家注意到这种无意识状态会一直保持下去，成为个性持续发展的基础。

工作、一种自我形象、一种情感状态，或者一把舒服的椅子。

“迷恋基础型”包括第三型、第六型和第九型。这些类型在和与之相关的人或状况的关系方面存在问题。第三型人会学着改变自我形象或情感，以得到他人的接受和认可。在这种情况下，他们希望能保持所有能得到的关注和情感。他们一方面迷恋生活中所有能帮助自己的积极关系，另一方面也迷恋所有能帮助自己得到他人认可的必要手段。第六型人会学着把某些关系、社会地位、群体、信仰和安全感联系起来。他们投入到对上述事物的迷恋中去，并极力保护，即使他们实际上可能受到伤害。（例如，第六型人可能忍受糟糕的婚姻或工作，只要认为那会给他们带来安全感。）第九型人迷恋内在的幸福感，这是一个令人自在的领域，他们认为这和自己的独立、自由有关。他们会把跟一个理想化人物的关系、一项让人自在的日常工作、一份喜爱的食物或一个电视节目看做是他们的稳定感和内心平静的源泉。不管是哪一种，第九型人都不希望这个令他们自在的领域遭到践踏或有所变动。

“沮丧”和我们的要求没有得到足够关注所带来的感觉有关。这时候自我正在经历“饥饿”——不适、焦虑、不满意、不耐烦或者不满足。这种感觉来源于我们童年时期根深蒂固的习惯。一个人的要求可能实际上已经通过他所没有意识到的方式得到了满足，但由于其童年的影响，他仍然会感觉沮丧。实际上，即使他意识到了目的已经达到，也还会有其他让他沮丧的事情。这是因为这种人的人格类型就是建立在沮丧的基础上。有时，他们会反其道行之，为了对抗自己的挫折感，会下意识地让别人遭受挫折。

“沮丧基础型”包括第一型、第四型和第七型。这些类型的人似乎永远都不能找到他们真正想要的东西，一旦得到之前他们以为能解决问题的东西，他们马上就会对此失去兴趣。

第一型人感到沮丧，因为对他们来说，现实世界复杂而混乱，别人也不像他们自己那样正直诚实。他们觉得自己在努力改善世界的时候，别人总从中作梗。他们总是感觉“什么事都做得不够好——没有什么达到了我的标准”。第四型人认为没有得到父母足够的爱，并对此充满挫折感，他们在潜意识里希望别人能像父母那样保护他们，关爱他们。如果别人达不到他们不切实际的预期，他们就会觉得沮丧失望。他们会想“我从未得到过我所想要的——人们总是令我失望”。第七型人会把对幸福的期望完全寄托在某次特定的经历上，但最终没能得到满足，于是他们将同等的热情和梦想寄托于新的事物，但常常只能再次失望。这都令他们沮丧。他们认为“我找不到令我满意的东西——我只好继续寻找和追求”。

“拒绝基础型”包括第二型、第五型和第八型。在这种模式中，自我被无意识地看做是弱小、潜在的牺牲品，而他人则被看做强大的、残暴的和拒绝性的。这3种类型的人都认为对生命的预期有可能被否定，因此他们通过各种各样的方法来对抗这种感觉。他们压抑了自己的脆弱和真正的需要，试着为别人提供服务、能力和资源，以避免再次遭到拒绝。第二型人认为他们必须表现得非常好，这样别人就不会拒绝他们了。他们通过尽力讨好他人来避免他人拒绝和抛弃自己，掩盖潜在的恐惧感，他们并不想要这种感觉。第二型人认为自己是好人，相反，第八型人则认为自己是天生的坏蛋，他们必须足够强大并掌握资源优势，才能让别人不敢拒绝他们。因此，他们对生活采取了一种“强硬”的姿态——事实上，他们时刻准备和拒绝作战，或者试图忽视那些他们实际上遭到的拒绝。第五型人总感觉自己无足轻重，处于生活的边缘，因此他们总想拥有某种特别有用的事物或技能，让别人不能拒绝。和第八型人一样，第五型人也会通过忽视来减轻被拒绝的痛苦。

所有这3种类型的人都通过为别人提供某种服务或技能，以避免被拒绝。第二型人为他人提供他们的关心和情感，第八型人提供他们的力量，第五型人提供他们的知识和专长。

对于最令人烦恼的“客体-关系”影响因素，通过寻找解决它们的解药，我们可以应用这些信息帮助自己成长。第一型人总是觉得自己或他人的努力不够，他们的解药就是意识到这是一个可以接受的事实。第四型人总是感觉他们的欲望得不到满足，他们的解药就是自我革新的冷静。当第七型人觉得他们无法得到想要的一切，他们的解药就是对自己已经得到的心存感激。第二型人觉得只有当他们为别人服务时才能得到爱。爱自己和他人，不管他人对自己反应如何，就是他们的解药。第八型人总是想保护自己免受进一步的伤害，他们的解药是依从自己敞开的心灵。第五型人隐藏自己对控制力的追求，适度的热情和清醒是他们的解药。第三型人沉迷于“表现”，他们的解药是真正的谦逊和自尊。第六型人矛盾性地依附于他人，他们的解药就是勇敢的自力更生。第九型人满足于舒适的环境，他们的解药就是对生活的爱和成长本身。

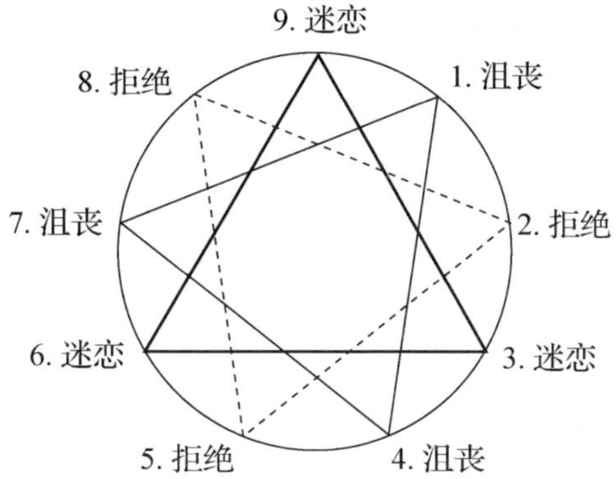

图 9–1　主要影响因素群九柱图

这些“解药”可能是你的自我观察和思考的关键所在。你思考的时间越长久，化解你的旧人格模式的能力就越多地显示出来。但是要记住，主要影响因素群（来自我们的客体–关系模式）属于我们建构自我的最深、最基础的因素，因此我们不能仅靠意愿就消除它们的影响。然而，通过给予它们足够的重视，或者发现其相反的一面，也就是上述9种解决问题的方法，我们可以减少其负面影响。

通过发现（并思考）主要影响因素群的3种主要的心态，我们可以得到进一步的发展。不管我们属于哪个类型，通过思考这些心态我们都可以从中获益。关注这些和我们的基本类型有关的心态，可以带给我们一种新的深厚的基础，帮助我们成长和转变。

第一、第四、第七型	需要包容、原谅和感激，来帮助他们改变潜在的挫折感所造成的困境
第二、第五、第八型	需要反思自身的某些特点，包括对自己和他人无条件的正面评价、热情和自我妥协，以改变他们潜在的被拒绝感所造成的困境

第三、第六、第九型　需要诚实、勇气和冷静，以改变他们潜在的迷恋所造成的困境

每个类型中的“失落的碎片”

对人格类型有了充分的了解之后，我们要好好考虑一下九型人格的结构中的一种既矛盾又令人兴奋的因素——这个因素也是整个系统得以迅速发展的关键所在。

我们已经发现了各个健康的发展层级，尤其是解离方向上的第一层级，它说明了在个人发展方面我们的所属类型最需要什么。在正常的情况下，我们倾向于向解离方向转变，因为我们下意识地了解到，那种类型代表着我们的健康和统一所需要的特质——虽然我们还不能把那些特质完全融入到我们的人格结构之中。但是，当我们更加健康的时候，我们就处在一个新的位置上，寻求我们最需要的特质——我们心灵的支点。

然而，对于一个处于一般状态下的人来说，他那些“失落的碎片”式的特质过于疏离，因此要拥有这些特质，很难不从根本上扰乱他的自我形象。没有哪个类型可以因此迅速地或以一种平衡的方式获得他们的“失落的碎片”，因为他们都没有为了这种发展建立充分的心理基础。例如，第七型人最需要学会容忍和自我约束，但是如果他们直接向第一型转变，就看不到成效。直接向第一型转变不能让他们得其所需，反而会让他们表现出一般状态甚至不健康的第一型人的行为，因此我们认为这是第七型人向解离方向转变的行为表现。只有经过了相当的转变，第七型人才能不断地吸收来自第一型的健康因素。

对于所有类型的人，我们都强烈建议留意解离方向上的类型的第一层级所具有的特质，因为这将揭示在自我完善过程中最需要的东西。这样，我们会发现，我们的人格会试图模仿或弥补这些特征——同时在我们最终取得成功的时候看到我们自身处于真实的状态。表9–1会更清楚地说明这些特质。

表 9-1　各个类型“失落的碎片”的特征

第一型	最需要向第四型学习，倾听并相信内心无意识的冲动和灵感
第二型	最需要向第八型学习，认识自己的力量，主张自己在世界上存在的权利
第三型	最需要向第九型学习，学习如何停止无休止的行动、努力和表现
第四型	最需要向第二型学习，无条件地爱自己和他人
第五型	最需要向第七型学习，了解生活是快乐的，世界充满仁爱
第六型	最需要向第三型学习，自我指引，自我尊重
第七型	最需要向第一型学习，接受生活本来的样子，拥有更高的生活目标
第八型	最需要向第五型学习，谦逊，了解自己在一个更大的格局中的真正位置
第九型	最需要向第六型学习，自立、在逆境中求生存

互相关联的九型人格

想一想九型人格展示给我们的关于人性的积极图景，可以激励我们开始人生之旅，并恢复我们对九型人格的信赖。对健康特质的关注让我们意识到我们拥有这些特质，因此走向整合的脚步会更加快速和自信。但是，我们不能仅根据拥有这些健康特质的人的建议，简单地罗列出我们在各类型的人身上找到的这些特质。九型人格（或其他类型学）所代表的那些健康的潜能并非一份可以一项一项获得的财产清单，就像一份关于中国传统美德的清单，我们可以从这一栏中选取一项，从那一栏中选取另一项。人的发展是一个非常复杂的过程，需要动态的结合和平衡。在我们向整合方向转变时，一种力量和另外一种力量相互平衡，新的潜能开始发挥作用，另一项能力也会显现出来，以保证我们已经拥有的各项能力协调运行。

仅仅被动地适应环境（健康的第三型人的特征）是不够的，因为以某种方式适应环境可能会掩盖真正的自我。适应力本身不是衡量心理健康程度的唯一标准，因为在某种特定的情况下，适应也许不能说明心理的成长，而是恰恰相反，表现了一种可笑的顺从。适应力非常需要另外一个因素与之相抗衡。以第三型人的整合为例，适应力可以通过坚定的信仰、善尽义务取得平衡，这是健康的第六型人的特征，而第六型正是第三型人的整合方向的类型。

当我们与本体建立更密切的联系时，努力平衡各个类型的力量就成了一大挑战。值得注意的是，九型人格揭示了各类型之间平衡演化的正确进程。例如，我们发现，健康的第八型人的自信，需要和健康的第二型人的同情相平衡。但是仅仅是同情是不够的，否则就会沦为多愁善感。第二型人的同情必须和第四型人诚实的自我肯定取得平衡，但诚实的自我肯定也不够，否则就会沦为自我中心。第四型人的自我肯定还必须和第一型人的客观性平衡——但那也不够，否则会变成死板的逻辑。依此类推，可以说明每一种类型的力量都需要与其他类型的力量相平衡。

整合过程就是平衡我们的各种力量、让美德发展的过程。因此，获得我们所属类型中的健康特质是很有必要的，但仅仅拥有这些特征并不足以让我们拥有完整的、平衡的生活。没有什么人人皆适用的“健康”法则，但却存在着一个个人持续成长和不断发展的过程。

问题是自我倾向于根据某种特定情形来获得认同，并且坚持不断发展这个逐渐展开的自我。因此，拥有对本体的特别体验是非常常见的，我们的自我通过这种方式让我们感觉自己很重要、增强我们的自信，甚至让我们感觉更有性吸引力。但是随着心理的成熟，我们明白，我们并不能拥有或创造本体性特质，那些特质一直存在着，当我们需要时，它们就能为我们所用。当我们更加开放、能更好地控制周围情况的时候，这些特质就会起作用，并在我们身上自由地体现出来。如果我们能经常体验这些真实的特质，我们的生活将会发生改变。所有的宗教都告诉我们不要痴迷于某物：当我们远离迷恋时，就能持续不断地显示出神性的特质。生活是一种享受，是一个持续地参与和揭示奥秘的过程——关于“存在”的奥秘。

当我们继续我们的内在实践时，需要注意，痴迷于过去、熟悉的人和已知的事物是人格的本能。但是，一旦这样做，我们当下所拥有的特质就会从身边溜走。我们常常由于我们的经验失去活力，而不是从中恢复活力；我们看不到阳光下一堵砖墙的美丽纹理和色彩，闻不到食物的香味，听不到来自四周的各种声音的交响乐，而只是渐渐为了保持现状而耗尽精力。更糟的是，如果我们执著于我们所拥有的天赋，尤其是坚持声称那是我们人格的一部分，那可能会变成陷阱。快乐带来的光明、美丽的时刻、宁静自由的瞬间——如果我们过分痴迷于此——只会增加自我的压力和晦涩。我们的经验不再鲜活，我们对记忆的执著会阻碍我们拥有当下的财富。

我们都知道摆脱痛苦的状况是有益的，但放开对积极状态的认同却不那么容易。我们之所以要这样做，是因为如果胶着于积极的状态，可能会让情况朝相反的方向发展。立足现在会带来很多礼物，但这些礼物总在不停变化——如果过分坚持，那么即使是礼物有时也会变成陷阱。

因此，为了拥有九型人格带给我们的所有礼物，我们需要向它们完全敞开心灵，同时又不依靠其中之一来获得认同。如果我们通过这些礼物来获得认同，我们就会把它们看成自我形象的一部分，并忘记与当下保持关联，这些礼物最终会不可避免地成为苍白的幻影。

请记住，九型人格理论体系是“行动”的象征，这是非常重要的。葛吉夫坚持认为，这是一种活生生的象征—— 一种持续不断的行动图解。九柱图内部的线条说明了意识自身充满活力的运动，揭示出现实的本体就是不断的变化。没有什么是静止不动的，只有我们的思维向往静止（但讽刺的是，思维从来都不是静止的）。

因此，在九型人格理论体系中，各个类型之间相互关联的性质告诉我们，我们不能停留在现有的成功上。九型人格体系内部的相互关联的原则就是：如果一个类型的人不能与其整合方向的力量互相平衡，那么他最终都会向相反的方向退化。

表9-2可以以这种方式解读。例如，第一型人“对生活有较高的目的性……但可能会退化为遵从死板的观念和原则……除非吸收第七型人愉快地接受现实世界的能力”。而第七型人具有“愉快地接受现实世界的能力……但可能会退化为强烈渴望得到更多的经历……除非吸收第五型人开放对每一段经历的忠诚态度”。依此类推。

表 9-2　相互关联的人格类型

类型		退化	前进方向
第一型	对生活有较高的目的性	遵从死板的观念和原则	吸收第七型人愉快地接受现实世界的能力
第七型	愉快地接受现实世界的能力	强烈渴望得到更多的经历	吸收第五型人开放对每一段经历的忠诚态度
第五型	开放对每一段经历的忠诚态度	被现实的烦琐无用的诠释所引导	学习第八型人的脚踏实地，投身于实际的、有建设性的行动
第八型	脚踏实地，投身于实际的、有建设性的行动	对控制和突出自我的过度追求	像第二型人一样为他人奉献
第二型	为他人奉献	控制他人以满足自己的需要	学习第四型人对我们的本质和所作所为怀抱诚实的态度
第四型	对我们的本质和所作所为怀抱完全诚实的态度	被主观的状态和情感的空虚所引导	像第一型人一样有更高的生活目标
第三型	谦逊的自爱，尊重自身的真正价值	自我膨胀和自我美化	像第六型人一样对他人和生活负责
第六型	对他人和生活负责	提防他人，并对自己的能力感到害怕	吸收第九型人的对生命的完全信任，向现实妥协
第九型	对生命完全信任，向现实妥协	消极和自我忽视	学习第三型人的谦逊的自爱和对自身价值的尊重

第十章 建议

转变的过程

宗教传统和现代心理学为我们提供了多种培养存在感或意识的技巧和实践方式，这二者正是我们在第一章和第二章中探讨过的，是真正的成长和发展所必需的特质。这些技巧的最终目标在于让人们了解“中心”的核心含义：来自本能中心的立足当下、活力和连通性；来自情感中心的价值、真正的认同和真爱；来自思维中心的心灵净地、感受性和开放性。

在葛吉夫看来，与3种中心相呼应，有3条传统途径可供真心追求转变的人们选择。从历史上看，任何试图获得自我认知的人都需要远离外部世界，长年遵循严格的律条生活。这3种方式常常在修道院或者苦修之地进行，如果全心投入修炼，就能有所成就，实现转变。

第一种修行方式是苦修之道，即修行者竭力借折磨肉体来获得控制肉体和物质欲望的力量和意志。比方说，在烈日下整日静坐的苦行僧，在山洞或者与世隔绝的修道院里独居的修行者。这种修炼往往包括艰苦的身体修炼和控制身体及各项感官需求的严苛戒律。这种修行的一个非常突出的特点是，苦修者必须放弃正常的社会生活，远离尘世，以在苦修之路上前行。这种修行方式的重点是本能中心。

第二种修行方式是僧侣之道，也叫“奉献之道”，在印度教称为奉爱瑜伽(Bahkti Yoga)。在传统的基督教中，这种修行方式常见于对圣母和圣子的崇拜，或对圣徒的个人崇拜。与这种修行方式相关的因素也常见于灵恩运动[①]（charismatic movement）、各种不同类型的东方教派和对古鲁[②]（guru）的个人崇拜。这种

① 指19世纪末、20世纪初兴起的基督教运动。——编者注

② 印度教的导师。——编者注

修行方式着重将个人情感提升到一个更高的层级，通过放弃低级形式的情感，将之转化为单纯的具有超越性的大爱，令人可以在极乐之境中与主沟通。很多苏菲派的学校也采用这种修行，通过教授这种方法来把个人情感导向更高远的对真主的崇拜：通过全心为真主奉献而达到让追随者转变的目的。这种方式与情感中心相对应。

第三种修行方式是瑜伽之道。瑜伽派修行者的修行之道也被称为追求知识与心灵平静的修行方式。佛教徒以此作为深入了解内心活动的途径。一个人学习如何审视内心世界以期得到平和的内心，从而达到完全沉静的状态，脱离世间俗务的纠缠。这种修行与对内在空虚和获得超越所有瞬间表现的宁静状态的探索结合在一起，和思维中心相对应。

我们将这3种修行之道与九型人格的3个中心结合起来，请参见结构图10–1。

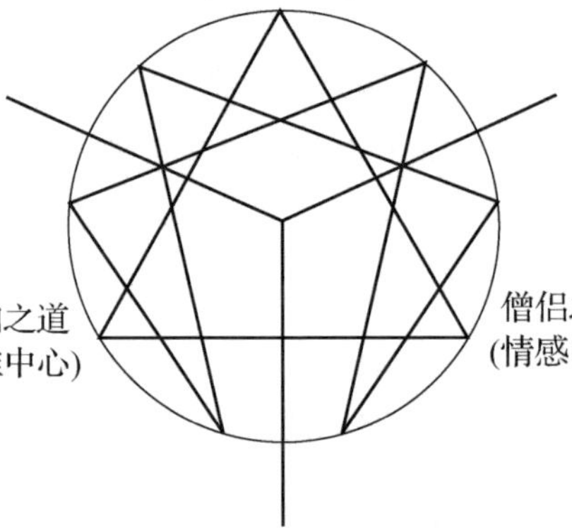

图 10–1　3 条传统修行方式

这3种主要的精神修炼方式都会对潜心修行的修行者产生极深远的影响。然而，包括葛吉夫在内的很多研究者都曾提到，还有第四种潜在的修行方式，这是一种可以与九型人格的3个中心同时作用的方式。葛吉夫把这种方式称为“聪明人之路”，因为通过这种方式修行的人，不需要像前3种修行者一样，用修道院式的生活取代真正的生活。相反，他们在以一种比较私密和个人的方式进行精神修炼，同时过着与平常人一般无二的寻常生活。除了修行者自己，没有人能察觉到这种特殊、非同寻常的修炼活动。那些“聪明人”把日常生活中发生的一事一物都作为修炼的素材，无需对自身进行特别的关注。

尽管如此，第四道修行者的精神修炼的程序和意志都与在修道院中修行并无二致。其实，这种修行者把整个外部世界当做了他们的修炼之所，每日的生活就是他们所修习的课程。

如葛吉夫所言，当世界陷入危机或地球在其发展过程中面对灾难时，第四道是一种能够发挥作用的工具。在这个星球上，当我们遭遇人生进程中的特殊时刻，第四道是人类能够获得的特别帮助。葛吉夫也将九型人格看做第四道的一种象征，九型人格的出现表现了第四道的开放。这正标志着人类需要对一个巨大的挑战作出回应：在自省自觉的道路上前进。因此，上天将给予我们更多的帮助。

从这个方面看，我们可以了解九型人格绝非只是一个区分人格类型的有趣的工具。如果我们能同时努力培养自我意识，它也将是一种改变自我的工具。它是灵魂的地图，展示了深刻的心灵世界，会帮助我们为未来做好准备，它的帮助可能会超乎我们的想象。在一个越来越以精神为中心的世界中，我们的自我应该找到合适的位置。我们希望九型人格能在人类的自我认知方面有所帮助。

不管你把九型人格看成如上述的重要工具，还是只是提升生活品质的基本方法，有一点是肯定的：我们在改变。不管我们在前进还是后退，都不可能保持原样。如果是向好的方向改变，我们就必须知道来自内心的真正有益的愿望，并且有不向恐惧屈服的勇气。通过认识自己来了解什么对自己真正有益，这是对我们最有效的指导。

转变的关键在于意识和存在，培养这样的意识是我们的工作重心，但有的人还需要在九型人格中寻求有关成长和发展的其他建议。诚然，没有什么普遍性的建议能适用于所有个案，因此你必须把建议个性化，就像把描述个性化一样。这些建议不能替代自我认知，而最多是自我促进的工具，只是另外一种洞察之源。为了实现真正的转变，你需要认识、自律和恒心。仅仅是建议并不能让你的生活有所改善。

这些建议并不是详尽无遗的，详尽无遗也不是我们的初衷。但是，这些建议可以帮助你把重点放在一些典型的问题上，而不会被性格中的一些无意识的倾向所控制。在九型人格学习小组和心理治疗中，在和朋友家人讨论你自己和你的类型时，这些建议都会有所帮助。

在某种意义上，“一套”建议是不必要的：描述提出了一些可以作为成长和发展开始的突破点的领域。例如，如果你是第六型，看到这样的描述：“他们越来越多疑，通过一些间接的、消极的方式反抗自己的支持者或权威，并发出一些矛盾的、混杂的信号”（参见本书第三章，第86页），你可能很想知道自己到底是如何消极对抗的，如果你很多疑，那你是否会反对他人，发出什么混杂的信号，等等。只要使用本书，书中的每一段话不仅能帮助你进一步了解自己，还能在潜移默化中帮助你成长。

当然，了解我们人格类型的发展方向只是第一步，但也是至关重要的一步。事实上，很多人都不认为他们习以为常的方式有什么不对。因为缺乏了解和客观的反馈，很多人都意识不到他们的无意识行为会带来什么样的负面结果。而且即使我们已经开始了解自己，也还是有很多内容有待发现：

> 书可以给我们信息，给我们建议，给我们新的洞见，鼓励我们，但知识本身并不足以改变一个人，否则最有学问的人岂不就是最完美的人了？就我们每个人的经验而言，大家都知道事实并非如此。知识可能与德行相平衡，也可能不是这样。更深入地了解自己只是朝向幸福美满的生活目标的一种手段，但仅拥有知识并不意味着就能拥有德行、快乐，或幸福的生活就有了保障。书不可能解答每一个人遇到的所有问题，也不可能为长久奋斗时所需的毅力注入力量。对于这些，我们必须同时从自身之内和自身之外观察自己。(九型人格. 19.)

我们是否能成长为一个人，在于是否对自己真正的态度和行为有深入的了解，也在于我们是否在自我了解和实践中坚持不懈。面对真正的自己需要勇气，因为这样做会带来内心的不安，也会带来自我的抗拒、焦虑、潜在的伤害、耻辱和痛苦。面对自我的这些方面当然不简单，我们应该利用可以获得的一切帮助。如果这一章是迈向正确方向的第一步，那么即使它有所局限，也仍然会有所帮助。

给第二型人的建议：

1. 我们首先并且一定要牢记的一点是，如果不能明确表达自己的需要，你就不太可能顺利地满足别人的要求。进一步说，如果你没有妥帖地照顾自己，获得充足的休憩，你就无法在一种平衡状态下面对他人。一个很简单的常识就是，在试图满足他人之前先确定自己的需要并不是一种自私的表现。

2. 在试图帮助他人的时候，请试着更清楚地认识和了解自己的动机。助人行善固然是一种令人钦佩的美德，但是当助人行善成为你获取他人回报的方式时，你就已经走向失望了。你的人格类型决定了，你在面对所爱之人的时候，会不自觉地陷入依附他人的危险境地，然而他人永远无法真正满足你。

3. 在你对他人伸出援助之手以前，最好先确定对方真正的需求。你的本能能够帮助你了解他人的情绪和需求，但这并不代表人们会接受你心里所想的补救方法。按照你的意愿与人交流，正确面对他人的拒绝，对方婉拒你的帮助并不代表对你不满。

4. 学会忽视自己和自己的善行。帮助人之后无需刻意提醒他人，顺其自然是最好的选择。别人也许会对你的帮助充满感激，并以不同的方式向你致谢，也可能会将你的帮助忘到九霄云外。总希望别人注意你的付出会让他人感觉不适，完全无益于改善双方的关系。

5. 不要一味地为他人做事，更不要试图通过赠送礼物或者过分的夸奖来获得他人的好感。也不要在没有获得预期中的反馈时贸然收回援助之手。不该把他人的回应作为付出的理由，当别人求助于你的时候，热心相助，在授人以鱼的时候也不要忘了授人以渔。

6. 结交新朋友并享受和他们相处固然是诱人的，但是别忘了你与新朋的快乐相聚可能会令旧识心生不悦。更重要的是，得到你的终身承诺的人，比如你的伴侣和孩子，永远是在培养新的关系之前需要优先照顾的。

7. 留意他人表示好感的方式。也许你喜欢开放式的情感流露，但是别人可能并不乐于公开表示他们的情感。请注意，这并不是说他们不关心你，只是他们表达情感的方式与你不同。学会辨识他人表示欣赏之情的方式。

8. 不要占住你的朋友不放，享受与人分享友情，因为你也分享着别人的友情。别忘了，只要爱是真挚的，就会传递给每一个人。真正的爱是唯一可以无尽付出，永不枯竭的东西。

9. 注意“援助他人”的意义。你有一颗乐于助人的心，希望将他人从困苦中解救出来。但是，不要为了获得他人的感激而出手相助，更不要通过解救别人来获得爱情。你助人的热情也许会令你智昏，要知道，你的爱并不能在转瞬之间把一个陷入困境的人变成一个完美的伴侣。

10. 无私地关爱他人是一种非凡的成就，是人类所能获得的最大力量之一。如果你拥有无私爱人的能力，你就是一个不平凡的人。如果你努力培养自己对他人的关爱，你就决不会步入歧途，相反，你将在生活中成就美好。你会因为拥有这种关爱和欣赏他人的能力而获得青睐。

给第三型人的建议

1. 为了个人的真正发展，诚实是至关重要的。不要对自己和他人隐瞒自己的真实情感和需求。同样地，尽量控制表现自己的重要性、留给别人深刻印象的意图。真正令人难忘的不会是对个人成就和才干的自夸，而是他们的真诚。

2. 在人际关系中培养宽容与合作精神。方法之一是在繁忙的生活里稍作停息，跟你关爱的人交流。不需要什么特别的东西，只是简单地表达你的感激。当你这样做的时候，你就已经是一个更加可爱、忠诚、值得他人拥有的朋友了。你会为自己的表现感到更加满意。

3. 适当的休息非常重要。你可能会因为竭力追求目标而令自己和他人疲惫不堪。有进取心和追求个人发展无可厚非，但是有张有弛更有利于发掘你对自己的认知。有时候，几次深呼吸就足以令你精神振奋，面貌一新。

4. 发展你的社会意识。很多第三型人在参与与个人发展并无直接关系的项目中获得了不俗的进步。为了实现一个看起来并非个人兴趣所在的目标而与他人积极合作其实是了解自己真实价值和身份的有效方式。

5. 因为过于渴望被他人接受，很多标准的第三型人为了满足他人的期望而放弃了他们对事态的真实感受。不要根据他人的期待调整自身，抵制这种倾向以发展自己。花费时间认清自己的真正价值是极为重要的。

6. 学会支持和鼓励他人。不要总是寻求他人的关注和欣赏，将你的关注和欣赏给予他人，尤其是当他们值得获得这一切的时候。令人惊奇的是，当你能够更好地欣赏和支持别人时，你也会对自己更加满意。建立在合作而非竞争关系上的人际关系更令人愉快和满足。当你付出的关爱和欣赏与自己所得到的相当时，你就更令人喜爱了。

7. 你充满活力、富于幽默感、善于组织安排，只要你出现，你激昂的情绪总会营造出一种快乐的气氛。利用这些特质来造福你的团队和团队中的成员，确保他们实现个人发展和能力上的提高。

8. 第三型人会因为没有达到自己的要求而情绪低落，也会因为受到轻视而暴跳如雷。其实不论是在个人事业上，还是在与他人的相处中，第三型人对自己不切实际的期望才是造成这些问题的根源。如果你身上也存在这些问题，就要小心你对赞扬和夸奖的期待是否过度膨胀了。

9. 一般来说，让第三型人承认他们存在问题并且处于对事情束手无策的状态是非常困难的。与这个类型相关的欺骗源于他们否认自己感到困扰或对某项工作束手无策。若是不加注意，这种倾向会带来更大的麻烦。其实解决办法很简单，当自己遇到认识水平、个人能力或是忍受程度的极限时，不要怕别人知道，这其实会帮你避免很多麻烦和问题。

10. 和所有的类型一样，第三型人所拥有的精神能力足以让他们做到最好，发挥自己的优势，让自己朝着最佳方向发展。不要为了跟其他人一较高下而分心，也没有必要因为别人的成功而苦恼。当你把注意力和个人能力集中在如何做更有意义的事情，特别是对他人有益的事情的时候，你就是在努力做到更好，与别人相对比已经完全不重要了。简而言之，走自己的路，无需在乎他人。

给第四型人的建议

1. 不要把太多心思花在自己的情绪上，如你所知，这并非支持的真正来源。记住这点忠告：从我们目前的角度来看，第四型人最大的错误之一就是把自己和自己的情感相等同。第四型人常有的错误看法是："要了解自己，就必须了解自己的情感，尤其是负面的情感，然后再付诸行动。第四型人不了解，自我及其情感并不相同；而负面情感的出现也不能排除正面情感的存在。"（九型人格.143.）要记住，你的情感只是你在某一时刻的写照，除此之外，没有任何意义。

2. 不要为了"等待好心情"而耽误了工作。要是一件工作对你个人和对他人都有益处，就不要在意它的贡献大小，只管把自己投入到这个有意义、有成效的工作中去。在真实的世界中始终如一地工作为你了解自己和自己的天赋提供了最佳的环境。其实，工作中的人是最快乐的，因为你是在展示你的潜力，认识你自己。你会发现，你并没有生活在真空里，你的生活与真实世界息息相通。

3. 自尊和自信的发展需要积极正面的经验来浇灌，无论你是否相信自己有资格拥有它们。因此，让自己走在正确的路上。你大概常常觉得，自己还没有准备好接受挑战，还需要更多的时间来准备。（第四型人的一个典型问题是，他们总是觉得自己的能力还不够，但是尽管如此，他们必须得有勇气停止在生活中一再拖延。）即使只是从小事做起，只要尽力而为，就一定会让你最佳的一面得到充分的展示。

4. 有益健康的自律有很多种形式：从有规律的作息，有规律的工作时间，到有规律的锻炼，它具有积累和强化作用。因为这种精神来自于你自身，所以它与你的自由和个体性绝无冲突。从另一个方面来说，如你所知，追求感官刺激，沉溺于性欲，酗酒，依赖毒品，贪睡以及幻想，都会对你产生削弱作用。因此，履行健康的自律，保持下去，不要间断。

5. 避免在头脑里模拟一些冗长无益的对话，特别是那些消极的、让人厌恶的，甚至过分浪漫的。这些所谓的对话从根本上说是不真实的，其意义最多不过是对未来行动的演练。但是，如你所知，你很难把心里的臆想付诸实施。与其把时间用在对生活和人际关系的想象上，还不如去真实地体验生活。

6. 对一个你能够信任的人开诚布公，他是不是专业的心理治疗师并不重要，只要你们双方都能够自然地表达情感并让对方真诚地回应。你会因此发现，自己并不是想象中的那种异于常人或者与世隔绝的怪人。“自我了解”的最佳方式之一就是与他人相处。

7. 一些社区服务有助于减轻你不自在的感觉，让你对自己有一个更全面的认识。你把自己美好的一面隐藏起来，也许你自己都不知道这一点。在投身实际工作的时候，充分发掘出来吧！

8. 不要屈从于自怨自艾或者对父母的抱怨，也不要老想着不快乐的童年、失败的过去、不成功的人际关系，以及为什么别人不能理解你。如果你努力与人沟通，别人自然能更好地了解你。（第四型人常有的一种不健康的想法，认为自己被失败的成长经历毁了，别人不会对自己有所期待。）要利用你的自我认知来发现你的负面态度所造成的真实影响。

9. 别让所有的事情都往心里去，也别觉得别人的批评都是针对你的。即使有的时候事实如此，你也不要在心里反复琢磨。毕竟，一句批评或不友好的评价并不能代表你的全部。一般来说，人们其实都忙着为自己考虑，根本不会对你的一言一行追根究底。要是你有疑问，不妨直接向人求证，弄清楚他们的真实意图。

10. 在面对自己的时候不要过于严酷。你做梦也不会想到把你对自己的很多所作所为用在别人身上。要学会发现你聊以自娱的自我蔑视和自我排斥的真正意义。常言说得好，做自己的朋友。为自己而努力，给自己一个机会吧！

给第五型人的建议

1. 一定要小心，不要让你的多虑影响你对当下情况的判断。你出色的思考能力固然是一种天分，但是如果你用这种天分来逃避与自我和他人沟通，反而可能弄巧成拙。

2. 你是个常常激动和特别容易紧张的人，很难放松自己。努力让自己学会不依靠药物和酒精的帮助，以一种健康的方式保持冷静。通过锻炼或者生物反馈疗法来疏导部分过度紧张的能量。冥想、慢跑、瑜伽和舞蹈都是适于你这种人格类型的放松方式。

3. 你可以发现很多可能性，却无法从中选择，或者决定孰轻孰重。如果你陷入这种僵局，就可能会因此失去正确的观察角度和准确判断的能力。在这种情况下，当你想要对现状进行判断的时候，向你信任的人征求意见会很有帮助。对你这种人格类型的人来说，这种努力也是一种学习信任他人的训练。

4. 留心那些对你的自尊心、自信心或者生活境况没有助益的活动，不要过分投入。追逐各种吸引力十足的活动、比赛和娱乐项目并非不可以，但是这可能与你真正想做的事情大相径庭。与掌握多种无关的技能或了解更多事实相比，果断的行为能够带给你更多的自信。

5. 第五型人很难信任他人，也不愿向他人表露自己的情绪或者让自己更容易亲近。他们对人际关系中潜在问题的认知可能会形成一种自我实现的暗示。请牢记，与他人发生冲突是正常的，最恰当的解决办法不是抽身离去、隔离自己、不再与他人接触，而是通过努力将问题解决。拥有一两个你完全信任、不怕闹矛盾的亲密朋友会让你的人生更加丰富多彩。

6. 尽量与他人合作，减少独来独往。这也许与你的天性不符，但是学习如何支持他人和助人成长对你极富教育意义。此外，在适当的时候对他人表示谦让，不要觉得自己在智力上输给了别人，或是被迫落到了弱势地位。

7. 一些第五型人常会令他人感觉不自在。他们往往过于看重自己感兴趣的事情，总是对自己的看法感到得意，他们也因此会忘记乐于助人，与人为善的社交礼节。如果你是这样的人，那么，你得意识到一点，你的杰出也许会令别人感到受威胁（其实，很多时候，这正是令你自豪的特点，也是你用来与人保持距离的方式）。于是，你周围的人不会因为你的聪明而愿意与你分享，反而会对你退避三舍。

8. 你常常会看低那些不如你聪明的人。但是，即使别人不像你一样聪明，也并不意味着他们很笨，或者他们的提议毫无价值。提高对别人的能力和智力的宽容度，尽量避免对人过于苛刻和妄下定论。同时，你也要了解，智力的表现形式有很多种，即使你的天分高于他人，你也并不能因此对别人颐指气使。利用你的天赋与人为善，而不是与人为敌。

9. 要是别人故意避开你，或者故意跟你作对，你就得想想，这种对立是不是由你自己造成的，而不是他们的过错。通过审视自己来发现解决人际关系中的冲突的办法。

10. 你有出色的理解力，应该进一步发展你对别人的同情心，想办法从别人的立场去看待他们所面对的问题。带着同情和关注去看待他人，你内心的温柔情感会软化你的坚硬外表。倘若你能够认同别人的存在而不是远远地冷眼旁观，你会变得更容易信任他人、更放松、更快乐。除了动脑，还要用心，只有这样，你的知识和才干才会有意义。找到真正的用武之地，你的生活才会圆满。

给第六型人的建议

1. 你得记住，焦虑不是什么大不了的事，因为所有人都会有焦虑的时候，而且比你想象的更常见。学会正视自己的焦虑，了解焦虑产生的原因，尽量接受它的存在。用一些更有创造性的方式来缓解紧张的情绪，而不要靠大量的酒精和药物的力量来缓解压力。其实，要是你能够全神贯注并稳定情绪，焦虑的情绪也会变成一种有利的能量，像神奇药水一样让你的工作更有成效，也让你更专注于手头的工作。

2. 当你情绪低落或者生气的时候，很容易变得急躁不安。你甚至可能会把自己所做的事或者造成的后果怪到别人头上。注意你的悲观主义心态：这会让你在现实生活中表现出坏情绪和负面想法。要是你屈从于这种自我怀疑，你就会变成自己最糟糕的敌人，比他人更深地伤害你自己。

3. 在压力之下深感焦虑的第六型人常常反应过激。要找到令你反应过激的原因，同时也要明确一点，令你自己如此担心害怕的事情其实都没有真正发生。即使情况如你想象的一样糟糕，你的恐惧心理也只会削弱你的能力，令你无力改善状况。你无法改变自身之外的世界，但是你可以控制自己的思想。

4. 学会信赖他人。几乎毫无疑问的是，在你的生活中，必定有几个值得你信赖，让你愿意依靠的人。如果还没有，你就应该走出去，找到值得你信赖的人，靠近他们。当然，这么做要冒被拒绝的危险，也会引发你心中深藏的恐惧，但是，这绝对值得尝试。你有受人喜爱的天赋，只是你的信心不够，也不敢直面对他人的义务。因此，要明确你自己在人际关系中的立场，不要怕让别人了解你对他们的看法。

5. 别人对你的印象很可能比你想象的要好得多，其实生活里很少有人心怀不轨。你心中的恐惧告诉你的，更多的是你对别人的态度而非别人对你的感觉。

6. 你在很多方面都有高度的责任感，却不敢对犯下的错误承担责任。你可能担心有人会跳出来指责你，其实更多的人会尊敬那些勇于承担责任的人，特别是当他们犯下错误之后。如果你试图逃避责任，就只会让别人与你保持距离，失去对你的尊重。

7. 你希望获得安全感，但是你必须先给自己安全感，否则你永远不可能感到安全。你需要更多的自我肯定，相信你自己，相信自己的能力。要是连你都对自己没有信心，别人恐怕也不会相信你。让你的身体强壮起来，让你烦躁不安的心情逐渐平静，这些都是帮助你建立信心的好办法。做到这些，你就自然而然地感到更有信心、更有安全感。

8. 注意你对待权威的态度。你是否会本能地抗拒和反叛权威？还是你清楚自己有这个特点，所以故意用“我是最听话的”的态度来掩饰自己？很多第六型非常看重那些与权威有关的问题。而实际上，你越清楚自己在这个方面的无意识态度，你越能清楚地利用自己的智慧来对权威进行辨别。

9. 平等公正地对待他人，向他们坦陈你的想法，以免显得过于优柔寡断或者防人之心过重。反之，你的人际关系中会充满矛盾和冲突。

10. 你的许多困扰常常与寻找可靠的指导来源和外界帮助有关。你要明白，这些资源只在某种程度上对你有帮助，却不为你提供你所希望的永恒的稳定和永远无误的智慧。因为只有来自心灵深处的自发的智慧才能对生活中每一个新出现的特殊情形作出反应。所以，要对在生活里得到的支持充满感激，同时也要尽量减少对它们的依赖。你拥有所有能让你在生活中平静从容地前行的能力。

给第七型人的建议

1. 要认清自己的冲动性，你得习惯于观察、克制冲动而不是放任自流。不要在意内心的冲动，学会更好地判断什么是值得采取行动的事。你越能控制自己的冲动，也就越能专注于做好对自己真正有益的事情。

2. 学会听取他人的意见。这些意见往往很有趣，也能让你的视野更开阔。此外，沉默和独居也值得重视：无须抵御内心焦虑，你也不用因为电视或者音响的嘈杂而分心。通过学习在没有外界纷扰的状态下生活，你会对自己更有信心。有所成就之后的满足感会让你得到比你所预期的更快乐的生活，即使你做的事儿看起来没有以前那么多。

3. 别想着一下子拥有一切。那些诱人的新鲜玩意儿不会一去不复返（食物、酒类或者日常的喜好之物，比方说冰激凌）。大部分好机会都会再次出现——你能更准确地判断什么样的机会最适合自己。

4. 体验生活的时候，质量远比数量重要。只有全身心地投入当前所做的事情，你才有机会获得高品质的经验。如果你总是把希望寄托在未来的经验中，你就会错失眼前的机会，甚至永远失去享受满足感的快乐。

5. 明确自己的目标有利于长期发展。就像一句老话所说的，小心许愿，因为它真的会实现。同样的，做事要从长远着眼，因为你可能会发现它成了另一个遗憾，或者成为痛苦的根源。

6. 幸福往往不会直接降临到你头上，它往往是作为你所从事的有意义的工作的副产品出现的。当人们积极地面对眼前的生活并能正确地进行取舍时，即使他们没有将追求幸福设为自己的目标，也会很容易获得幸福的生活。因此，把幸福作为你的主要生活目标几乎必定如此，执著于幸福只会让你困惑。

7. 你天生对所有的事都充满好奇且容易激动，所以失去自我控制对你而言是个很常见的问题，你要小心这一点。你精力旺盛，欲望强烈。你这个类型的人最害怕的就是被别人亏待。但是，放纵自己的欲望不但会让你失去你所追求的幸福，甚至会令你失去更多。

8. 一般来说，你是个有趣、令人愉快的人。你的幽默、风趣和机智是你和周围人的快乐源泉。不过，你得注意自己的言行举止。不要为了追求语言效果或者吸引大家的注意而言过其实。说话的时候只图嘴上痛快或者争辩的时候逞口舌之利，往往会伤害到他人，甚至会损害你的人际关系。为了一笑而损失友谊和伤害朋友就太不合算了。

9. 同样的，让你和别人时时保持情绪高涨不是你的责任。跟那些能够让你放松地展示自己另一面的人交朋友。你的搞笑能力固然为大家所喜欢，但是对旁人来说，更真实、更踏实的你更让人喜爱。培养自己的内涵，别为可能出现的情绪低落担忧。你试图逃避的事已然发生了，而你仍然身在此处，不如生活下去，冷静面对。

10. 你对所拥有的一切充满喜悦和感恩，是你最强大的精神力量。记得心存感恩，尽情地享受你所拥有的生活：惊叹于生活的美好与可贵，会把你带入一个意想不到的领域。准备迎接惊喜吧！

给第八型人的建议

1. 即使有违你的天性，你还是要尽力做到自我克制。当你克制自己不要把自己的意愿强加于人的时候，你就表现了真正的力量。你的能力表现在对别人的激励和提携上。勇于负起责任并帮助大家渡过难关是你的最佳表现之一。想利用你的人只是少数，显示你的宽容比展现权势更能赢得他人的忠诚和热爱。

2. 即使谦让对第八型来说不容易，但是至少可以偶尔做到。鉴于事关重大的情况很少见，你大可以放手让别人尽情发挥，没必要担心牺牲自己的权利和真正的需要。如果心里冒出想要时刻控制每个人的念头，就说明你已经开始自我膨胀了。这可是激发你跟别人的矛盾的信号。

3. 别忘了，并非整个世界都在跟你作对。生活中很多人都在关心你，重视你。可是，你的偏执常会让他们很难做。让那些触手可及的爱进入你的生活，这么做不会让你变得软弱，反而会确立你个人和你在生活上的优势和自信。如果你相信别人在与你作对，你就会同样针锋相对地回应对方，这时候你会不由自主地疏远他人，也加深了内心的恐惧。你得确认谁是真正站在你一边、支持你的人，也一定要让他们知道，对你而言，他们至关重要。

4. 第八型人希望独立自主，不愿依靠任何人，但实际上要依靠很多人。比方说，你大概认为，你用不着依靠员工，而他们靠你才有了工作。你任何时候都可以解雇他们，然后录用新人。在你自己的小小王国里，除了你以外，所有人都无足轻重。但是，实际上，每个人都尽职尽责是你发展的保障，特别是当你的事业发展到了不是你一个人就可以完全控制的程度时。要是你疏远了每个跟你合作的人，最后只能雇用最会阿谀奉承和不值得信任的人。这样做，你会担心这些下属的忠诚度，也会担忧自己的地位不保。事实就是，无论是在事业上，还是家庭生活方面，你想自给自足的愿望在很大程度上只是美好的幻想。

5. 第八型人明显过高估计了“权力”的力量。无论是通过财富、地位，还是直接的暴力而获得的权力，都会让人可以为所欲为，感觉高人一等、受人敬畏、尊崇。但是，为权势攀附于你的人对你没有真心的关爱，你也并不在意他们。这就像浮士德和魔鬼所作的交易，毕竟你得为获得的权力付出代价，那必定是一个无论是在精神上还是生理上都无比沉痛的代价。

6. 学着为一个比自身利益更高的目标而奋斗。在大多数人的生活里，家人和与周围人群的关系是他们努力的动力。给予和获得伴侣和子女的爱是一种更高境界的追求，这种追求帮助很多人超越自我，发现生活的意义。要是你的所作所为仅仅是为了满足个人的利益，那么你获得自我超越的可能就在无形中消失了，同时也放弃了获得深层的幸福、心灵成长，以及其他很多宝贵经验的机会。对于很多第八型人而言，维持膨胀的自我是逃避空虚感的唯一方式，其实这种空虚和无意义往往是由生活方式造成的。

7. 信仰会让你发现，世间有比你更重要、让你臣服的存在。但是，对很多第八型人来说，接受臣服于他人的事实是难以想象的。如果不信仰上帝，那你的怀疑是来自真正理智的信念，还是仅仅因为你不愿放弃自我和享乐呢？很多都取决于你对这个问题的回答。

8. 如果你处于不健康的层级，并因为你自己的痛苦而严厉无情地对待他人或给他人造成痛苦，你有必要在还有机会的时候着手改变你的生活状态。处在人类生存状态的最低发展层级就跟动物没有什么区别了，那你自然也会跟动物一样，毫无意义地生存，孤独地死去。生活不是只有这一个选择，相信你本性中良善的一面，不要拒绝真正的转变的可能。

9. 为他人创造机会的能力是你最大的潜力之一。当你运用自身的能力为别人创造希望和幸运的时候，就会被当做慷慨的捐助者而为他人所尊重和铭记。因此，当你手握权力和丰富资源的时候，如果能大度地使用它们，你就会无所畏惧。你会因此获得同盟者而非敌人，也不再需要担忧别人是否忠诚，可以放心地信赖他人。即使你获得的成就可能会被别人借机抢夺，或者为人所遗忘，也不用担心。实际上，人们会永远记得，事实并非如此。当你关注他人的需要时，你的需要也会被关注。

10. 你对别人造成的伤害和你能为他人提供的帮助，你希望哪一点为人所牢记？

给第九型人的建议

1. 这个类型的人需要好好想想自己与人相处的方式，看看自己是不是有为了与人为善而取悦他人的倾向。对于那种通过不断满足他人愿望而获得的人际关系，你真的感到满意吗？别忘了，要是你不能向别人展示你真实的一面，就很难真心关爱他们。你得做真实的自己，让你感到吃惊的是，只有足够独立，才能在别人需要的时候伸出援手。

2. 尽情发挥自己的能力。你要习惯迫使自己全神贯注。不要试图拒人于千里之外，也不要一个人做白日梦。全力以赴做一个积极参与生活的人，保持身心的积极状态。

3. 别否认自己也会有焦虑、攻击性情绪或者其他一些不得不面对的问题。这种消极情绪和想法也是你的一部分，不管有没有意识到，它们都会对你的身心产生影响。这些消极情绪常常在你不经意的时候流露出来，阻碍你建立平静和谐的人际关系。最好的办法是，尽量当面把想法说出来，至少要对自己的情绪变化保持清醒。

4. 婚姻失败或是不能与子女平和相处当然是令人痛苦的，但是你得诚实地面对自己在这些问题上的责任。审视这些出了问题的人际关系必然是很困难的，因为与此相关的人都是与你非常亲近的人。在很大程度上，你对别人的态度和感觉塑造了你的自我认同和自尊。要是你真心关爱他人，你就会毫不保留地审视自己在人际冲突中扮演的角色。说到底，选择很简单，只有牺牲短时间的内心平静，才能在人际关系方面获得长期的满足。

5. 坚持有规律的运动有利于对自己的身体和情绪保持更清晰的了解。（有些第九型以为工作的时候跑来跑去就算是充分运动了，其实不然。）有规律的锻炼活动是一种健康的自律行为，有助于增加你对自己情绪和其他感觉的敏感度。这种身体上的敏感度也让你可以全神贯注地对待你生活中的其他问题。运动也是与人接触和放松紧张情绪的好方法。

6. 压抑自己的情感会造成生理上的反应，比如无法解释的头疼、背疼、恶心和其他的生理症状。突然的偏头疼、经常性的哭泣、恐慌症以及对公共场所的恐惧（广场恐惧症）都是压抑情绪所带来的生理和心理问题的表现。因为这些问题而求助他人不是件容易的事情，但也许是非常必要的。不要为此感到担忧，只要你能做到，你就能获得真正的平静和更丰富的人生。

7. 除非万不得已，不要借助药物和酒精来让自己镇静。这些办法也许可以让你不再焦虑，但代价是你的敏感度和反应能力会因此减弱。对第九型人来说，使用镇静剂是一种徒劳的方式，药物不是你的解药，只是你认为可以帮助你减轻不适的东西。学会自己应对困难不仅可以培养你的自尊，也能向别人证明你是一个心理强大的人。当他们遭遇危机时，他们会愿意向你寻求帮助。

8. 对第九型人而言，压抑情绪所造成的最大的悲剧之一可能是，当他们走到人生的终点，他们会发现自己并没有拥有过自己的生活。他们似乎一直是为别人，而不是为自己而活。他们可能意识到了（即使可能只是很模糊地意识到），他们多数的时间在“沉睡”。千万不要这样生活。接受生活的样子，学着感受活着的意义。你放弃了现在，差不多就是放弃了你的整个生活。

9. 你要相信自己可以和伴侣或朋友讨论心理的恐惧和焦虑。（很多其他人格类型的人都觉得面对他人把情绪表达出来很难，不是只有你才有这个问题。）不要担心说出自己的看法会影响你的人际关系。发现自己的人际关系是牢固的，朋友和家人会给予你回馈，你可以做真的自己并不断成长，这是多么令人欣慰的感觉呀！这是获得真正的安定平静的基础。

10. 你最大的资本是你对别人的接受能力，你周围的人会感到平静、安全、被接纳。要是他们感到你能理解他们，能够注意到他们的需要，他们会更爱你，更愿意向你求助。注意倾听他人并了解他们真实的人格。这样一来，你对他们的爱，以及他们对你的爱就会更真实、更有价值。

给第一型人的建议

1. 学会放松。给自己留一些个人空间，别觉得所有的事情都是你的责任，要是你不做一切就会一团糟。上帝仁慈，虽然有的时候你觉得一切非你不可，但实际上世界存亡的担子并非只压在你一个人的身上。

2. 你有很多知识或者经验可以教给别人，你也可能是个好老师，可是别指望有人能因为你的帮助而有立竿见影的改变。在你眼里显而易见的事儿，对别人可能并非如此，特别是当别人并非跟你一样自律、对自己抱着客观态度的时候。可能很多人都希望自己能做出正确的选择，也赞同你的原则，但是因为各种各样的原因，他们就是没办法立刻改变、进步。那些在你看来没有及时改变的人，并不是说以后就没有机会改变了。你的言语和你的榜样示范作用的影响可能比你想的更大，虽然产生效果的时间要比你预期的时间长，所以请耐心一点。

3. 你很容易因为别人的错误行为而大发脾气。没错，有的时候的确是他们错了，可是那又怎么样呢？你对他们的愤怒无益于让他们了解另一种完成工作的方式。同样，你也得注意你对自己缺点的愤怒。你严厉的自我批评真的对你有所帮助吗？还是让你紧张和自我怀疑？你要学着识别内心中超我的力量，这种影响对你的帮助远没有它给你带来的阻碍大。

4. 对你而言，了解自己的情感，特别是无意识的冲动是非常重要的。你大概觉得很难面对自己的情绪以及自己的性冲动、攻击性，简而言之，也就是说那些让人之所以为人的所谓劣根性。坚持写日记，加入治疗性的互助小组，或者参加其他的集体活动都对你很有好处，一来你可以获得情感或情绪上的发展，二来你就会了解到周围的人并不会因为你的需要和能力上的局限而责备你。

5. 你的致命弱点是因为自以为是而产生的不满情绪。你容易生气，容易因为别人以不正当理由拒绝你自认为正确的事情而感到被冒犯。这个时候要退一步想一想，是不是你的怒气让别人抗拒，以至于他们不能看到你的建议中积极的部分。而且，你自我压抑的怒气也会造成溃疡或是高血压，同时也是一些更严重的问题的早期征兆。

6. 第一型人最难克服的一点是学会让别人做他们自己，让他们自己做决定。指挥别人一定让你感觉不错，可是即使你说的有道理，当你不分青红皂白总是试图把原则规定强加给他人的时候，你的一番好意也可能会令人误解。比较聪明的做法包括：注意说话的时机和表达的内容；也包括了解听者能够接受什么，学到什么，这些可不是定了规则就能做到的。除非听者有意，要不然就是最好的建议也起不了作用。因此，要让生活的智慧指引你，而不是你的原则或者所谓“正确”。

7. 学会倾听，别人的观点也常常是对的。即使他们说的不对，他们的观点中也或多或少存在一些合理之处。听取他人的意见，你不但可以学到更多，还可以成为一个更敏锐、见识更广博的老师。当你表达观点的时候，听者也会发现他们是在与人交流，而不是跟一个逻辑严密的机器对话。

8. 完美主义者往往会令人发疯。这世界上大概没有一种绝对正确的做事方法，从洗碗、熨衣服、设计后院到生活里的每一件小事。每件事情都可以用很多不同方法解决，而不会造成任何不利问题。完美主义不过是一种无意义的挑剔，当你就一个至关重要的问题向他人提供建议的时候，完美主义只会影响他们对你的信任。简单地说，了解什么时候可以把完美当做一种有用的标准，什么时候不可以，是非常有必要的。

9. 心态不健康的第一型人倾向于对自己的想法过分痴迷，并表现出强迫性的行为，甚至很多正常的第一型也会出现这种明显的行为特征。一旦发现这两种倾向就要尽量抵制，如果你让步了，它们会把你引向越来越多的毁灭性的行为。你要特别注意想要完全控制周围环境的行为和洁癖等，这是其他更严重的失调问题的征兆。（过度的洁癖通常是对生活中某些失去控制的领域的恐惧的表现。）尝试去了解并解决真正困扰你的问题，不要把时间浪费在那些鸡毛蒜皮的小事上。

10. 不是只有做到完美才算是个成功的人。让自己获得作为人类的真正满足感，而不是非人性的完美。

第十一章 人格、本体与心灵

为了真正了解自己，我们自然要花很多年时间；我们认为通过自我观察和其他的实践技巧（葛吉夫的教义），我们已经有了很多发现……我们的自我发现一开始非常肤浅，真正的自我了解需要付出多年持之以恒的努力。但是，这样的努力无论从哪个方面说都是非常值得的，因为它不仅能改变我们，还能改变我们的整个生活；因为一旦我们的本体发生变化，我们的生活也会变化。我们的内在会变成一个不同的人，而生活则从外部给我们不同的待遇。

这是一个难以解释的规则……并且这能解释为什么只有我们自己能创造那些对我们来说有价值的东西。指望外来因素或他人帮忙并无好处。那不能帮助我们改变，因此无论我们做什么想什么，生活只会维持原状。只有当我们真正从自己着手，改变我们所习惯的思维和感情方式时，真正的、持久的转变才会发生。因为自我转变是外部转变的先决条件，而只有自我了解和从自己着手才能带来自我转变。（H.本杰明. 基本的自我认知. 163～164.）

《九型人格》一书的目的是为我们提供准确的自我了解，九型人格的目的也是如此。我们需要了解的是，自我膨胀是一种浪费。我们所学到的不但非常有价值，而且值得大书特书：通过帮助我们超越自身的人格，九型人格也将引导我们走向更广阔的精神空间。我们早已明白，真正的充实（通常主要存在于精神领域中）往往在于发现本体自我的能力。

我们必须渴望且有能力超越自我，达到某个更高点，体验自己与人格活动无关的那一部分。同时，我们还必须渴望充分地体验自我带来的局限和痛苦。

自我超越是困难的，也是可怕的。它要求我们深入未知领域，深入到情感、思维和行动的方方面面，而这些都是我们的人格所不熟悉的，与我们过去的习惯相悖的，与我们曾经的态度和同一性不一致的，也是与我们孩提时期的旧伤痛和防卫线无关的。从一定意义上说，自我超越是一种再生，一种真正的转变，一种新生，这个新人知道如何抛弃旧的方式，勇敢地进入一个新世界……

在最后的分析中，学会如何超越自我无非就是要学会如何大方地去爱。只有爱有力量让我们自救。在学会真正地爱自己和他人之前——以及在学会接受他人的爱之前——我们无法拥有幸福、宁静或得到救赎。正是因为不知道如何正确地爱自己，我们才如此容易让自己迷失在自我设置的许多幻觉中。(九型人格. 364～365.)

《九型人格》和本书都为我们列举了自我带给我们的虚幻。现在，我们应该把注意力转向其他道路——转向一旦我们透过迷雾和虚幻看到了真正的自我，就会向我们敞开的更高状态，转向我们借以了解我们本体的向上的螺旋。

基于一个基本的原因，描述“在本体中生活”比描述人格类型困难得多。在《九型人格》一书中描写的自我状态大部分都是不自由的；它们包括冲动的不同程度，也包括在幻想和机械反应中迷失自我的程度。因为这些都是相对固定的状态，一旦知道自己在寻找什么，描述起来也相对容易。但是，本体来源于自由的状态，因此充满活力，并处于持续的演变过程之中——不仅是生活的表现，而且在真正的意义上更像是生活与生俱来的状态。如果我们能分析一个真正自由的人、一个生活在自由状态中的人的特质，我们就能更多地了解“生活在本体中”。

逐渐展开的本体是生活的过程。生活不再是一些毫无联系的愉快或痛苦的片段，而是流动的生命之泉，环环相扣，节节相关。我们将拥有一个由理解、洞察、知识和存在状态所组成的不尽的生命之河。（A.H.阿玛斯. 本体. 178. ）

当我们通过战胜人格中的恐惧，表现我们真正的欲望而变得更加健康时，我们的自我也变得更加灵活和透明，我们正逐渐地向更高的层级发展。当我们到达第一层级——解放的层级——也就获得了和我们的本体、本体的生活、真正的崇高本性的联系。

事实上，当我们达到解放的层级（第一层级）时，我们才拥有基本需求，这一点非常令人惊讶。通过认识到在哪儿可以发现我们真正需要的东西，我们可以达到这种状态。我们明白，自我无论如何都不能满足我们的基本需求。因此，我们必须转向本体——我们安身立命的基础。虽然大部分人都曾对自己的本体特点深感满意，但是自我也曾在某些行动中彻底失败。一部分问题是在我们认同自己的自我意识之后，就很难想到还有别的可能性，虽然这种情况可能无助于解决问题，并且会伤害到我们自己和他人。

但是明白这些道理、超越自我不可能一蹴而就，好像我们可以脱离人性的具体条件。在我们逐渐对整合方向的类型、失落的碎片，以及潜能敞开心灵的过程中，总是会有起伏。因此虽然新的状态会带来新的能力的觉醒，但获得自由的过程仍是一个渐进的过程。就像阿玛斯所说“环环相扣，节节相连”，我们不能超越人性的本体，而要超越我们对自己和现实的错觉。本体的生活就是洞察自我、发现最真实的自我，并让我们逐渐成熟。追求本体并非逃避生活，恰恰相反：它承诺让我们最深层意识参与到我们自身的创造中去。

如果在本体中生活听起来仍然让你觉得很怪异，那么九型人格可以帮我们了解其中一些模糊不清的部分。对于现代人的感受力来说，在本体中生活这个目标可能会让人感到奇怪或不快。但是，如果我们坚持以九型人格为参考框架，把在本体中生活看做成为一个完整的人，就不会再对此感到神秘莫测了。我们的目标并非使自我更加强大，而是超越自我的局限：这样，我们就会变得更加健康，在本体中生活了。

当我们开始做自己，向在本体中生活迈进时，我们会发现自己拥有哪些能力呢？我们是否能把那称为在本体中生活呢？

事实上，当我们开始做自己时，也就开启了通向我们的人格类型中最健康特质的大门。我们的意识越强，越是有助于表现我们自己，本体就越能支持我们的人格类型中最健康的方面。当我们成为更加完整的人，我们将会得到越来越多的优秀特质，而且不仅仅是我们自己的类型所有的特质。

你可以在图11-1中找到属于各种类型的最重要的健康特质。这些只是我们可以从彼此身上学到的一部分能力，虽然许多类型都可以具有这些能力，但对某些类型来说，它们还是很特别。记住，当你以自己独特的方式超越自我时，就会发现许多其他的健康特质。

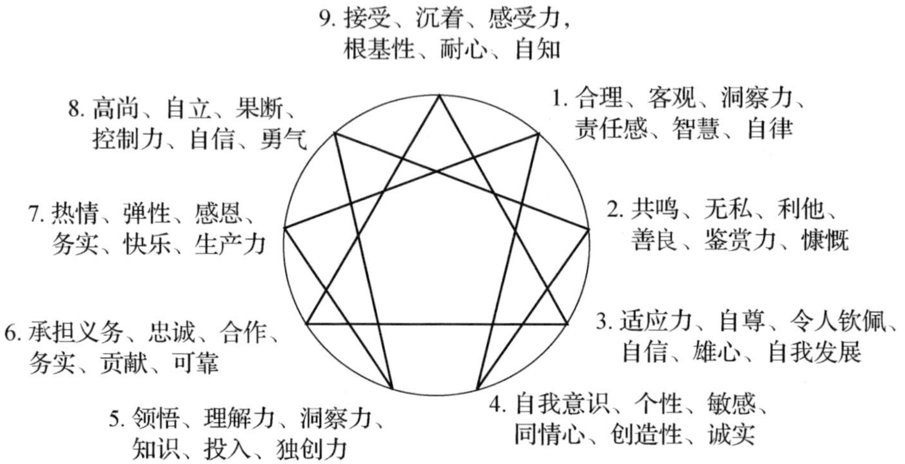

图 11-1　健康人格九柱图

精神活动的9项观察

在对九型人格体系的探索中，我们进行了9项观察，以揭示自我的真正特质。这9项观察并非跟9种人格类型相对应，它们可以广泛地适用于每个类型，而且只要人们付出足够多的努力，就会发现这些观察的真实性。这9项观察包含了本书中讨论过的许多重要方面。

观察一：我们真正的天性就是本体。本体和人格不无关系：人格存在于本体，并由本体创造。我们拥有某种人格，但这只是全部自我的一个部分。大部分时候我们都沉溺于自己的人格中，而不记得自己真正的本体，或意识不到我们是谁。

观察二：自我认识是一个逐层深入的过程，从最外层的人格模式到内在的存在内核。人格的本能带领我们进入一种狭窄的、固化的状态，但是只要我们意识到这种模式，就可以扭转局面。我们能够解开表层，看到真正的自我。意识加上解决我们心理问题的愿望以及能力是我们工作的关键所在。

观察三：如果我们了解我们身上真正发生了什么，就会在实践中取得成功。真相让我们生活在现实中。我们必须告诉自己真相，也必须告诉别人我们的感激。对真实状况的了解把我们从深陷于其中的困境里解脱出来。同时我们也应该了解自己的局限性和消极的方面。

观察四：我们应该了解自己对现实的抵触，对自我印象的依赖，以及我们的恐惧。我们可能无法改变自己，但可以意识到这3个主要的局限性：我们可以观察这些局限性，扫除它们的影响。如果我们希望、寻求心灵的康复，这将对我们的转变有所帮助。

观察五：在我们处理某个发展层级的问题时，下一发展层级的问题总会自发出现。心灵拥有其天赋的智慧，并渴望自由。因此，听从你的心灵、你的头脑、你的身体的声音吧。如果我们向自我传输无偏见的意识，坚持不懈地前进，自我就会逐渐展现出来。这个过程没有终点，它会一直陪伴我们走完整个生命过程。

观察六：我们在这个过程中越深入，碰到的困难就越多——至少在短时间内，从人格的角度看是这样。原因首先是因为我们揭开了更深刻、更剧烈的痛苦。我们越是接近真相，自我就越会受到威胁。然后，当阻碍变得更加微妙、难以捉摸时，困难就产生了。但是，我们越是深入，得到的收获就越大。我们会变得更有活力、快乐、平和，也会变得更加值得重视。

观察七：如果我们希望从束缚中解脱出来，就必须准备好经历一段时间的不适。不管我们发现什么，都要保持当下的感觉——不管我们得到的是悲伤还是喜悦。记住，所有积极行为都源自尚未克服的痛苦，在这个过程中，我们发现了令人烦恼的情感、强有力的本体状态，以及各种空虚的特质。我们对自我的不同侧面的包容性越强，这一过程就越迅捷和顺利。人格不一定能包容所有的东西，但精神却能做到。

观察八：慢慢地，我们学会不以人格来定位自己，而以本体或曰真实的自我来定位。当然，这要求我们能够认识自己的本体，并把它与人格特征区分开来。我们不能通过判断、厌恶或试图摆脱人格来达到上述目的。事实上，这种欲望和态度正是人格的一部分特征，而不是本体特征。当我们在恰当的情况下面对人格时，其真正的功用才会显示出来。

观察九：记住，下面所说的这些是我们所拥有的天赋权利和自然状态：智慧和高贵、爱和慷慨、自尊和尊敬他人、对世界充满敬畏和浓厚的兴趣、拥有勇气、快乐和轻松的成功、强壮而有效率、沉着、拥有冷静的头脑——最最重要的是，享受正在展开的神奇的生命。

转变过程

在转变的开始阶段，很容易感觉沮丧和不知所措。我们也很容易把人格看做必须与之斗争的敌人，因为毕竟人格带有过往经历的沉重包袱，包括伤害、破坏和失望。当我们以这种方式思考时，认识到人格并非独立于我们而存在，这一点非常有帮助——事实上，人格是我们自身重要而合理的一部分。问题只是出在我们把这一部分看成了我们的全部。我们的人格取决于我们用以定位的特定状态、情感、思想和反应，我们认识到的自己比全部的自己以及实际中的自己要少得多。

九型人格并没有把我们划分为好的部分（本体）和坏的部分（人格），而只是提醒我们当我们以人格来获得自我认同的时候，我们忽视了很多东西。人格会让我们封闭自我，对未知的充满威胁的世界抱着抵触心理。在生命中的某些时候，在童年时期，这样的反应是为了适应世界，也是必要的。为了更有效地保护自己，在世界上找到自己的位置，我们不得不根据所能找到的所有特质来定位自己。

但是，如果我们马上停止以人格来获得对自我的认同，那我们到底是谁？什么可以指引我们的行动？谁或者什么能替我们发出声音？如果指引我们的导航仪突然停止工作，我们如何生活？

对于这些问题，没有现成的答案：我们并不是在讨论找到赖以生存的更好公式或更多的规则。我们所谈论的是转变——改变我们的状态——这需要我们密切关注“当下”。我们不可避免地要面对改变旧习惯的问题，这会让我们产生一定程度的不适感。但是一旦我们能够忍受这种不适，就能马上从充斥于生活中的乱成一团的反应、计划、自我形象和紧张中摆脱出来，并能意识到“我们存在着”，“我们是真实的”。当我们有这样的意识时，就渐渐地走出了迷雾。

当然了，学会感受当下是一种艺术，需要练习——实际上，那就是精神练习的内容。这些练习帮助我们培养自己的意识。只要我们能了解当下的生活，奇迹就会每时每刻在身边展开。因为人格大都在无意识中起作用，并依赖于焦虑程度和自我认同，但当我们处在当下的时候，人格就不会在无意识中起作用，而我们心灵、头脑、身体的更深层特质——我们的本体特性——就会显露出来。在这种情况下，我们可以更清楚地看到现实，而且当我们接触到现实时，真理会占据控制地位。在真理中，没有矛盾、没有冲突、没有障碍，也没有恐惧。但是，我们首先得学会存在。

人格总是由我们的整体潜能的一部分组成的，包括一些对本体的真实而广泛的特征的模仿，这些本体特征包括快乐、爱、平和、热情、力量、理解和其他极其宝贵的特征。而且，我们的本体让我们意识到身边的美好事物，意识到自然赐予我们的礼物和他人带来的奇迹。只要我们敞开胸怀，就会发现每时每刻都存在着宝贵的东西和快乐之源。而在人格的层面上，我们更全神贯注于自身的事务、担忧和希望，关注来自这个变幻无常的世界的巨大喜悦。

然而，当我们进一步进入本体领域时，我们的感觉苏醒了——去看、去听、去闻、去尝、去触摸、去滋生灵感。世界更加切近，给我们以巨大的影响，每一样东西都变得更加生动活泼。我们都有过那种时刻，即使是最细微的事物都被揭去了面纱，显露出让人陶醉的魅力。我们怀着对生命的所有敬畏和神秘感，像初生的孩子那样重新体会这个世界。

但当我们处在人格的作用下时，我们的注意力集中在想象上，总是前瞻或回顾。从某种程度上来说，人格总是对当下的反应。而当本体起作用时，我们不仅立足于当下、存在于当下，也能接受当下。我们能准确地认识到什么是必要的，而且能轻松、毫无抵触地做该做的事。我们有能力、坚强、真实。

进一步看，因为人格并非真实存在于我们的内心，只是我们的头脑中的创造物，因此人格本身不具有任何权威和力量。因此当我们迷失在人格中时，自然会感到无力、困惑、没有安全感，因为我们把自己定位于一种虚构的事物之上。（如果我们把自己定位于某种不真实的事物，很多方面都会感觉受到威胁。）我们的整个身份结构都基于我们的记忆、想象，而我们真正的力量却来源于本体，来源于我们和神性的联系。具有讽刺意味的是，我们害怕并抗拒自己最真实的部分。但当我们完全信任它并投入以后，真正的自我就将浮出水面。结果我们将得到真实的整体性、爱、真实、创造性、理解、指引、快乐、力量和真诚——那些需要人格提供的特质。

我们不需要做任何事情去体会自己真实的本性，这是这一过程中最难理解的部分。只要给予足够的关注，就可以不费吹灰之力地改变旧的人格模式，这是最神奇的部分。我们需要做的就是停止以人格陈规来获得自我认同。我们要努力学会醒悟和放弃，其他的会自然发展。

因此，不管我们如何沉溺于人格，只要我们对此有所意识，情况就会很快改观，这正是精神实践的魅力所在。我们越是能体会到自暴自弃的痛苦，我们期待已久的本体特征就越能明显地呈现出来。童年时期遗留的问题开始得到解决，我们的心灵开始愈合。这样一来，自我意识就会渐渐成熟起来，并为下一步转变做好准备。但是，在由于童年时期所经受的损失和经历塑造的某种程度上的人格特征得到完善之前，任何精神上的所得都是短暂和虚幻的。

当然，如果我们不把精神作为整个治疗过程中的逃避方式，那么精神的包容性会大大加速治愈早期损伤的过程。同样，用心理工具来治愈成长中的伤口，让我们能维持有意识的精神状态。这两个过程——心理和精神——因此被联系在一起，无需分开考虑，它们是人类充分发展的舞台。

从这个方面来看，一个人对精神感兴趣而对心理却没有兴趣（或者相反），就像是你希望成为一个作家却不想学习写字和语法，或者说你想成为一个医生却对生物没有兴趣。如果心理学不关注人们的精神需求，就不会有什么令人满意的成果——就像在登山途中半途而废，或者把做了一半的饭菜从炉子上拿开一样。我们得到了一些成果，却没有达到目标。不包含精神研究的心理学完全没有意义，而没有建立在心理学基础上的精神研究也将导致虚无和幻象。不管哪一种情况都会造成失望和自欺欺人。最有效的方法是把精神和心理结合起来，相辅相成。

有的人可能会错误地认为：重视本体意味着把人格完全丢在脑后。而事实并非如此，因为本体和人格实际上互为对方不可或缺的一部分，就像一枚硬币的两个侧面——而那一枚硬币就是完整的自己。

在最好的状态下，人格所习得的习惯对一个人的本体是有用的，并且能帮助一个人在其生活的社会环境中发挥适当的功能，对一个有理解力的人而言，这一点是无疑的。不幸的是，一般人没有能力利用人格去实现本体的意愿，本体的东西只有在最单纯的本体行为与原始情感中才能呈现出来。

这并不是说本体永远是高贵美丽的，而人格则是卑微无用的东西。按照葛吉夫的说法："一般而言，一个人的本体要不是原始、野蛮和幼稚的，就是完全愚蠢的。"许多人的本体事实上已经死亡，虽然他们继续过着看似正常的生活。本体的成熟——也就是当它表现出生命中每一件正确和真实的事情的时候——取决于它自身的发展，而这又取决于一种相对健康的本体与不过于沉重的人格之间的一种平衡……二者对自我的发展都很重要，因为没有人格就没有达到更高意识状态的意愿，就不会有对日常生活的不满；而没有本体，就没有发展的基础。（斯皮瑟. 葛吉夫研究. 48～49.）

当一个人从人格的消极方面脱离出来时，本体就开始发展了。更恰当地说，本体和人格之间的平衡开始从人格转向本体，直到更多的自我生活在本体之中（也就是说活在生命的深处）。而人格则仍然随时准备成为有用的、必要的工具，它只是更深层本体上的自我的一种延伸和表现——这个自我是本体的表现，因此继续处于一种高深莫测的状态。

我们所追求的是真正自我的完全发展和表现，而这在虚无之中是无法实现的。因为我们的生活中不可能没有模式，我们的人性本体必须通过人格类型这种模式表现出来，正如天赋如果需要发展，就必须通过行动表现出来一样。一个舞蹈大师如果不跳舞，就不可能变成一个完美的舞者。舞蹈并不会因为达到了完美而被抛弃，相反，高超的舞技正是在自我沉浸于舞蹈中时表现出来的。

如果我们足够幸运，就会得到培养和引导，走向稳定的、整体性的自我发展，那将为转变创造成熟的条件。我们的想法不会回到婴儿时期的幼稚阶段，而是将拥有成年人的成熟，向转变的方向前进。杰克·恩格勒有一句名言："在上帝面前，即使说自己只是个无名小卒，也是有条件的。"在转变过程中，在我们"放弃"之前，应该首先发展出一种完整的、一体的人格。健康的、功能良好的人格在自我实现中扮演着重要的角色，因此，如果转变的经历能带来持久的影响，我们发展过程中的缺陷一定会得到弥补。

因此，人格和本体对于灵魂的进步都是必要的，都被用于在这个世界上生活，并为这个世界作贡献。人格中的好的方面就是我们在每个人格类型中看到的第一层级到第三层级的各种健康的人格状态。此外，这些人格状态在我们继续进化时会有所发展，变成本体上的自我的更好表现。一旦我们开始整合本体，并更习惯于生活在本体之中，我们就能征服自我，并且能越来越自由、恰当地表现自己。自我不再控制我们：本体通过人格来发出自己的声音。

其中的危险在于，许多学习者开始用本体状态来认同自我——实际上，他们创造了一个新的自我定位。例如，我们可能拥有非常奇特的精神体验，觉得自己完全从惯常的自我感觉中解放了出来，而这只是为了认同我们日常的自我意识，声称我们拥有此类体验，并使之成为自我形象的一部分。一旦我们感觉到永恒的平静和与宇宙的统一，接下来自我认同就会在不知不觉中实现，于是我们告诉自己我们在精神上取得了“进步”。我们可能甚至开始想象我们的新状态或洞察力会给我们的导师（以及治疗者或者配偶）留下多么深刻的印象。当然，这个时候我们已经失去了当下的意识和真正的统一。

> 我们要做的是让本体得到解放，随时都可以提供帮助，一旦它的运作模式接到需要，就随时可以派上用场。因此，所有关于认同和自我的问题必须得到认识和了解，包括对认同的需要或依附。真正的自我暴露了所有关于认同和自我的误解和矛盾。解决有关本体上的种种问题会消除所有的自我认同；或者，让自我认同变成自由的、有意识的活动。（A.H.阿玛斯. 本体. 170. ）

关于存在和真实本性的每一次体验都能帮助我们更加客观地看待现实世界。这让我们准备好进一步向自由前进，因此我们能够在自由之路上进一步超越自我，并更深入、更持久地停留于本体的我之中。从一个方面看，这个运动过程是从一种意识状态向另一种意识状态的运动；从另一个方面看，这种运动会让我们进一步摆脱那些固定模式。

> 生命是一种创造性的发现过程。学习、展开、发展永不停息。本体不断地展现，新的领域出现了，新的经验与洞察方式浮出水面，新的能力显示出来……自我认同从人格转移到本体的过程就是真我的实现过程，真我就是本体中的最高发展层级的自我……实际的活动变成真实存在的活动。它们是有效率的、经济的、单纯的、直接的。一个人完全生活在这个世界上，但又一直与更高发展层级的世界，也就是那至高无上的真实联系在一起。”（A.H.阿玛斯. 本体. 179.）

趋向本体的运动并非自我逃避，而是一种成长，让我们摆脱那些带来限制和痛苦的方面。向本体前进的运动是至高无上的积极的行为——它不是消极的，它让我们变得更加深刻和有活力，并与深层自我紧密联系在一起。在《九型人格》中，我们对此做过一些阐释：

> 享受充实、幸福的人生，积累有益的人生经验，这些意味着我们每个人会成为一个悖论性的存在——自由而又受到必然性的约束；精明而又天真无邪；能向他人打开心扉而又自足自立；坚强而又能屈能伸；专心于最高的价值而又能接受不完美；以现实主义的态度看待背负在我们身上的人生痛苦而又要对生活本身充满感激之情。
>
> 曾几何时，那些伟人给出的生活箴言告诉我们，做自己的方式就是超越自我。我们必须学会超越自我中心，在心中为他人留下一片空间。当你超越了自我，你的生活品质必会证明一切。你就会达到——哪怕只是暂时地——存在的澄明境界，你的存在就会放射出光辉，并且是自内而外、自你的生活中放射出光辉。这才是自我认识的希望所在，也是自我认识的令人兴奋之处。(九型人格. 53.）

从自我超越的那一刻起，你的生活品质就确定了，你已获得了本体——即最深、最真的自己。生活在本体中所带来的透明与光彩，标志着本体不仅是可以渴求的，而且是可以获得的。这种“透明”的状态——一种开放的、自由的状态——让本体的自己更容易为他人所接近。而自我超越所产生的“光彩”——泰然自若与深层的喜悦——则散发出种种爱的特质。

> 实现了悟不能依靠任何理论系统。你需要解决和理清自身的状况。这种理解必须能满足和充实你的心，而不是某种理论标准。解放必须来自你自己……探寻不会带来进步或完美，而会带来成熟、人性和智慧。（A.H.阿玛斯. 本体. 181～182.）

我们在很多理论系统中都看到过类似的局限，九型人格也是如此。阿玛斯所说的“探寻不会带来进步或完美”，实际上是告诉我们，那是一种自我发现的过程——并非自我进步的过程。我们所做的是纠正一种错误的自我认同，而不是“固化”错误的自我认同。实际上，当我们发现自己真正的特质，并意识到“我们就是本体”，我们就会看到我们所一直寻求的全部高尚特质早已存在——那就是我们的一部分。就像我们在第二章中读到的那样，我们的人格是对神圣理念和道德中晦涩难懂的内容的一种回应。当我们能修正自己的误读时，这些特质就会重新发现，重新自由展现。

我们的本体总是触手可及的，因为在最高的发展层级上，本体就是我们自身。九型人格一次次地提醒我们，当我们站在精神之路上的时候，必须开始思考我们对自己和自我认同的基本设想。当意识发展的时候，我们将对更广阔的自我意识敞开心胸，它包含着比人格特征所包含的更多的东西，实际上，也超过了人格的想象范围。

三元组和转变之路

每一个三元组都有明显的人格问题，同时也有重要的本体特征。我们可以描画出三元组中的9条截然不同的解决问题的转变之路，并重获通向本体的途径。这些途径表现了能帮助我们摆脱人格局限的内在态度，也是我们所取得的进步的标志。只要我们能够体会到并维持这些内在目标，我们就必定能获得进步。

本能三元组的关键问题是，通过建立一种假想的界线来对抗现实。我们之所以要建立这种假想的界线，是因为一旦我们偏离本体特性，就会失去对真实的感觉——失去对在世界上真实的、可感觉的存在的感觉。因为我们不能拥有一个真实的空间，而只能创造一个想象的世界，并保护它。本能中心的主要工作就是认识到这种假想的界线及其虚假本体。当我们这样做的时候，我们就可以开始重新感受存在，感受真实而广博的存在。因此，无需维持虚假的界线。

和本能三元组有关的3条途径包括铭记自己（第九型）、忍让（第八型）和接受（第一型）。当我们真正拥有本能的功能时就会看到这些，此时我们知道我们真正地存在——我们会想起我们存在于当下（铭记自己）。我们能完全体验到自己的存在，而且这种存在并非建立在虚假的故事和我们头脑中的画面之上。我们完全置身于现实和当下。

第八型人和第一型人的转化路径证明了这一点。第八型让我们体验了忍让，这意味着假象界线的消失，我们因此不再仅把自己当做客观世界中的某一个存在，而是理解我们的存在，立足于自身，也是立足于我们可以观察到的一切。因为我们与宇宙同在，我们无需自我防御或者继续与外部世界斗争。我们明白，本体的天性不会被压倒或者消灭，也会发现更深发展层级的目标，以及能够帮助我们达成更高意愿的信心。

第一型让我们体验到了接受。我们接受自己内心世界的本来面目，不反应、不抗拒。我们内心深处欲望与谴责欲望的战争结束了，因为我们知道任何一方都不能代表我们的本体性存在，尽管它们都反映了一部分真实状况。当我们逐渐接受自己，也就与真实世界有了更近一步的关系。和第八型一样，我们看到，我们的存在与身边万物并无不同，无需评判或者试图与之分离。这不会降低我们的能力和行动力，相反会让这些能力无限增强。

情感三元组与维持错误的或假想的自我，以避免失去本体认同和价值观念的问题相关。这个三元组的中心——真诚——与第三型相关，是消除错误的自我形象、展示我们大多数问题中存在的自恋天性的转变之路。同时，真诚也打开了通向真正的自我认同的大门，我们充分体会到一种宝贵性：我们是谁、我们是什么、我们的认同是既定的——无需自己创造。

第二型让我们体验到了自我成长，这并不意味着自我放纵或者表现出幼稚的渴望。其实，自我成长是能够实际地评估我们的真实需要并付诸行动以实现这些需要，而非等待他人相助。自我成长也包括自律，也就是说我们拥有理解和舒缓自己内心需要的能力。这让我们能够敏锐地发觉自己的真实需求以及他人的需要和界线。正确的自我成长也会防止我们过于依赖来自他人的美好愿望、积极建议或情感。

第四型让我们体验到了宽恕，这是一种从过去解脱出来，努力投入新生活的能力。它需要我们放弃过往的痛苦与憎恨，敞开心灵去接受新的人和事，不再为来自童年的残留情绪所累。我们不再抱怨外界对我们不公，开始理解自己拥有对抗挫折的力量。当我们做到这一点，我们就能体会到自己的真实生命和自我认同——这是一个过程，一次流转。

思维三元组关注我们的人生发展策略，包括如何让自己在危险中不受伤害，如何得到让自己幸福的东西。关注这些策略是因为自我与我们的认知能力是彼此分离的。思维三元组的中心就是转变之路，对于第六型人而言，它就是勇气。这种特质并非来自于对恐惧的忽视，而是来自于认知的本体性特质。当我们体会到平静心灵的基本特质，我们就会意识到为了生存和满足，我们的自我发展策略是多么多余甚至与目标背道而驰。我们可以简单直接地面对生活，不需要以恐惧来解读幻想。我们能在平静心灵所给予的可能性与空间中行动。我们不用分散精力去解析如何保护自己和自己的爱人，也能更好地适应平静的自我认知带来的更细微的指引。

第五型让我们体验到了真正的理解，不要把它与智力上的理解混淆，尽管它也是真正理解的一部分。其实，理解需要一种格式塔①，一种即时、完整的对于真理的理解，一个人的各个部分都能感受得到。在这里，理解的意思是直接了解，我们通过联系自己的经验来了解事物，而不是拉远距离，把自己当成一个“外界的观察者”。这种理解让我们可以更好地作出人生中的选择，并让我们有勇气在生活中不断前行。

---

① 即德语中的 gestalt，意思是完形。格式塔理论认为，思维是整体性的、有意义的知觉，学习是一种完形，是一个顿悟的过程。——编者注

第七型让我们体验了开放心灵、全面接受每一刻的感受时所带来的感恩。当这一切发生的时候，我们因自己当下经历的一切得到深深满足和成长。心灵不再跋涉寻觅以获得所谓“更美好的一切”，因为当下所拥有的一切足以支持、满足我们的需要。我们对每一点细微的感官印象都如此的敏感，以至于那些之前深藏着的宝藏和每一刻的快乐都自发显现出来了。让每一种颜色、每一点光、每一点感受都进驻心灵，我们将感受到生命存在的喜悦，因每一点经验、每一种想法、每一个印象而愉悦，无需更多要求。如此丰富的感受，取之不尽，用之不竭。感激与“有限思维”的截然不同，对知识的确信让我们无所不有。真正的自发性和对快乐的深切感知能够治愈冲动和挫败感。我们不再需要艰难前行追寻信仰来感知快乐，感激让我们能尽情享受生命中的每一刻。

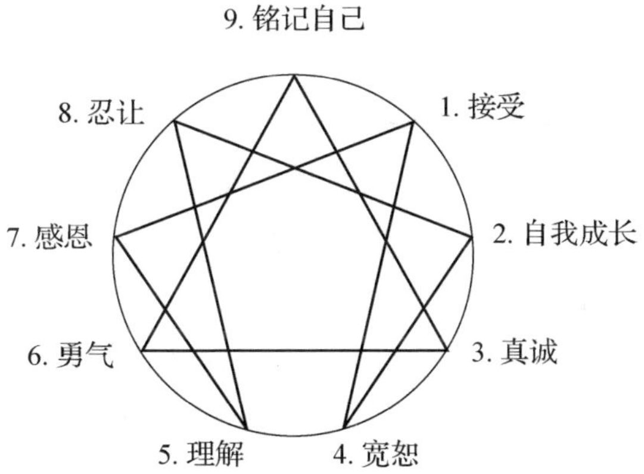

图 11–2　转变之路

9种类型及其本体性特质

如我们所见，深入心灵就是发掘我们的自我认同、忧虑和抗拒，让我们能够全心关注此时此刻的感受。做到这一点，我们就能充分感受到强大的内心力量，面对任何问题都能够支持我们的力量。当我们在发展的阶梯上一步步前行，不再为自我认同所困扰时，我们就能更多地了解自己所属类型的本体性特质。

我们的天性多样又微妙，以多种形式存在于不同的发展层级中。我们更关注接近表层的本体性特质——它们更贴近于我们的日常意识。每当我们想起自己并感知存在时，这些内心力量都会为我们的内心活动提供支持。九型人格描述了一些最为重要的力量，通过这些描述，我们可以看出，它们如何持续支持着我们的转变。每一种类型都是为我们发展提供支持的重要部分。通过模仿，我们可以看出人格如何填补发展中的空白。只需假以时日，我们就会对这些改变日益敏感，以天性代替人格来感知一切。

如同本书中的其他内容一样，通过阅读了解本体性特质或者对本体的理性认知都不同于直接的真实感受。因此，必须坚持不断地练习，同时也需要我们之前提到的其他相关支持。请记住，此处提到的本体的各个方面只是一个开始，远非全部。

第八型让我们体验到了本体的力量。这些力量是一种可以不断扩展的能量，当它表现出来，我们就会感觉充实、镇定、充满能力和活力。本体力量为我们的心灵提供保护，保护着我们的进步和自身的完整。它是给予我们辨别当下真实的经验与对过往的反应和投射的基本能力，也让我们可以忍受更多痛苦、难以捉摸、空虚的状况。没有它，我们可能会有深刻的感受，但是我们无法用一种有意义的方式表现出来并持之以恒。

第九型让我们体验到了统一。我们不仅了解到自己与周围的一切紧密相连，而且知道自己不是一个孤立的个体。我们体验到了现实的唯一性，以及我们的本体与一切的结合。我们也能够体会到这种结合的活力与千变万化。爱是一种打破假象的界限和自我认知、恢复整体感的力量，这种体认会带来深层满足，一种深刻的安宁快乐。我们能够身处其中地体会到现实中的平静，也能够在身处世间的同时超越尘世。

第一型让我们体验到了智慧。这种特质与佛家的“正行”相关。智慧表现为杰出的才智，是一种判断情势并随机应变的能力。这种才智并非来自于任何律条、守则和指导，而是出现在需要的时机。这使我们可以应时而为，有效地作出恰到好处的反应。当这种能力显现出来，我们就能够清楚可信地表达自己的内心感悟，我们有耐心、稳重、有能力、容光焕发。

第二型让我们可以体验到无条件的爱。这种特质可以让我们从内在的自我需要中解脱出来。深知爱的源泉与我们紧紧相系，永远不会干涸，我们就不必担忧在与他人交往的时刻被拒绝或是被厌弃。不仅如此，当我们真正体会到爱这一天性中的重要部分的时候，爱就不再仅属于个人，周围的每个人都是爱的表现。我们的责任并非滥用爱心，享受爱的存在也会让他人沐浴在爱中。爱拥有消除虚伪的神奇力量，只关注自己的幻象很少能存在于真正的大爱之中。这充分体现了爱作为真理的充满活力的一面，爱与真理本来就是密切相关的。

第三型让我们可以体验到本体的价值。这种本体性特质给予我们存在的价值和意义。我们无需发展自尊心，因为我们充分体验到了自己的内在价值。我们感觉到存在的深远满足及快乐，这是一种渗透于我们生命之中的无上享受。这将促使我们善待他人，因为有了对于本体价值的体验，操纵他人或周围的环境以获得自我认可变得毫无必要了。我们就是世界上灿若星光的一种存在。

第四型让我们可以体验到平静。一旦感受到心灵的丰富和在真实中生活的神奇，千变万化的强烈印象、感知力和情感将充斥于我们生活中的每一刻。而平静有助于我们保持这不断变化的特质，不为情绪波动所困扰。变化是精神的本性，我们对自己以及生活的体验也处在持续不断的变化中。平静让本体的我以真实状态进入体验和基本特质的丰富之中，无畏、无惧，也无悔失去。因此，自我意识持续深入，使体验得以充分实现，而不会因为本体的真实状态而倾覆，我们既可以感受喜悦的充盈和痛苦的强烈，又不用担心在其中迷失。

第五型让我们可以体验到直接认知。这种特质与自我的思考形式截然不同。自我的思考形式往往包括内在交谈、内心观察，并伴随着信息分类和数据检索的过程。而在直接认知中，内心平静而开放，我们受到意识的支撑，当我们需要知道什么的时候，我们就能知道需知的一切。内在认知并非来源于自我意识的缺乏，想要获得新的信息、技术甚至经验，都需要它的引导。直接认知源自一种对内心空灵状态的直接体验，它让我们摆脱了各种观点的牵绊。我们知道，在不同的时刻与情形下，不同的视角也许更有帮助，我们的本体会为我们指出最适合的视角。这种内心的空灵令我们摆脱现象世界：当我们运用这种能力时，就会看到万事万物在广大而深不可测的神秘中消长。世界在我们眼中就是闪耀空间中的一场身姿优美的舞蹈。

第六型让我们可以体验到本体的愿望。这种特质作为一种被嵌入现实中的感觉出现，为存在所支持。这种特质让我们在转变中获得忍耐和坚持的能力，并能勇敢沉稳地面对出现的问题。我们感觉好像被引导着我们的存在感支持着。不仅如此，我们也不需要在脑子里装满计划和策略，因为我们有一种可以与各种条件与环境和谐相融的内在指导指引着我们，给我们带来不可动摇的信心及清晰的方向。我们对这种特质越开放，它在生活中的表现也就越活跃，将我们带入我们的发展所最需要的体验。

第七型让我们可以体验到本体的喜悦。这种特质所带来的明朗宽阔的存在感，让我们确信在朝着正确的目标前行。我们对生活带来的奇妙瑰丽的礼物怀着深深的感激，对未来的旅程充满深切的关注和好奇。我们深深地感觉到真正的精神家园之所在，并感受着它的召唤。当本体的喜悦来临时，我们就会知晓真实价值之所在，竭尽所能回到内心最真实的渴望。我们了解自己所爱，向真实的天性快乐地敞开心灵。

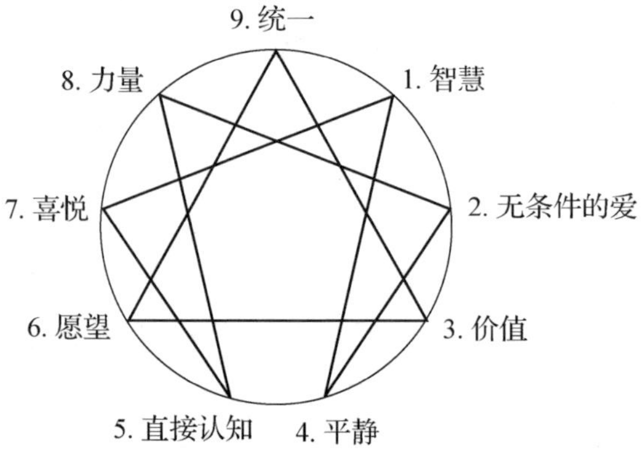

图 11–3　九型人格的本体性特质

结论

九型人格引导我们学会让自己的人格自觉地俯首于更强大的本体面前，这样我们就可以有意识地参与到神圣的生命之谜中。在实际生活中，这个转变需要我们放弃无价值的所谓人格，以获得最重要的礼物——精神生活。转变之路的第一步要求自发地审视我们自己，这样我们就可以不再无意识地遵从人格支配。

既然拥有所有的美德就跟成为上帝一样不可能，所以无论怎样称呼它，这个成长的过程——存在于本体、美德的增长、趋向整合的行动之中——都是不断进化的，是一个没有尽头的上升螺旋（从宗教的角度上讲，我们的说法是变得“像上帝”那样——获得某种程度的为上帝所唯一绝对拥有的美德）。要是有人把这种无尽的对美德（或是个人力量）的追求当做对于无法实现目标的令人沮丧的追逐，那他们一定没有体会过自我发现之后的无限满足感。如果你认为整合就是一套不实际的优点的集合，就像是添加到收藏品中的一枚枚新的勋章，那么这种自我变革不会令人满意。然而，真实的状况并非如此。美德的力量会令一个人更有包容心。通过依美德行事和“活在本体中”，一个人可以更深刻、更有意识地成为自己的主宰。在一个经过整合的人身上，新的路径被打开。内在资源的创造力，更开阔、更强盛、更有创造力的体验，将会带来无比的满足感。就此而言，“美德是它本身的回报”有了新的诠释：美德的回报就是快乐，它来自对我们所依靠本体的我生活的理解，在这一过程中，我们的自我体验到更强的存在感。

对自我超越的价值的理解只能存在于一个人的内心深处，这是永远的真理。在实现自我超越的一刻，我们发现，除了脱离自我束缚的自由外，更重要的是，自我超越还给予了我们另一种更深层的回报，通过创造对于自我超越的需要和能力。

通过整合，我们坚持不断地向更丰富的人生前行。生命中没有什么比参与创造的过程更令人充满成就感了。经过整合的人成为最深广的神秘的共同创造者。从心理学的观点来看，成为共同创造者的能力赠予人性极高的尊严。就宗教的观点而言，这种能力有更深远的意义，因为走向日益丰富的生活就是走向存在本身。伴随着我们向存在前进的每一步，我们同时发现存在也支持着我们的追寻。最后，对自己及其最深本体的追寻将在与神面对面时达到顶点。

参考书目

A.H.阿玛斯. 1986. 本体：达至内在探索的钻石途径. 缅因州，约克：Samuel Weiser.

A.H.阿玛斯. 1998. 统一体的各个侧面：九型人格的神圣理念. 加利福尼亚，伯克莱：钻石丛书出版社.

A.H.阿玛斯. 1988. 不可用金钱衡量的珍珠：人格整合：客体关系之路. 加利福尼亚，伯克莱：钻石丛书出版社.

A.H.阿玛斯. 1996. 存在的理由：超越自我意识中的自恋. 加利福尼亚，伯克莱：钻石丛书出版社.

迪克·安东尼，埃克·布鲁斯，肯·威尔伯（编）. 1987. 心灵的选择：发现达至内心转变的真实之路的困难. 纽约：Paragon House.

阿尔-贾拉·阿尔-哈维提·巴伊拉克，谢赫·托松. 1985. 最美丽的名字. 佛蒙特州，帕特尼 ：Threshold Books.

哈里·本杰明. 1971. 基本的自我认知. 缅因州，约克：Samuel Weiser.

J.G.贝内特，G.I.葛吉夫. 1973. 创造一个新世界. 纽约：Harper & Row.

J.G.贝内特. 1983. 九型人格研究. 缅因州，约克：Samuel Weiser.

唐纳德·卡普斯. 1987. 七宗罪与救赎美德. 费城：Fortress Press.

维克多·丹纳. 1988. 伊斯兰传统. 纽约：Amity House.

美国精神病学会. 1994. 心理障碍诊断与统计手册. 第四版. 华盛顿.

罗伯特·福西特，安·卡罗尔. 1987. 人格与精神自由. 纽约：Doubleday，1987.

鲁本·弗恩. 1979. 精神分析学史. 纽约：哥伦比亚大学出版社.

詹姆斯·P.弗朗士编. 1983. 当前关于人格障碍的观点. 华盛顿：美国精神病学出版社.

西里尔·格拉斯. 1989. 简明伊斯兰百科全书. 圣弗朗西斯科：Harper & Row.

杰伊·R.格林伯格，米歇尔·斯蒂芬·A. 1983. 对象关系与精神分析理论. 剑桥：哈佛大学出版社.

哈里·冈特瑞普. 1995. 分裂现象、客体关系与自我. 康涅狄格州，麦迪逊：国际大学出版社.

G.I.葛吉夫. 1975. 关于真实世界的观点. 纽约：Dutton.

Z'er ben Shimono Halevi. 1974. 亚当和卡巴拉树. 缅因州，约克：Samuel Weiser.

卡伦·霍尼. 1950. 神经症与人的发展：自我了解的挣扎. 纽约：W.W.Norton.

卡伦·霍尼. 1945. 我们内心的冲突. 纽约：W.W.Norton.

奥斯卡·依察诺. 1982. 形而上学与元分析：关于人类精神的分析理论. 纽约：阿里卡研究出版社.

奥斯卡·依察诺. 1982. 奥斯卡·依察诺访谈. 纽约：阿里卡研究出版社.

蒂莫西·利里. 1957. 人格的人际断. 纽约：Ronald Press.

约翰·利利，约瑟夫·哈特. 1975. 阿里卡训练. 收入查尔斯·T.塔特（编）. 人际关系学. 纽约：Harper & Row.

约翰·麦夸里. 1985. 人性的追寻. 纽约：Crossroad.

亚伯拉罕·马斯洛. 1971. 人性能达到的境界. 纽约：Viking Press.

拉尔夫·迈茨奈. 1979. 认识你的类型：身份的地图. 纽约：Doubleday.

西奥多·米隆. 1981. 人格障碍. 纽约：John Wiley.

西奥多·米隆，杰拉尔德·L.克勒曼（编）. 1986. 当代精神病理学的研究方向：关于第四版的《心理障碍诊断与统计手册》. 纽约：Guilford Press.

克劳迪奥·纳兰霍. 1994. 性格与神经官能症：一种整体化视角. 加利福尼亚，内华达卡森：Gateways/IDHHB.

阿曼德·M.尼科里（编）. 1999. 哈佛大学关于现代精神病学的指南. 剑桥：哈佛大学出版社.

莫里斯·尼可. 1984. 葛吉夫与奥斯本斯基的教学的心理学评论. 博尔德：Shambhala.

P.D.奥斯本斯基. 1949. 探寻奇迹. 纽约：Harcourt，Brace & World.

柏罗丁. 1991. 九章集. 斯蒂芬·麦克纳（译）. 纽约：Penguin Books.

凯瑟琳·赖尔登·斯皮瑟. 葛吉夫. 1975. 收入查尔斯·T.塔特（编）. 人际关系学. 纽约：Harper & Row.

唐·理查德·里索，拉斯·赫德森. 1996. 九型人格：了解自我、洞悉他人的秘诀. 修订版. 波士顿：霍顿·米弗林出版社.

戴维·夏皮罗. 1965. 神经症类型. 纽约：Basic Books.

哈桑·舒舒德. 1983. 中亚智慧大师. 英格兰：Coombe Springs Press.

凯瑟琳·赖尔登·斯皮瑟. 1976. 葛吉夫研究. 加利福尼亚，伯克莱：And/Or Press.

凯瑟琳·赖尔登·斯皮瑟，艾拉·弗雷德兰德. 1980. 葛吉夫：真理的追寻者. 纽约：Harper & Row.

查尔斯·T.塔特（编）. 1975. 人际关系学. 纽约：Harper & Row.

查尔斯·T.塔特. 1986. 清醒：克服障碍发掘人类的潜能. 波士顿：Shambhala.

米歇尔·古尔德伯格. 1981. 葛吉夫思想研究. 伦敦：Routledge & Kegan Paul.

詹姆斯·韦布. 1980. 和谐之圈. 纽约：G.P.Putnam's Sons.

关于九型人格的论文

在过去的几年中，学界发表了一些关于九型人格和相关主题的博士学位论文，学术研究工作还在继续向前发展。

在下面的论文中，有的主要是发展并证实建立在九型人格理论所提出的人格类型基础之上的问卷，有的则重在发掘深度心理学与对九型人格理论的传统的阿里卡式解说之间的关系的各个侧面。

这一研究领域已经成为一片肥沃的土地，关于这一课题的研究达到了专家、博士的研究层级。九型人格理论与心理障碍诊断与统计手册中的人格障碍，以及其他的类型学之间的相通性无疑将带来进一步的研究和学术成就。

在下面的各项中，我们列出了作者的姓名、论文题目、所获学位、时间、所属科研机构及页数（如果需要的话），这些论文在《国际学位论文摘要》中的卷次与页码，以及序号也都一一列出。最后是如何订购这些论文的复本。

菲利斯·博韦. 卡劳迪奥·纳兰霍与SAT：苏菲主义的现代表征. 博士. 哈特福特神学院. 1973. 264. 35/12–A，p.8005. GAX75–13868.

理查德·坎贝尔. 为达到自我实现的阿里卡训练与人际行为之间的关系. 博士. 美国国际大学. 1975. 115.36/03–B，p.1401.GAX75–20244.

威廉·萨姆纳·加马尔. 关于九型人格中人格类型判断的评判间信度与有效性. 博士. 加利福尼亚整合研究学院. 1986. GAX86–25584.

罗伯特·L.林肯. 深度心理学与元分析之间的关系. 博士. 加利福尼亚整合研究学院. 1983. 429. 国际学位论文摘要 LD00676.

斯蒂芬·兰德尔. 评价九型人格中人格类型的工具的发展. 博士. 加利福尼亚整合研究学院. 1979. 112. 40/09–B，p.4466. GAX80–05160.

杰罗姆·瓦格纳. 关于九型人格理论中的人格类型学的可靠性和有效性的描述性研究. 博士. 洛约拉大学. 1981. 283.41/11–A，p.4664. GAX81–09973.

史蒂文·雷蒙德·伍尔夫. 阿里卡训练在成人发展发面的效果：一种纵向研究（阶段性理论）. 博士. 赛布鲁克研究生院. 1985. 46/11–B，p.4040.GAX85–28854.

托马斯·爱德华·津克勒. 关于苏菲派人格类型学有效性的试验性研究. 博士. 美国国际大学. 1975. 91.35/05–B，p.2418. GAX74–24529.

想要获得这些信息和复本的读者，请咨询国际大学缩微胶卷公司学位论文出版社编辑出版的《国际学位论文摘要》，地址是 300N.Zeeb Road，P.O.Box 1746，Ann Arbor，Michigan48106，或致电 800–521–3042。图书馆在线搜索，请使用 DATRIX DIRECT：800–233–6901，ext.708。

图书在版编目(CIP)数据

九型人格2：发现你的人格类型／〔美〕里索，〔美〕赫德森著；李耘，余燕译．—2版—海口：南海出版公司，2013.1
ISBN 978-7-5442-6379-5

Ⅰ.①九… Ⅱ.①里…②赫…③李…④余… Ⅲ.①人格心理学－通俗读物 Ⅳ.①B848-49

中国版本图书馆CIP数据核字(2012)第262084号

著作权合同登记号 图字：30-2006-035

九型人格2：发现你的人格类型
〔美〕唐·理查德·里索 拉斯·赫德森 著
李耘 余燕 译

出 版 南海出版公司 (0898)66568511
海口市海秀中路51号星华大厦五楼 邮编 570206
发 行 新经典发行有限公司
电话(010)68423599 邮箱 editor@readinglife.com
经 销 新华书店

责任编辑 秦 薇
装帧设计 崔振江
内文制作 北京文辉伟业

印 刷 河北鹏润印刷有限公司
开 本 700毫米×990毫米 1/16
印 张 19.5
字 数 310千
版 次 2010年3月第1版 2013年1月第2版
印 次 2023年9月第27次印刷
书 号 ISBN 978-7-5442-6379-5
定 价 68.00元